纺织服装高等教育"十三五"部委级规划教材

纺织品
检测实务

FANGZHIPIN
JIANCE SHIWU

杨慧彤 林丽霞 主编

东华大学出版社
·上海·

内容提要

本书主要阐述了纺织品来样分析与纺织品性能检测知识。纺织品来样分析主要介绍了纺织品原料的定性分析、织物中纱线结构的分析以及织物结构的分析;纺织品性能检测包括了纺织品常规项目的检测、功能性的检测以及生态指标的检测。

本书适用于高职高专院校的染整技术、纺织品检验与贸易专业以及其他纺织类专业实训课程,也可作为纺织品检验人员和商贸人员的参考用书。

图书在版编目(CIP)数据

纺织品检测实务 / 杨慧彤,林丽霞主编. —上海 :
东华大学出版社,2016.6
ISBN 978-7-5669-1079-0

Ⅰ. ①纺…　Ⅱ. ①杨…　②林…　Ⅲ. ①纺织品-检测
Ⅳ. ①TS107

中国版本图书馆 CIP 数据核字(2016)第 137278 号

责任编辑/杜燕峰
封面设计/魏依东

出　　版/东华大学出版社(上海市延安西路 1882 号,200051)
本社网址/http://www.dhupress.net
天猫旗舰店/http://dhdx.tmall.com
营销中心/021 - 62193056　62373056　62379558
印　　刷/句容市排印厂
开　　本/787mm×1 092mm　1/16　印张 16.25
字　　数/406 千字
版　　次/2016 年 6 月第 1 版
印　　次/2016 年 6 月第 1 次印刷
书　　号/ISBN 978 - 7 - 5669 - 1079 - 0/TS·709
定　　价/38.00 元

前　言

2016年我国进入"十三五"时期,纺织产业向智能化和机械化迈进,中国"互联网＋"模式将纺织产业带进了全新的发展时期,机遇与挑战并存。在未来的发展之路上,纺织企业产品的质量管理和质量控制将越来越重要。

"质量是企业的生命"已成为企业工作的中心之一。根据对企业调研,在国家节能减排政策、人民币升值、劳动力短缺的市场中,仍能稳步发展的企业,都有着强大的产品质量保证体系,而且企业非常注重检测部门的人才培养和培训。我们根据广东省各地区企业对纺织品检测人才培养要求和教学的实际需要,对纺织品检验课程教材进行了开发研究,编写了本书。

本教材为江门职业技术学院染整技术专业创"广东省示范性院校建设"教材之一。全书从检测的基本要素、纺织纤维检验、纱线质量检验、织物质量检验和生态检测等方面展开,按工作过程采用项目化形式编写。内容包括纺织品中纤维材料检测、物理指标检测、色牢度检测、功能性检测、生态性检测、外观质量检测及客户标准等,着重介绍了各种检测方法、标准之间的区别与联系,论述操作细节及要点。本书不仅有助于纺织品质检工作者更好地执行标准、统一技术、提高工作质量,同时对纺织品生产企业、进出口贸易从业人员和纺织专业大专院校师生也有一定的参考意义和使用价值。本书还较为详细地介绍了纺织品生态性的检测原理和检测方法,包括色牢度的测定、甲醛含量的测定、水萃取液 pH 值的测定、禁用染料的测定。

本教材不仅阐述了检测基本知识,而且注重解决在检测实践中较少出现、容易被忽视,又必须重视的检验过程中应注意的问题。在内容上充分考虑了纺织技术人员能力培养的需要,既将较成熟的常规检验内容编入教材,又尽可能结合纺织品检验的发展方向,将一些前沿的检验知识和检验方法编入教材。本书理论与实践紧密结合,具有较强的实用性和可操作性。

本教材主要由江门职业技术学院杨慧彤、林丽霞、童淑华老师编写。全书共分为十三个项目。其中项目一、二、六、八、九、十、十一、十二、十三由杨慧彤老师编写;项目三、四、五及项目七由林丽霞老师编写;项目九中的任务四由杨慧彤和林丽霞老师共同完成;项目六中的任务二由童淑华老师参编,全书由杨慧彤和林丽霞老师统稿。

感谢广东江门旭华纺织有限公司的吕炳操先生、广东新会唯美弹性织物有限公司的黄芳女士和梦特娇(广州)商业有限公司邓海茵女士在本教材编写过程中给予的支持与帮助。在此,向对编写本教材提供帮助的所有人员表示衷心感谢。

由于时间紧迫及编者水平所限,本教材若有疏漏之处,敬请读者批评指正。

作　者

目 录

纺织品检测与评价基础

任务一　产品质量的概念

一、产品质量的含义

ISO9000：2000 国际标准中对质量的描述为："质量是指产品、体系或过程的一组固有的特性满足顾客和其他相关方要求的能力。"质量可用形容词"差"、"好"或"优秀"来修饰。

通常，狭义的产品质量亦称为品质，它是指产品本身所具有的特性，一般表现为产品的美观性、适用性、可靠性、安全性和使用寿命等。广义的产品质量则是指产品能够完成其使用价值的性能，即产品能够满足用户和社会的要求。由此可见，广义的产品质量不仅仅是指产品本身的质量特性，而且也包括产品设计的质量、原材料的质量、计量仪器的质量、对客户服务的质量等要求，这些都统称为"综合质量"。

纺织品质量（品质）是用来评价纺织品优劣程度的多种有用属性的综合，是衡量纺织品使用价值的尺度。

二、质量检验的含义

对纺织产品而言，纺织品检验主要是运用各种检验手段对纺织品的品质、规格、等级等检验内容进行测试，确定其是否符合标准或贸易合同的规定。而纺织品检测是按规定程序确定一种或多种特性或性能的技术操作。纺织品检验的结果不仅能为纺织品生产企业和贸易企业提供可靠的质量信息，而且也是实行优质优价、按质论价的重要依据之一。

任务二　纺织品检验形式和种类

一、按检验内容分类

纺织品检验按其检验内容可分为基本安全性能检验、品质检验、规格检验、包装检验和数量检验等。

1. 基本安全性能检验

为保证纺织品在生产、流通和消费过程中,对人体健康无害,纺织品必须具备以下基本安全性能。

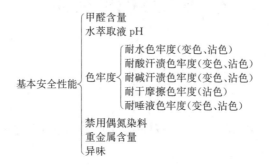

2. 品质检验

影响纺织品品质的因素概括起来可以分为内在质量、外观质量,它也是客户选择纺织品时主要考虑的两个方面。

(1) 内在质量检验:纺织品的内在质量是决定其使用价值的一个重要因素。其检验俗称"理化检验",指借助仪器对纺织品物理量的测定和化学性质的分析,检查纺织品是否达到产品质量所要求的性能的检验。

(2) 外观质量检验:纺织品的外观质量检验大多采用官能检验法,目前,已有一些外观质量检验项目用仪器检验替代了人的官能检验,如纺织品色牢度、起毛起球评级等。

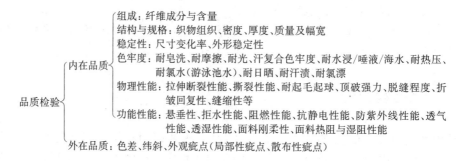

3. 规格检验

纺织品的规格检验一般是对其外形、尺寸(如织物的匹长、幅宽)、花色(如织物的组织、图案、配色)、式样(如服装造型、形态)和标准量(如织物平方米质量)等的检验。

4. 包装检验

纺织品包装检验的主要内容包括核对纺织品的商品标记(包装标志)、运输包装(俗称大包装或外包装)和销售包装(俗称小包装或内包装)是否符合贸易合同、标准,以及其他有关规定。正确的包装还应具有防伪功能。

5. 数量检验

各种不同类型纺织品的计量方法和计量单位是不同的,如机织物通常按长度计量、针织物通常按重量计量、服装按数量计量。

由于各国采用的度量衡制度有差异,同一计量单位所表示的数量亦有差异。

如果按长度计量,必须考虑大气温湿度对其长度的影响,检验时应加以修正。如果按重量计量,则必须要考虑包装材料的重量和水分等其他非纤维物质对重量的影响。

常用的计算重量方法有以下几种情况:

(1) 毛重:指纺织品本身重量加上包装重量。

(2) 净重:指纺织品本身重量,即除去包装重量后的纺织品实际重量。

(3) 公量:由于纺织品具有一定吸湿能力,其所含水分重量又受到环境条件的影响,故其重量很不稳定。为了准确计算重量,国际上采用"按公量计算"的方法,即用科学的方法除去纺织品所含的水分,再加上贸易合同或标准规定的水分所求得的重量。

二、按纺织品生产工艺流程分类

按纺织品生产工艺流程分类可分为预先检验、工序检验、成品检验、出厂检验、库存检验、监督检验、第三方检验等。

1. 预先检验

指加工投产前对投入原料、坯料及半成品等进行的检验,也称为投产前检验。例如,纺织厂对纤维、纱线的检验,印染厂对坯布的检验,服装厂对服装面料、里料及衬料等的检验。

2. 工序检验

指生产过程中,一道工序加工完毕,并准备作制品交接时,或当需要了解生产过程的情况时进行的检验,也称为生产过程中检验或中间检验。例如染整厂对前处理工序加工后的半成品的检验或服装厂流水线各工序间的检验。

3. 成品检验

指对成品的质量作全面检查,以判定其合格与否或质量等级。对可以修复又不影响产品使用价值的不合格产品,应及时交有关部门修复。同时也要防止具有严重缺陷的产品流入市场,做好产品质量把关工作,也称最后检验。

4. 出厂检验

成品检验后立即出厂的产品,成品检验即为出厂检验。对经成品检验后尚需入库贮存较长时间的产品,出厂前对产品的质量尤其是色泽、虫蛀、霉变等再进行的一次全面的检验。

5. 库存检验

对库存纺织品检验,防止质量变异。

6. 监督检验(质量审查)

一般由诊断人员负责诊断企业的产品质量、质量检验职能和质量保证体系的效能。

7. 第三方检验

当买卖双方发生质量争议需要仲裁以及国家(政府)为了监督产品质量、贯彻执行标准等情况时需要第三方检验。第三方检验相对前两方检验具有局外者的公正性,体现国家对经济活动的干预,故又称监督检验。监督检验的条件是精良的技术、公正的立场和非营利目的,具有较强的专业性、更高的权威性,在法律上具有一定的仲裁性。

生产企业为了表明其生产的产品质量符合规定的要求,也可以申请第三方检验,以示公正。

三、按检验数量分类

按检验产品的数量可分为全数检验和抽样检验。

1. 全数检验

全数检验指对受检批中的所有单位产品逐个进行检验,也称全面检验或 100％检验。

(1) 优点:具有较高的产品质量置信度。

(2) 缺点:批量大时,消耗大量人力、物力和时间,检验成本过高。

(3) 适用:适用于批量小、价值高、质量要求高、安全风险较大、质量特性单一、检验容易、不需要进行破坏性检验的产品。

2. 抽样检验

抽样检验指按照统计方法从受检批中或一个生产过程中随机抽取适当数量的产品进行检验。从样本质量状况统计推断整批或整个过程产品质量的状况。

(1) 优点:检验批量小,避免了过多人力、物力、财力和时间的消耗,检验成本低,有利于及时交货。

(2) 缺点:产品质量置信度较低。

(3) 适用:适用于批量大、价值低、质量要求不高、安全风险较小、质量特性复杂、检验项目多、需要进行破坏性检验的产品。

任务三　纺织品试验用标准大气与测量误差

一、纺织品试验用标准大气

纺织材料大多具有一定的吸湿性,其吸湿量大小主要取决于纤维的内部结构,同时大气条件对吸湿量也有一定影响。在不同大气条件下,特别是在不同相对湿度下,纺织材料的平衡回潮率不同。环境相对湿度增高会使材料吸湿量增加而引起一系列性能变化,如质量(重量)增加、纤维截面积膨胀加大、纱线变粗、织物厚度增加、长度缩短、纤维绝缘性能下降、静电现象减弱等。如环境相对湿度降低,则结果相反。为了使纺织材料在不同时间、不同地点测得的结果具有可比性,必须统一规定测试时的大气条件,即标准大气条件,所谓的标准大气(standard atmosphere)是指相对湿度和温度受到控制的环境,纺织品在此环境温度和湿度下进行调湿和试验。

标准大气亦称大气的标准状态,有温度、相对湿度和大气压力三个基本参数。其中相对湿度是指在相同的温度和压力条件下,大气中水蒸气的实际压力与饱和水蒸气压力的比值,以百分率表示。国际标准中规定的标准大气条件为:温度(T)为 20℃(热带地域为 27℃),相对湿度(RH)为 65％,大气压力在 86～106 kPa,视各国地理环境而定(温带标准大气与热带标准大气的差异在于温度,其他条件均相同)。我国规定大气压力为 1 个标准大气压,即 101.3 kPa

(760 mm 汞柱)。

国家标准 GB/T6529—2008《纺织品　调湿和试验用标准大气》对纺织品调湿和试验用大气条件作出统一规定,见表 1-1。

表 1-1　纺织品试验用标准大气条件

项　　目		温度(℃)		相对湿度(%)	
		标准温度(℃)	允　差	相对湿度(%)	允　差
标准大气		20	±2	65	±4
可选标准大气	特定标准大气	23	±2	50	±4
	热带标准大气	27	±2	65	±4

注:可选标准大气,仅在有关各方同意的情况下使用。

二、调湿

纺织材料的吸湿或放湿平衡需要一定时间。同样条件下,由放湿达到平衡较由吸湿达到平衡时的平衡回潮率要高,这种因吸湿滞后现象带来的平衡回潮率误差,会影响纺织材料性能的测试结果。因此,在测定纺织品的物理机械性能之前,检验样品必须在标准大气下放置一定时间,并使其由吸湿达到平衡回潮率,这个过程称为调湿处理。

验证达到调湿平衡的通常办法是:将进行调湿处理的纺织品放置在标准大气环境下进行调湿,每隔 2 h 连续称重,其质量递变(递增)率不大于 0.25%,则可视为达到平衡状态。当采用快速调湿时,纺织品连续称量的间隔为 2～10 min。

若不按上述办法验证,通常,一般纺织材料调湿 24 h 以上即可,合成纤维调湿 4 h 以上即可。但必须注意,调湿期间应使空气能畅通地通过需调湿的纺织品,调湿过程不能间断,若被迫间断必须重新按规定调湿。

三、预调湿

为消除因纺织材料的吸湿滞后现象影响其检验结果,使同一样品达到相同的平衡回潮率,在调湿处理中,统一规定由吸湿方式达到平衡。当样品在调湿前比较潮湿时(实际回潮率接近或高于标准大气的平衡回潮率),为了确保样品能在吸湿状态中达到调湿平衡,需要进行预调湿。

预调湿的目的是降低样品的实际回潮率,通常规定预调湿的大气条件为:温度不超过 50℃,相对湿度为 10%～25%。这一大气条件的获得可以通过把相对湿度为 65%、温度为 20℃(或 27℃)的空气加热至 50℃。样品在上述环境中每隔 2 h 连续称重,其质量递变(递减)率不超过 0.5%,即可完成预调湿。一般样品预调湿 4 h 便可达到要求。

四、测量误差

任何一种测量都不可能得到被测对象的真实值,测量值只是真实值的近似反映。通常把测量值和真实值之间的偏差,称为测量误差。测量结果的准确程度用测量误差表示,误差越小,测量就越准确。

测量误差由各种各样的原因产生,要完全掌握并消除一切测量误差的来源是不可能的。

1. 误差产生的原因

检测误差产生的原因是多方面的,主要表现在以下五个方面。

(1)计量器具、设备的误差:由于仪器设备本身不够精确而导致的误差。若仪器的稳定性、精确度、灵敏度不符合要求,在检测过程中就会产生检测误差。

(2)环境条件的误差:检测环境条件直接影响检测结果。检测精度要求越高,环境条件改变对检测结果的影响就越明显。

(3)检测方法的误差:由检测方法本身不够完善所造成的误差。

(4)检测人员的误差:由检测人员自身的一些主观因素造成的误差。

(5)受检产品的误差:抽样检验是从整批产品中抽取少量产品进行检测,并对整批产品作出是否合格的判断。由于批量内单位产品的质量特性通常具有波动性,其均匀性、稳定性随时都在发生微小变化,因而抽样代表性的差异将影响到检测结果。

2. 对误差因素的控制

(1)计量器具与设备的选择:在满足准确度的前提下,应选择相应级别的计量器具和设备进行检测。若采用高级别的计量器具和设备去检测要求低的产品,就会使检测成本增加;若使用低级别的计量器具和设备去检测要求高的产品,其检测结果就会达不到技术规定的准确度,也不符合标准要求。

(2)检测环境与检测过程的控制:纺织品质量检测应在符合要求的环境中进行。比如,检测毛织物的平方米重量时,湿度过低,温度过高,且放置时间达不到吸湿平衡所需的时间,其检测结果就会偏低,与设定值相差较大,影响检验结果的判定。由此可见,对检测环境的控制是提高检验结果准确度的必要条件之一。

(3)检测方法的选择:纺织品同一质量项目的测定在标准中常有几种检验方法。理论上讲,不同的检验方法对质量项目的检测结果应完全相同,但实际上却常有差异。这除了与检验人员的主观条件和实验室的具体情况有关外,也会因同一检测项目不同检验方法所采用的仪器设备和试剂的种类不同,造成检验结果的差异。

因此,在检验工作中,要求检验人员在执行标准的前提下,熟悉和掌握不同检验方法的特点和差异,根据试样的种类和性质以及对检测结果准确度的要求,选择最合适的检验方法。

(4)对检测人员的要求:降低检测误差、提高检测结果的准确度,关键在于提高检测人员的素质。只有要求严格、训练有素的人,才能较好地完成检测任务。

(5)受检产品误差的控制:受检产品的误差控制主要涉及正确抽样和制备试样。目前,采用的抽样方法是依据产品验收检验标准中的随机抽样法,即依照随机原则要求,每抽取一个样品的过程都要保证抽样的随机性,都必须根据被抽产品的实际情况而定,保证其具有真正的代表性。抽取样品的数量必须视样品母样的大小,按标准规定的数量抽取。试样的制备是从抽取的样品中再次抽取极少的分析试样,而此试样应具有高度的准确性和代表性,才能反映整批产品的真实情况。所以,做好试样的制备工作十分重要。

3. 误差分类

根据误差的性质原因,可将误差分为系统误差、随机误差和过失误差。

(1) 系统误差:系统误差指在等精度的重复测量过程中产生的一些恒定的或遵循某种规律变化的误差;它是由某些固定不变的因素引起的,如测量仪器、测量方法、环境因素、人员操作及试样,影响的结果永远朝一个方向偏移,随实验条件的改变按一定规律变化。实验条件一经确定,系统误差就是一个客观上的恒定值,多次测量的平均值也不能减弱它的影响,一般可以修正或消除。

(2) 随机误差:随机误差又称偶然误差,指在相同的测量条件下做多次测量,以不可预定的方式变化着的误差。它是由人的感官灵敏度和仪器精度的限制、周围环境的干扰以及一些偶然因素的影响而造成的。随机误差决定了检测的精确度,随机误差越小,测试结果的精密度越高。误差产生的原因不明,因而无法控制和补偿。随着测量次数的增加,随机误差的算术平均值趋近于零,因此多次测量结果的算术平均值将更接近于真实值。

(3) 过失误差:过失误差主要是由测量时操作者的过失造成,又称异常值。有时将与平均值的偏差超过三倍标准差的数据视为异常值。它是由于操作者没有正确地使用仪器、观察错误或记录错数据等不正常情况引起,是一种与事实明显不符、偏离实际值的误差,可能很大且无一定的规律,应查明其产生原因,在数据处理中应将其剔除。只要认真、严谨就可以避免过失误差。

五、数据处理

由于纺织品检测涉及大量的数据,所以只有正确地采集数据和合理地处理数据,才能保证正确的结果。数据处理的基本原则就是全面合理地反映测量的实际情况。

1. 数据的正确采集

(1) 按标准规定进行采集:在检测中,首先要认真解读标准,按标准要求进行操作。具体如下。

① 织物断裂强力:如果试样在钳口 5 mm 以内断裂,则作为钳口断裂,数据采集按标准处理(详见项目八)。

② 数值采集的时间:如厚度、弹性等,应按规定时间读取数据。

③ 测量的精确度:如精确到 1 mm,精确到 10 N,精确到 1 位小数等。

④ 纤维含量(化学分析法):两个试样试验结果绝对差值大于 1% 时,应进行第三个试样试验,试验结果取三次试验的平均值。

⑤ 化纤含油量:两平行试样的差异超过平均值的 20% 时,应进行第三个试样的试验,试验结果以三次试验的算术平均值表示。

⑥ 撕破强力:如取最大值、5 峰值、12 峰值、中位值及积分值等。

(2) 使用正确的方法进行采集:

① 读取滴定管或移液管液面读数时,试验员的视线应与凹液面成水平。

② 在指针式仪表上读取数值时,试验员的视线应与指针正对平视。

③ 在评级时(色牢度、色差、起球、外观、纱线条干及平整度等),试验员眼睛观察的位置应参照相应标准的规定。

④ 读取数值的精度：在一般情况下，应读到比最小分度值多一位；若读数在最小分度值上，则后面应加个零。

2. 异常值的处理

异常值是在试验结果数据中比其他数据明显过大或过小的数据。如何处理异常值，一般有以下几种方法。

（1）异常值保留在样本中，参加其后的数据分析。

（2）允许剔除异常值，即把异常值从样本中排除。

（3）允许剔除异常值，并追加适宜的测试值计入。

（4）找到实际原因后修正异常值。

异常值出现的原因之一是试验中固有随机变异性的极端表现，它属于总体的一部分；原因之二是出于试验条件和试验方法的偏离所产生的结果，或是由于观察、计算、记录中的失误所造成的。所以，对异常值处理时，先要寻找异常值产生的原因。如确信是原因之二造成的，应舍弃或修正；若是由原因之一造成的异常值，就不能简单地舍弃，可以用统计的方法处理（详见GB/T6379—2004/ISO5725《测试方法与结果的准确度》）。

六、数值修约

数值修约是通过省略原数值的最后若干位数字，调整所保留的末位数字，使最后所得到的值最接近原数值的过程。

在许多检验方法标准中，对试验结果计算的修约位数都有要求。比如，织物强力试验，计算结果 100 N 及以下，修约至 1 N；大于 100 N 且小于 1 000 N，修约至 10 N；1 000 N 以上，修约至 100 N。因此，数值修约首先应根据标准对最终结果的要求，然后根据数值修约的规则进行。

1. 进舍规则

（1）拟舍弃数字的最左一位数字小于 5 时，则舍去，即保留的各位数字不变。比如将25.149 9修约到一位小数，得25.1。

（2）拟舍弃数字的最左一位数字不小于5，而其后跟有并非全部为0的数字时，则进一，即保留的末位数字加1。比如，将2 268修约到"百"位数，得23×10^2（特定时可写为2 300）；将20.502修约到个位数，得21。

（3）拟舍弃数字的最左一位数字为5，而右面无数字或皆为0时，若所保留的末位数字为奇数(1,3,5,7,9)则进一，为偶数(2,4,6,8,0)则舍弃。比如，在修约间隔为0.1(或10^{-1})的前提下，1.050 可修约为 1.0，0.350 可修约为 0.4。

根据以上进舍规则，可以总结为"四舍六进五考虑，五后非零则进一，五后皆零看奇偶，五前为奇则进一，五前为偶则不进"。

2. 不允许连续修约

拟修约数字应在确定修约位数后一次修约获得结果，而不得多次连续修约。比如，修约15.454 6至个位数，正确的做法为15.454 6修约为15；不正确的做法为15.454 6先修约为15.455，再修约为15.46，然后再修约为15.5，最后修约为16。其具体方法可参考GB/T8170—2008《数值修约规则与极限数值的表示和判定》。

七、测量不确定度浅析

1. 不确定度的概念

一切测量结果都不可避免地具有不确定度。不确定度反映被测量值分散性,是与测量结果相联系的参数。不确定度的大小,反映了测量结果可信赖程度的高低,即不确定度小的测量结果可信赖程度高,反之则低。

误差是指测量值与真值之差。但是,由于真值往往是未知的,所以误差实际上是测量值与约定真值之差。同时,误差是可修正的。不确定度是一个范围,也是一个区间。不确定度可以用统计分析的方法评定,也可以用其他的方法,如试验数据、经验等。

2. 不确定度的来源

(1) 被测量的定义不完善和理论认识不足。

(2) 实现被测量的定义的方法不理想(近似或假设)。

(3) 抽样的代表性不够,即被测量的样本不能代表所定义的被测量物品。

(4) 对测量过程受环境影响的认识不周全,或对环境条件的测量与控制不完善。

(5) 对模拟仪器的读数存在人为偏移。

(6) 测量仪器的分辨率或鉴别率不够。

(7) 赋予计量标准的值或标准物质的值不准。

(8) 引用的、用于数据计算的常量和其他参数不准。

(9) 测量方法和测量程序的近似性和假定性。

(10) 其他因素所导致(未预料因素的影响)。

由此可见,测量的不确定度一般来源于随机性和模糊性。前者归因于条件不充分,而后者则归因于实物本身概念不明确。

3. 测量不确定度的表示

(1) 测量结果 = 平均值±扩展不确定度;p = 置信概率

例如:强力 = (780 ± 54)N;$p = 99\%$。

(2) 如果置信概率 $p = 95\%$ 时,可表示如下:

测量结果 = 平均值±扩展不确定度

例如:强力 = (758 ± 50)N;$p = 95\%$。

任务四　检测抽样方法及试样准备

一、抽样方法

对于纺织品的各种检验,实际上只能限于全部产品中的极小一部分。一般情况下,被测对象的总体总是比较大的,且大多数是破坏性的,不可能对它的全部进行检验。因此,通常都是从被测对象总体中抽取子样进行检验。

子样检验的结果能在多大程度上代表被测对象总体的特征,取决于子样试样量的大小和抽样方法。在纺织产品中,总体内单位产品之间或多或少总存在质量差异,试样量越大,即试样中所含个体数量越多,所测结果越接近总体的结果(真值)。要多大的试样量才能达到检验结果所需的可信程度,可以用统计方法来确定。但不管所取试样量有多大,所用仪器如何准确,如果取样方法本身缺乏代表性,其检验结果也是不可信的。要保证试样对总体的代表性就要采用合理的抽样方法,即要尽量避免抽样的系统误差,既排除倾向性抽样,又要尽量减小随机误差。为此,应采用随机抽样方法。

具体来说,抽样方法主要有以下四种。

1. 纯随机取样

从总体中抽取若干个样品(子样),使总体中每个单位产品被抽到的机会相等,这种取样就称为纯随机取样,也称简单随机取样。纯随机取样对总体不经过任何分组排队,完全凭偶然的机会从中抽取。从理论上讲,纯随机取样最符合取样的随机原则,因此,它是取样的基本形式。

纯随机取样在理论上虽然最符合随机原则,但在实际上则有很大的偶然性,尤其是当总体的变异较大时,纯随机取样的代表性就不如经过分组再抽样的代表性强。

2. 等距取样

等距取样是先把总体按一定的标志排队,然后按相等的距离抽取。

等距取样相对于纯随机取样而言,可使子样较均匀地分配在总体之中,可以使子样具有较好的代表性。但是,如果产品质量有规律地波动,并与等距取样重合,则会产生系统误差。

3. 代表性取样

代表性取样是运用统计分组法,把总体划分成若干个代表性类型组,然后在组内用纯随机取样或等距取样,分别从各组中取样,再把各部分子样合并成一个子样。在代表性取样时,可按以下方法确定各组取样数目:以各组内的变异程度确定,变异大的组多取一点,变异小的组少取些,没有统一的比例;或以各部分占总体的比例来确定各组应取的数目。

4. 阶段性随机取样

阶段性随机取样是从总体中取出一部分子样,再从这部分子样中抽取试样。从一批货物中取得试样可分为批样、样品、试样三个阶段。

(1)批样:从要检验的整批货物中取得一定数量的包数(或箱数)。

(2)样品:从批样中用适当方法缩小成试验室用的样品。

(3)试样:从试验室样品中,按一定的方法取得做各项物理机械性能、化学性能检验的样品。

进行相关检测的纺织品,首先要取成批样或试验室样品,进而再制成试样。

二、织物的取样

取样时要先根据织物的产品标准规定或根据有关各方协议取样,在没有上述要求的情况下,推荐采用以下的取样规定。

1. 批样（从一批中取的匹数）的取样

从一批中按表1-2规定随机抽取相应数量的匹数，对运输中有受潮或受损的匹布不能作为样品。

表1-2　批样

一 批 的 匹 数	批样的最小匹数
≤3	1
4～10	2
11～30	3
31～75	4
≥76	5

2. 实验室样品的制备

试样的制备是否有代表性关系到检验结果的准确程度。所以试样的制备一般要满足以下基本要求。

（1）整幅宽。

（2）样品的长度至少0.5 m，视检验项目及数量的不同而不同。

（3）离布端2 m以上。

（4）应避开折痕、疵点。

注意：实验室对送检的样品应提出以上四项要求。

3. 样品上试样的制备

（1）试样距布边至少150 mm。

（2）剪取试样的长度方向应平行于织物的经向或纬向。

（3）每份试样不应包括有相同的经纱或纬纱。

注意：为保证试样尺寸精度，样品要在调湿平衡后才能剪取试样。

图1-1是从实验室样品上剪取试样的一个示例。

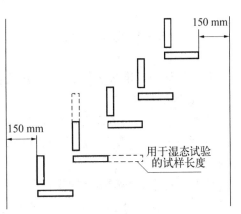

图1-1　试样分布图

项目二 纺织标准基础

任务一 纺织标准的定义与执行方式

一、纺织标准的定义

标准是对重复性事物和概念所做的统一规定。它以科学、技术和实践经验的综合成果为基础,经有关方面协商一致,由主管机构批准,以特定形式发布,作为生产、产品流通领域共同遵守的准则和依据。

纺织标准是以纺织科学技术和纺织生产实践的综合成果为基础,经有关方面协商一致,由主管机构批准,以特定形式发布,作为纺织生产、纺织品流通领域共同遵守的准则和依据。

二、纺织标准的执行方式

我国的纺织标准按执行方式分为强制性标准和推荐性标准两大类。

1. 强制性标准

国家通过法律的形式明确要求对于一些标准所规定的技术内容和要求必须执行,不允许以任何理由或方式加以违反、变更,这样的标准称为强制性标准。在国家标准中以 GB 开头的属强制性标准。

强制性标准必须严格强制执行。在国内销售的一切产品,凡不符合强制性标准要求者均不得生产和销售;专供出口的产品,若不符合强制性标准要求者均不得在国外销售;不准进口不符合强制性标准要求的产品。对于违反强制性标准的,由法律、行政法规规定的行政主管部门或工商行政管理部门依法处理。

2. 推荐性标准

除强制性标准外的其他标准是推荐性标准。在国家标准中以 GB/T 开头的属推荐性标准。

推荐性标准作为国家或行业的标准,有着它的先进性和科学性,一般都等同或等效于国际标准,国家鼓励企业自愿采用。企业若能积极采用推荐性标准,有利于提高企业自身的产品质量和国内外市场竞争能力。

任务二 纺织标准表现形式与种类

一、纺织标准的表现形式

纺织标准的表现形式可分为标准文件和标准样品两种。

1. 标准文件

仅以文字或图表形式对标准化对象做出的统一规定,这是标准的基本形态。

2. 标准样品

当标准化对象的某些特性难以用文字准确描述出来时,如颜色的深浅程度,可制成标准样品,以实物标准为主,并附有文字说明的标准,简称"标样"。

标准样品是由指定机构,按一定技术要求制作的实物样品或样照,它同样是重要的纺织品质量检验依据,可供检验外观、规格等对照、判别之用。例如,起毛起球评级样照、色牢度评定用变色和沾色分级卡等,都是评定纺织品质量的客观标准,是重要的检验依据。

随着测试技术的进步,某些对照"标样"用目光检验、评定其优劣的方法,将逐渐向先进的计算机视觉检验的方法方向发展。

二、纺织标准的种类——按纺织标准的对象分类

按纺织标准的对象,纺织品标准一般可分为基础标准、产品标准和方法标准三大类。

1. 基础标准

基础标准指对在一定范围内的标准化对象的共性因素所作的统一规定。包括名词术语、图形、符号、代号及通用性法则等内容。它在一定范围内作为制定其他技术标准的依据和基础,具有普遍的指导意义。我国纺织标准中基础标准较少,多数为产品标准和方法标准。

2. 产品标准

产品标准指对产品的品种、规格、技术要求试验方法、检验规则、包装、贮藏、运输等所作的规定。产品标准是产品生产、检验、验收、商贸交易的技术依据。

3. 方法标准

方法标准指对产品性能、质量的检验方法所作的规定。包括对检测的类别、原理、取样、操作、使用的仪器设备、试验的条件、精度要求等所作的规定。方法标准可以专门单列为一项标准,也可以包含在产品标准中,作为技术内容的一部分。

基础标准和方法标准最终都为产品标准服务,每一产品标准都需要相应的若干基础标准和方法标准作支持。

任务三　纺织标准的级别

按照纺织标准制定和发布机构的级别以及标准适用的范围,纺织标准可以分为国际标准、区域标准、国家标准、行业标准、地方标准和企业标准等不同级别。

1. 国际标准

国际标准是由众多具有共同利益的独立主权国家参加组成的世界性标准化组织,通过有组织的合作和协商,制定、发布的标准。如国际标准化组织(ISO)、国际计量局(BIPM)和国际电工委员会(IEC)发布的标准,以及国际标准化组织确认并公布的其他国际组织制定的标准。

2. 区域标准

区域标准是由区域性国家集团或标准化团体,为其共同利益而制定和发布的标准。如欧洲标准化委员会(CEN)、泛美标准化委员会(COPANT)、太平洋地区标准大会(PASC)、亚洲标准化咨询委员会(ASAC)、非洲标准化组织(ARSO)等。区域标准中,有部分标准被收录为国际标准。

3. 国家标准

国家标准是指由合法的国家标准化组织,经过法定程序制定、发布的标准,在该国范围内适用。如中国国家标准(GB)、美国国家标准(ANSI)、英国国家标准(BS)、澳大利亚国家标准(AS)、德国标准(DIN)、法国标准(NF)等。

在我国的纺织标准中以 GB 开头的属强制性标准;以 GB/T 开头的属推荐性标准。

(1)国际标准的采用:根据我国标准与被采用的国际标准之间的技术内容和编写方法差异的大小,采用程度分为等同采用、等效采用和非等效采用及修改采用(表2-1)。

表 2-1　不同标准的代号和含义

采用程度	符　号	缩　写	意　义
等同	≡	IDT	技术内容相同、编写方法完全对应
等效	=	EQV	主要技术内容相同、编写方法不完全对应
非等效	≠	NEQ	技术内容重大差异
修改采用		MOD	技术内容相同、编写方法修改采用

编写各级标准,如果是采用国际标准,可在标准引表中说明采用程度,并且说明被采用的国际标准号、年份和标准名称。

我国的国家标准基本上都与国际标准接轨,等同或等效采用及修改采用的标准较多。

(2)我国标准的编号方式:我国纺织标准的编号包括标准代号、顺序号和年代号。

① 强制性国家标准编号:GB　＊＊＊＊—＃＃＃＃

其中:GB ——强制性国家标准代号

　　　＊＊＊＊——标准顺序号

　　　＃＃＃＃——标准批准年号

② 推荐性国家标准编号：GB/T ＊＊＊＊—＃＃＃＃

其中：GB/T——推荐性国家标准代号

＊＊＊＊——标准顺序号

＃＃＃＃——标准批准年号

③ 行业标准编号：FZ/T ＊＊＊＊—＃＃＃＃

其中：FZ/T——推荐性纺织行业标准代号

＊＊＊＊——标准顺序号

＃＃＃＃——标准批准年号

（3）欧洲标准的编号方式：标准代号 EN ＋顺序号。某一标准被成员国使用，则使用双重编号。如英国使用时表示为 BS EN 71：2003。

4. 行业标准

行业标准是由行业标准化组织制定，由国家主管部门批准、发布的标准，以达到全国各行业范围内的统一。对某些需要制定国家标准，但条件尚不具备的，可以先制定行业标准，等条件成熟后再制定为国家标准。

5. 地方标准

地方标准是由地方（省、自治区、直辖市）标准化组织制定、发布的标准，它仅在该地方范围内使用。当没有相应的国家或行业标准，但需要地方范围统一，特别是涉及安全卫生要求的纺织产品，宜制定地方标准。

6. 企业标准

企业标准是企业在生产经营活动中为协调统一的技术要求、管理要求和工作要求所制定的标准。企业标准由企业自行制定、审批和发布，在企业内部适用。企业的产品标准必须报当地政府标准化主管部门备案，若已有该产品的国家或行业标准，则企业标准应严于相应国家标准、行业标准。

项目三 | 纤维的识别与检测

任务一 纺织纤维基本概念与分类

一、纺织纤维

直径细到几微米或者几十微米，长度比直径大千百倍的细长柔软物体，一般称为纤维。

可用于制造纺织品的纤维称为纺织纤维。为满足加工需要，纺织纤维具备以下物理和化学性质：

（1）具有一定的长度、细度、弹性、强力等良好物理性能。

（2）还具有较好的化学稳定性，对热、光、酸、碱、氧化剂、还原剂及有机溶剂有一定的抵抗能力。

（3）具备一定的抱合力和摩擦力。

（4）具备一定的吸湿性。

二、纺织纤维分类

1. 按照纤维长度分类

在加工中会根据纤维长度进行分类，分为短纤维和长丝，具体见图 3-1。

短纤维
- 棉型纤维：长度约为 25～38 mm，线密度为 1.3 dtex～1.7 dtex 左右，纤维较细，类似棉花；
- 毛型纤维：长度约为 70～150 mm，线密度为 3.3～7.7 dtex，纤维较粗，类似羊毛；
- 中长纤维：长度约为 51～76 mm，线密度约为 2.2～3.3 dtex，介于棉型和毛型之间。

按形态结构分类

长丝
- 单丝：长度很长的连续单根纤维；
- 复丝：两根或两根以上的单丝合并在一起组成的丝条；化学纤维的复丝一般由 8～100 根以下单纤维组成；
- 变形丝：化学纤维原丝经过变形加工使之具有卷曲、螺旋、环圈等外观特性而呈现蓬松性、伸缩性的长丝称为变形丝；变形丝又分弹力丝和膨松丝（膨体纱），其中最多的是弹力丝；
- 复捻丝：两根或两根以上的捻丝再合并加捻就成为复捻丝；
- 帘线丝：由一百多根到几百根单纤维组成，用于制造轮胎帘子布的丝条，称为帘线丝；
- 变形丝：化学纤维原丝经过变形加工使之具有卷曲、螺旋、环圈等外观特性而呈现蓬松性、伸缩性的长丝称为变形丝；变形丝又分弹力丝和膨松丝（膨体纱），其中最多的是弹力丝；

丝束：由大量单纤维汇集而成。

图 3-1 纤维按长度分类

2. 按照纤维原料分类(见图 3–2)

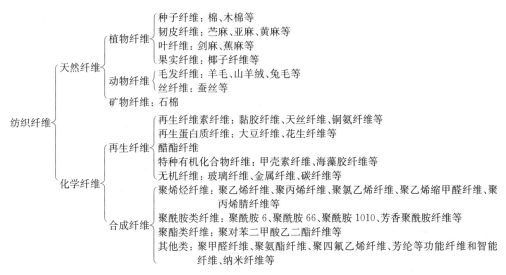

图 3–2 纺织纤维的分类

(1)天然纤维:天然纤维是指由自然界中直接取得的纤维。

① 植物纤维:从植物上取得的纤维。其主要组成为纤维素。又称天然纤维素纤维。从植物种子表皮细胞生长的纤维,如棉;从植物的韧皮取得的纤维,如亚麻,称之为韧皮纤维;从植物的叶子或叶鞘取得的纤维,如剑麻,称之为叶纤维;从植物的果实取得的纤维,如椰子纤维等,称之为果实纤维。

② 动物纤维:从动物身上或分泌物中取得的纤维,其主要组成物质为蛋白质,又称天然蛋白质纤维。由动物毛囊中生长的由角蛋白组成的纤维,如绵羊毛、山羊绒、骆驼毛、兔毛等,称之为毛发纤维;由昆虫腺分泌物取得的纤维,如蚕丝,称之为丝纤维。

③ 矿物纤维:从纤维状结构的矿物岩石取得的纤维。主要由硅酸盐组成,又称天然无机纤维,如石棉。

(2)化学纤维:化学纤维是指用天然的或合成的高聚物为原料,经过化学合成或机械加工制造出来的纺织纤维。

① 再生纤维:以天然聚合物为原料,经过化学处理和机械加工制成的纤维。它可分为再生纤维素纤维(如粘胶、天丝)、再生蛋白质纤维(如大豆)、醋酯纤维、特种有机化合物纤维(如甲壳素纤维)和无机纤维(如玻璃纤维、金属纤维和碳纤维等)。

② 合成纤维:利用自然界中简单的化合物,通过一系列繁复的化学合成,最后聚合成为高分子化合物,再喷纺拉丝而成的纤维。

近年来,随着科学技术的高速发展,一些高新技术产业对纺织纤维的性能提出了更高的要求。市场出现了一批通过物理或化学改性、采用高新技术生产出的一大批差别化纤维、功能性纤维、高性能纤维和环保型纤维。

(3)环保型纤维:包括天然纤维、再生纤维和生物可降解合成纤维等。

① 环保型天然纤维:主要有彩色棉、彩色羊毛、彩色兔毛和彩色蚕丝等。

② 环保型再生纤维:环保型再生纤维素纤维和蛋白质纤维两种,其品种有天丝(Tencel

纤维)、莫代尔纤维(Modal)、牛奶纤维、大豆纤维、花生纤维、甲壳素纤维、聚乳酸纤维等。

③ 环保型合成纤维：环保型可生物降解的合成纤维有：生物可降解的聚酯纤维、聚己内酯纤维、光热可降解酶聚烯烃纤维等。

（4）差别化纤维：差别化纤维指有别于普通常规性能的化学纤维，即通过采用化学或物理等手段后，其结构、形态等特性发生改变，从而具有了某种或多种特殊功能的化学纤维。主要包括阳离子高收缩纤维、异型纤维、双组分低熔点纤维、复合超细纤维、高吸湿透湿纤维、抗起毛起球纤维、有色纤维、光导纤维、活性炭纤维、离子交换纤维、超细纤维片材、纳米纤维以及高阻燃、抗熔滴、高导湿、抗静电、导电、抗菌防臭、防辐射等多功能复合纤维。

（5）功能性纤维：功能性纤维是指具有某种特殊功能的特种纤维。所谓的特殊功能，指的是反渗透、分离混合气体、透析、超滤、吸附、吸油、离子交换、高效过滤、导光和导电等。

（6）高性能纤维：高性能纤维是具有特殊的物理化学结构、性能和用途，或具有特殊功能的化学纤维。高性能纤维按性能可分为耐腐蚀性纤维、耐高温纤维、抗燃纤维、高强度高模量纤维、功能纤维和弹性体纤维等。

任务二　纤维鉴别

在纤维和纺织品加工以及选用衣料时常常需要鉴别纤维，鉴别的方法主要分为物理鉴别和化学鉴别两大类别。

所谓物理鉴别方法，就是指利用纺织纤维的形态特征、物理性能和化学性能来鉴别纤维，包括感官鉴别法、密度法、熔点法、色谱法、红外吸收光谱法、双折射率法、黑光灯法、光学投影显微镜法、扫描电子显微镜法等。本章节主要介绍感官鉴别法和显微镜法法。

所谓化学鉴别方法，就是指利用纺织纤维化学性能方面的不同，采用化学的方法来鉴别纤维，如燃烧法、热分析法、热分解法、试剂显示法、点滴法、溶解法、系统鉴别法等。本章节主要介绍燃烧法、化学溶解法和系统鉴别法。

国内外常用的纤维鉴别标准包括 FZ/T01057、AATCC 20、ASTM D276、ISO1833 和 JIS L1030-1(表 3-1)。

表 3-1　常用纤维鉴别法优缺点比较

鉴别方法		适用纤维	使用要点
物理鉴别	感官法	常用纤维	操作简单方便，适用于天然纤维和再生纤维，合成纤维之间的区别有时比较困难
	显微镜法	所有纤维	1. 操作简单，纵向截面形态观察容易，横向截面切片制作麻烦 2. 鉴别天然纤维容易，不适用于经过特殊整理的天然纤维(如丝光棉) 3. 不能鉴别各种再生纤维，对于合成纤维之间鉴别和异性截面纤维鉴别困难 4. 另外对纤维染色较深者也不易辨别 5. 常使用光电显微镜，而扫描电子显微镜仪器可在鉴别过程中拍摄，但价格昂贵
	红外吸收光谱法	常用纤维	1. 操作复杂，需要技术熟练人员操作 2. 鉴别准确度高 3. 仪器价格昂贵

鉴别方法		适用纤维	使 用 要 点
物理鉴别	密度法	常用纤维	1. 操作简单,材料预处理要充分 2. 对于中空纤维和异形纤维的测定比较困难
	色谱法	合成纤维	1. 凝胶渗透色谱的特点是色谱带很窄,便于检测 2. 需在较高的温度环境中进行检测 3. 分辨相对分子质量相差在10%以内的聚合物较困难
	回潮率测定法	常用纤维	操作方便,必须按照严格规程进行操作,要求操作员仔细认真,在纤维类别不明确时,鉴别难度较大
化学鉴别	燃烧法	常用纤维	1. 操作方便,混纺材料鉴别结果不准确 2. 可作为其他鉴别法的预备试验
	溶解法		1. 操作简单,必须按照严格规程进行操作,要求操作员仔细认真 2. 在纤维类别不明确时,鉴别难度较大,特别适合于合成纤维鉴别
	试剂显色法		1. 操作简单,但需要经验;预处理要求严格 2. 对已着色纤维不能进行原样的鉴别

一、物理鉴别方法

1. 感官法

感官鉴别又称手感目测法,是物理鉴别方法中最简单的一种方法。它是通过人的感觉器官,即用手摸、眼看、耳听、鼻闻等对纺织纤维进行直观的判定,这种方法最为简便、快捷,但需要鉴别人员具备相应的知识和丰富的经验,熟练地掌握各类纤维及其织物的感官特征,结果主观随意性强,受物理、心理、生理等很多因素的制约,鉴别正确率有一定的局限性,大多作为鉴别的初步参考。

(1)从织物外观及手感判别:纤维根据织物的外观、手感初步确定织物的原料。如织物丰厚、弹性好、手摸蓬松、弹糯的一般为毛织物。光泽优雅不刺眼,织物轻薄,光滑细洁,手感柔软的为长丝织物,一般为桑蚕丝织物。柞蚕丝织物较桑蚕丝织物厚,色泽微黄,柞蚕丝织物容易产生水渍,只要在织物上滴上水滴,如有水渍的便是柞蚕丝织物。在短纤维织物中,容易折皱,弹性差的是棉织物,硬挺易皱的是麻织物,柔软易皱略带飘荡感的是人造棉织物。

(2)从织物中拆下纱线判别原料:从机织物的纵横向分别拆下几根纱线,用退捻法将纱线拆分为纤维,判别织物是由纱、股线还是长丝构成。若是纱或股线,可从纤维长短初步判定该织物为棉型、中长型还是毛型;若是长丝,只能是蚕丝或者仿真丝织物,较厚重的是涤纶长丝仿毛织物。

(3)全毛纱线与毛、涤混纺纱线的判别:有些织物的弹性很好,丰厚,用手抓握有丰满感觉,并有暖感,拆下织物的纱线,经退捻后发现均为股线,纤维长度在90 mm左右,可以判断为精纺毛织物,再进一步鉴别是全毛还是毛涤混纺产品,方法为:用两手拉住15 cm以上的纱线两端,使其留在两手之间约为3～5 cm长,用力轻轻拉断纱线,强力较低,容易拉断的是全毛,毛纱断口纤维分散,断口附近纤维平直(见图3-3a);若是毛涤混纺纱拉断断口形状,出现纤维发生弯卷,这是因为毛和涤纶强度差异较大,在拉断时它们并非同时断裂,涤纶拉断时有回弹,使断口附近出现纤维回缩的现象。

(4)薄型长丝织物原料判别:涤纶和锦纶长丝强度比蚕丝和黏胶丝高,因此用双手拉断粗细

（a）毛衫断裂断口　　　　　　　　　　　（b）毛涤断裂断口

图 3-3　毛型纱线断裂断口

相似的长丝便可判别。黏胶丝强力比蚕丝更低,湿强只有干强一半。因此可以将丝的两端分别握住,轻轻用力拉断,体会干强大小后,将丝线沾湿后再拉断,比较干湿条件下强力下降的大小。差异大的是黏胶丝。市场上很多面料是人造丝和蚕丝交织而成的,通过此法可以判断其原料。

（5）棉型织物判别:棉型织物有纯棉、涤棉和人造棉织物等,可凭织物的外观和手感直觉判别,纯棉织物柔软、易皱;涤棉织物弹性好,不易折皱;人造棉织物柔软,有飘的感觉,易皱。除直觉判别外,可以用手拉断纱线进行判别,纯棉纱强力较低,干湿强差异不大,湿强高于干强,沾湿的纱线,断口在干湿交界处或干处,断口附近纱线平直,断口处棉纤维松散;涤棉纱强度高,干湿强差异小,拉断后,断口处附近有回缩纤维,断裂处一般发生在干湿交界处;人造棉与人造丝相似,湿强远低于干强,并且沾湿纱线后,断裂比发生在湿润的部位。

（6）麻型织物判别:市场上仿麻型织物主要是棉仿麻织物和涤纶仿麻织物,都是通过采用纱线的粗节和细节构成仿麻风格。棉仿麻织物手感较软,亮度较低;涤纶仿麻织物则抗皱能力强,用手攥紧后放开,褶皱很快消失。

除了手感目测,还可以根据纤维长短、粗细、刚柔性、形态风格、强力、弹性等不同区分纤维。具体是从面料边缘抽出几根纱线,解捻,将纤维一根根排列好,将一端比齐后观察纤维的长度、细度、外观、卷取状况,具体纤维的特点为:① 棉纤维:细而短,长度为 25～30 mm 左右,有波曲,较柔软;② 羊毛:比棉粗而长,有良好波状卷曲,长度为 70～80 mm 左右;③ 麻纤维:较长,粗细表面均匀,无卷曲,较硬直;④ 天然丝:最细,最长,光泽比棉好,有丝光;⑤ 化纤长丝:与天然丝接近,但强力与弹性比天然丝好;⑥ 仿天然材料的短纤维:长度非常整齐,粗细很均匀,与天然纱线有明显区别。

2. 显微镜法（参考标准 FZ/T01057.3—2007）

显微镜观察法是根据不同的纤维具有不同的外观特征、横断面形态,借助 100～500 倍生物显微镜来观察纤维的这些特征并加以鉴别的一种方法（图 3-4 和图 3-5）。

图 3-4　光电显微镜

图 3-5　扫描显微镜

　　显微镜法不局限于纯纺、混纺和交织产品的鉴别,能正确地将天然纤维和化学纤维分开,对合成纤维却只能确定其大类,不能确定具体的品种。因此,要明确合成纤维的品种,还需结合其他的方法加以鉴别和验证。

　　显微镜法适用范围为:① 适合于天然纤维及部分再生纤维素纤维;② 不适用特殊整理加工的天然纤维,如丝光棉;③ 不能区分大部分的再生纤维素纤维,如铜氨、莫代尔、天丝、竹浆纤维等;④ 不能区分合成纤维,如涤纶的横截面未必是圆形,纵向未必有黑点。

　　显微镜法是利用显微镜的放大作用观察纤维的切片,通过辨别纤维的横截面形态和纵向观察的结果,初步判断纤维的种类。具体操作步骤是:

　　纤维纵向观察:取 10～20 根纤维放在载玻片上梳理平直,盖上盖玻片,并在其两对角上滴上一滴甘油或蒸馏水使盖玻片黏住。将放有试样的载玻片放在载物台的夹持器内,调节显微镜,按规定步骤操作,并将在显微镜下观察到的纤维纵向形态描绘在纸上。

　　纤维截面观察:观察纤维的截面形态需要对纤维进行切片,以获取纤维截面图。通常用纤维切片器(又称哈氏切片器)切片后观察(图 3-6)。纤维切片是否成功,是显微镜法鉴别结果正确与否的关键。

图 3-6　哈氏切片器

　　鉴别纤维时,一般是用显微镜观察放大 50～500 倍的纤维纵向和截面的形态。根据观察的结果,可以判定试样是何种纤维,是单一纤维还是混纺纤维。值得注意的是化学纤维,尤其是合成纤维,其形态结构取决于纺丝孔的形状,因此,普通显微镜法进行准确鉴别是很困难的。常见纺织纤维的形态特征和截面形状见表 3-2、表 3-3 和表 3-4。

表 3-2　纤维纵、横向形态特征

纤维名称	纵向形态	横截面形态
棉	有天然转曲	腰圆形,有中腔
羊毛	表面有鳞片	圆形或接近圆形,粗毛有毛髓
桑蚕丝	平滑	不规则三角形
苎麻	有横节竖纹	腰圆形,有中腔及裂纹
亚麻	有横节竖纹	多角形,中腔小
黄麻	有横节竖纹	多角形,中腔较大
黏胶纤维	有沟槽	锯齿形,有皮芯层
维纶	有 1～2 根沟槽	腰圆形,有皮芯层
腈纶	平滑或 1～2 根沟槽	圆形或哑铃形
氯纶	平滑	接近圆形
涤纶、锦纶、丙纶	平滑	圆形
Lyocell 纤维	光滑	圆形或椭圆形
Modal 纤维	表面有 1～2 根沟槽	不规则腰圆形,有皮芯层皮层较厚,芯层有黑点
大豆蛋白纤维	表面有沟槽和不规则凹凸,不光滑	不规则哑铃形,海岛结构,有细微孔隙
竹纤维	表面有沟槽,光滑均一	锯齿形无皮芯结构
牛奶纤维	组织均匀,有隐条纹和不规则斑点	腰圆形或哑铃形

表 3-3　常见纤维纵横向界面形态

纤维	纵向截面	横向截面	纤维	纵向截面	横向截面
棉			黏胶		
丝光棉			天丝		
苎麻			Modal		
蚕丝			大豆		
羊毛			涤纶		
羊绒			锦纶		

纤维	纵向截面	横向截面	纤维	纵向截面	横向截面
兔毛			腈纶		
竹			丙纶		
再生竹			氨纶		

表 3-4　其他类型纤维截面图

纤维	截　面　图	纤维	截　面　图	纤维	截　面　图
五叶形纤维		一孔中空纤维		七孔中空纤维	
三叶形纤维		工字形纤维		十字形纤维	

续 表

纤维	截 面 图	纤维	截 面 图	纤维	截 面 图
海岛纤维		多层结构复合纤维		分裂性纤维	

二、其他鉴别方法

1. 荧光法

荧光法也称为黑光灯法。纺织纤维有许多品种,每一种纤维的化学组成、分子结构、结晶度和取向度又是千差万别的。因此,黑光灯的检测原理就是利用紫外光灯产生的紫外线照射到纤维上,使纤维产生不同的荧光,以此来鉴别纤维的种类。黑光灯只能透过紫外线而不能透过可见光,它所透过紫外线的波长在 $300\sim400$ nm($3\,000\sim4\,000$Å)。采用黑光灯来鉴别天然纤维和某些化学纤维的混淆情况很有效,而且方便快速。但有些纤维的荧光颜色不易区别,即使是同类化学纤维,由于制造厂不同,光泽不同,同一制造厂生产的纤维,有时也因批号不同,其荧光有时也会产生一些差异,因此必须进行摸索并积累大量经验后,才能正确鉴别。此种方法一般用于纺织厂制品是否含有异纤维(表 3-5)。

表 3-5 各种纤维荧光法显色

纤 维	显 色	纤 维	显 色
棉	黄色—带绿黄色	黏胶	带浅黄的青色
羊毛	浅青白色	腈纶	浅紫色—浅青白色
蚕丝	浅青色	涤纶	深紫白色
锦纶	浅青白色	丙纶	深青白色

2. 回潮率测定法(参考标准 GB/T6102)

(1) 公定回潮率:贸易上为了计重和核价的需要,必须对各种纺织纤维的回潮率作统一规定,这被称为公定回潮率(各国的公定回潮率并不一致,见表 3-6)。

$$回潮率 W = \frac{G_a - G_0}{G_0} \times 100\%$$

式中:G_a——纺织材料实际重量;G_0——纺织材料烘干后重量。

(2) 混纺纱的公定回潮率:

$$混合材料的公定回潮率 = \sum W_i P_i$$

式中：W_i——混纺材料中第 i 种纤维的公定回潮率；

P_i——混纺材料中第 i 种纤维的干重混纺比。

如涤/棉 65/35 面料的回潮率计算如下：

$$W_{涤/棉} = W_涤 \times P_涤 + W_棉 \times P_棉 = 3.4\% \times 65\% + 8.5\% \times 35\% = 3.2\%$$

（3）标准重量或公定重量：指纺织纤维在公定回潮率时的重量。

$$G_w = G_a \times (100 + W_k)/(100 + W_a)$$

式中：G_w——公定重量；

W_k——标准回潮率；

W_a——实际回潮率。

表 3-6　常见纤维的公定回潮率

纤　维	回潮率(%)	纤　维	回潮率(%)
棉	8.5	维纶	5
羊毛	15~16	丙纶	<0.03
蚕丝	9~11	氨纶	0.3~1.3
亚麻/苎麻	11~12	涤/棉 65/35	3.2
黏胶	13	涤/棉 50/50	4.5
天丝	11.5	涤/黏 65/35	4.8
莫代尔	12.5	涤/黏 50/50	6.7
再生竹纤维	11.8	涤/腈 50/50	1.2
大豆纤维	8.6	棉/维 50/50	6.8
涤纶	0.4	棉/腈 50/50	5.3
锦纶	4.5	棉/丙 50/50	4.3
腈纶	2	涤/棉/锦 50/33/17	3.8

3. 含氯含氮呈色反应法

含有氯、氮元素的纤维用火焰、酸碱法检测,会呈现特定的呈色反应。

（1）含氯试验：取干净的铜丝,用细砂纸将表面的氧化层除去,将铜丝在火焰中烧红立即与试样接触,然后将铜丝移至火焰中,观察火焰是否呈绿色,如含氯就会呈现绿色的火焰。

（2）含氮试验：试管中放入少量切碎的纤维,并用适量的碳酸钠覆盖,在酒精灯上加热试管,试管口放上红色石蕊试纸。如红色石蕊试纸变蓝色,说明有氮存在。部分含氯含氮纤维的呈色反应见表 3-7。

表 3-7　部分含氯含氮纤维呈色反应

纤维名称	Cl(氯)	N(氮)	纤维名称	Cl(氯)	N(氮)
蚕丝	×	√	锦纶	×	√
动物毛绒	×	√	氯纶	√	×
大豆纤维	×	√	腈氯纶	√	×
腈纶	×	√	氨纶	√	×

注：√一有；×一无。

4. 熔点法

合成纤维在高温作用下,大分子间键接结构产生变化,由固态转变为液态。通过目测和光电检测从外观形态的变化测出纤维的熔融温度即熔点。不同种类的合成纤维具有不同的熔点,可以依此鉴别纤维的类别。

试验时,取少量纤维放在两片盖玻片之间,置于熔点仪显微镜的电热板上,并调焦使纤维成像清晰(图3-7)。升温速率约3～4℃/min,在此过程中仔细观察纤维形态变化。当发现玻璃片中的大多数纤维熔化时,此时的温度即为熔点。若用偏光显微镜,调节起、检偏振镜的偏振面相互垂直,使视野黑暗,放置试样使纤维的几何轴在直交的起偏振镜和检偏振镜间的45°位置上。熔融前纤维发亮,而其他部分黑暗,当纤维一开始熔化,亮点即消失,这时的温度即为熔点。另有种手提式测温仪也可用于该项检测(图3-8)。常用合成纤维的熔点见表3-8。

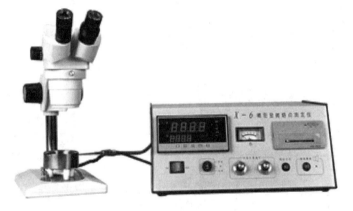

图3-7 熔点仪

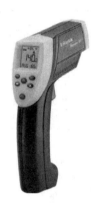

图3-8 手提式测温仪
(低温 0～300℃)

表3-8 常用合成纤维的熔点

纤维名称	熔点范围(℃)	纤维名称	熔点范围(℃)
涤纶	255～260	丙纶	160～175
锦纶6	215～224	氨纶	228～234
锦纶66	250～258	醋纤	255～260
腈纶	不明显	聚乳酸纤维	175～178
维纶	224～239	聚对苯二甲酸丁二酯(PBT)	226
氯纶	202～210	聚对苯二甲酸丙二醇酯(PTT)	228

三、化学鉴别方法

1. 燃烧法(参考标准 FZ/T01057.2—2007)

燃烧鉴别法是利用各种纤维的化学成分不同,其燃烧特性也不同,从而对面料成分加以鉴别的一种方法。一般只适用于纯纺织物或交织面料,而不适用于混纺织物原料的鉴别。各种纺织纤维的主要燃烧现象具体做法是:交织织物必须拆纱,分别抽出几根纱线,退捻使其形成松散状作为试样。本法只能用于判别纤维大类,不能具体分类,也不能用作纤维材料判定的唯一方法(表3-9)。

表3-9 常见纤维的燃烧特征

纤维名称	燃烧状态				
	靠近火焰	接触火焰	离开火焰	气味	残留物特征
棉/麻/黏纤/铜氨纤维	不缩不熔	迅速燃烧	继续燃烧	烧纸的气味	少量灰黑或灰白色灰烬
Lyocell/ Modal/竹纤维	不融不缩	迅速燃烧	继续燃烧	烧纸味	少量灰黑色灰
蚕丝/毛	卷曲且熔	卷曲,熔化,燃烧	缓慢燃烧,有时自行熄灭	烧毛发的臭味	松而脆的黑色颗粒或焦炭状
大豆蛋白纤维	收缩	燃烧有黑烟	不易延烧	烧毛发臭味	松脆黑灰微量硬块
牛奶纤维	收缩微融	逐渐燃烧	不易延烧	烧毛发臭味	黑色硬块
涤纶	熔缩	熔融,冒烟,缓慢燃烧,小火花,有溶液滴下	继续燃烧,有时自行熄灭	特殊芳香甜味	硬的黑色圆珠
锦纶	熔缩	熔融,燃烧,先熔后烧,有溶液滴下	自灭	氨基味	坚硬淡棕透明圆珠
腈纶	收缩,发焦	微熔,燃烧,明亮火花	继续燃烧,冒黑烟	辛辣味	黑色不规则小珠,易碎
丙纶	熔缩	熔融,燃烧,有溶液滴下	继续燃烧	石蜡味	灰白色硬透明圆珠
氨纶	熔缩	熔融,燃烧	自灭	特异气味	白色胶状
维纶	收缩	收缩,燃烧	继续燃烧,冒黑烟	特有香味	不规则焦茶色硬块

将酒精灯点燃,用镊子镊住一小束纤维的一端,将另一端移入火焰,放在火上燃烧,仔细观察纤维束燃烧中发生的情况,并注意以下各点:

(1)纤维束靠近火焰受热后,有无发生收缩及熔融现象;有熔融现象的,其熔落液滴的颜色及性状。

(2)纤维燃烧的难易程度。

(3)纤维离开火焰后,是否继续燃烧。

(4)纤维燃烧时,火焰的颜色、火焰的大小及燃烧的速度。

(5)纤维燃烧时,是否同时冒烟,烟雾的浓度和颜色。

(6)纤维燃烧时,散发出的气味。

(7)纤维燃烧后灰烬的颜色和性状等。

燃烧法只适用于未经防火、阻燃等方法处理的单一成分的纤维、纱线和织物。也可用于纺织纤维的预判断方法。

2. 溶解法(参考标准 FZ/T01057.4—2007)

溶解法是利用不同纤维在不同溶剂和不同浓度下具有不同的溶解度来鉴别纤维成分的一

种方法。适用于各类织物和各种纤维,既可鉴别纯纺织物的纤维成分,也可鉴别混纺织物中的纤维组分,实现了定性和定量分析,且准确率较高。必须注意,纤维的溶解性能不仅仅与溶剂的品种有关,与溶剂的浓度、温度及作用时间也很有关系,测定时必须严格控制试验条件。化学溶解法对于一些常规的纤维可以鉴别,但对于一些特殊处理的材料不适用:① 经过改性的天然或化学纤维,如经过降解处理的纤维(洗水过的牛仔棉纤维、碱减量的涤纶纤维)、超细纤维(比表面变化影响结果)和纺丝前着色的纤维;② 不适用于两组分及以上的复合纤维鉴别。

当待鉴别的试样是纱线或织物时,则需从织物中抽出经、纬纱,然后将纱线分离成单纤维。为了快速有效地鉴别出纤维种类,可先用显微镜观察,再用燃烧法复验,如果是合成纤维则可直接用化学溶解法,详见表 3-10。

表 3-10 常见纤维溶解性能表

纤维＼溶剂	硫酸(98%)	盐酸(37%)	硝酸(65%)	氢氧化钠(5%,沸)	甲酸(85%)	冰醋酸(98%)	次氯酸钠1 mol/L
棉	S	I	I	I	I	I	I
麻	S	I	I	I	I	I	I
羊毛	I	I	S	I	I	I	S
蚕丝	S	S	S	S	I	I	S
黏胶	S	S	I	I	I	I	I
天丝/莫代尔	S	S	I	P	S	S	I
涤纶	S	I	I	I	I	I	I
锦纶	S	S	S	I	S	I	I
腈纶	S	I	I	I	I	I	I
维纶	S	S	S	I	S	I	I
丙纶	I	I	I	I	I	I	I

注:S—溶解;SS—微溶;P—部分溶解;I—不溶解。

四、纤维系统鉴别法(参考标准 FZ/T01057.11—1999)

对于定性鉴别一无所知的纤维,最好是使用系统鉴别法。综合前述的纤维鉴别实验方法,根据各种纺织纤维不同的燃烧性能、熔融情况、呈色反应、溶解性能以及纤维的横截面、纵向显微形态特征,加以系统分析、综合应用,此方法特点是快速、准确、灵活、简单,是一种有效的纤维鉴别方法。

对未知纤维,如果不属于弹性纤维的,可采用燃烧法,初步分成蛋白质纤维、纤维素纤维和合成纤维三大类。天然的蛋白质纤维和纤维素纤维有各自不同的形态特征,用显微镜法鉴别即可。合成纤维一般采用溶解实验法,根据不同化学药剂对不同纤维在不同温度下的溶解特性来鉴别(图 3-9)。

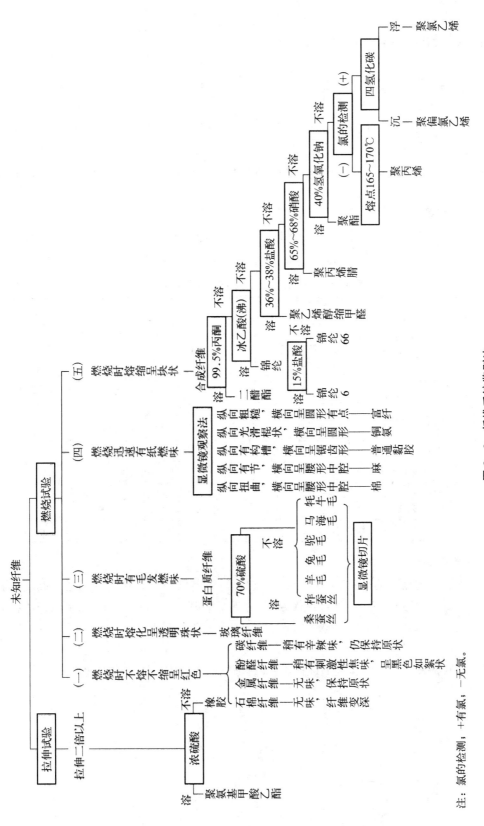

图 3 - 9　纤维系统鉴别法

注：氯的检测，+有氯，-无氯。

五、纤维的定量分析

对于纤维的定量分析标准方法,常用的标准包括 GB 2910、GB/T2911、ISO1833、AATCC 20A、ASTM D629、BS 4407、AS 2001.7、JIS L1030 - 2、CAN/CGSB 4.2 No.14、96/73/EC、73/44/EEC 等。分析的方法包括拆分法、化学溶解法和显微镜法。

1. 拆分法

适用于可以直接拆分得出各种纤维比例的面料或纱线,如交织类织物,此法试验误差最小。

2. 化学溶解法

适用于混合物的组分经鉴别后,选择适当的试剂去除一种组分,将残留物称重,根据质量的损失计算出可溶组分的含量(表 3 - 11)。

表 3 - 11 常见二组分混纺纺织品化学溶解法

常见混纺纺织品	常用化学溶解法
纤维素纤维与聚酯纤维混纺	75%(质量分数)硫酸法
丝毛及丝羊绒	75%(质量分数)硫酸法
含棉及再生纤维素纤维	59.5%(质量分数)甲酸氯化锌法 硫酸法(AATCC)
含丝毛等蛋白质纤维	1 mol/L 次氯酸钠法 2.5%氢氧化钠法(JIS)
含聚酰胺纤维	80%(质量分数)甲酸法
含聚丙烯腈纤维或改性腈纶	二甲基甲酰胺法
含醋酯纤维 醋酯与三醋酯混纺	100%(体积分数)丙酮法 70%(体积分数)丙酮法
聚乙烯纤维与聚丙烯纤维混纺	环己酮法

3. 显微镜法

技术人员通过显微镜鉴别出纤维种类并进行计数,从而得出纤维的混纺比。此法试验误差最大。本方法适用于:① 天然纤维混纺,如:棉与亚麻、棉与苎麻、棉与大麻;② 动物纤维混纺,如:羊毛与兔毛、羊毛与羊绒、羊毛与驼毛;③ 其他情况,如:黏胶与莫代尔、棉与莱赛尔。

对于含有两种以上纤维成分的试样,可应用适当的单个方法顺次进行化学成分分析。

项目四 | 纱线的识别与检测

任务一　常见纱线分类

一、纱、线、丝的概念

纱是只由一股纤维束捻合而成的。短纤维纱是以短纤维为原料经过纺纱工艺制成的纱。

线是由两根或两根以上的单纱并合加捻制成的。用来形成股线的单纱,可以是短纤纱,也可以是长纤纱,可以是同一种原料,也可以是不同纤维原料的,可以同为短纤纱或长丝纱,也可以是不同的。

连续长丝纱,简称长丝或丝。有化学纤维长丝纱和天然纤维长丝纱两种。化学纤维长丝纱是纤维成型的同时集束成纱的,它不需要像化学短纤维那样需先经过短纤维纺纱工艺将纤维集聚成纱。成纤的高聚物通过喷丝板即形成连续丝条,丝条中含有的纤维根数取决于喷丝板上喷丝孔的数目;天然长丝纱主要是以天然蚕丝为主的。

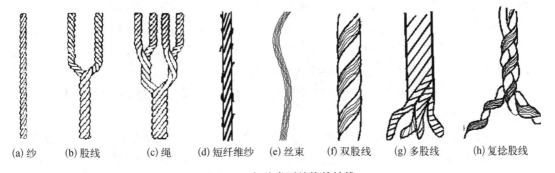

(a) 纱　　(b) 股线　　(c) 绳　　(d) 短纤维纱　(e) 丝束　(f) 双股线　　(g) 多股线　　(h) 复捻股线

图 4-1　各种类型结构的纱线

二、常见纱线分类

纱线的品种繁多,性能各异。它可以是由天然纤维或各种化学短纤维制成的纯纺纱,也可以是由几种纤维混合而成的混纺纱,还可以是由化学纤维直接喷丝处理而成的长丝纱。通常,可根据纱线所用原料、纱线粗细、纺纱方法、纺纱系统、纱线结构及纱线用途等进行分类。

1. 按纱线原料分

(1) 纯纺纱：纯纺纱是由一种纤维材料纺成的纱,如棉纱、毛纱、麻纱和绢纺纱等。

(2) 混纺纱：混纺纱是由两种或两种以上的纤维所纺成的纱,如涤纶与棉的混纺纱、羊毛与粘胶的混纺纱等。

2. 按纱线粗细分

(1) 粗特纱：粗特纱指 32 特及其以上(英制 18 英支及以下)的纱线。

(2) 中特纱：中特纱指 21～32 特(英制 19～28 英支)的纱线。

(3) 细特纱：细特纱指 11～20 特(英制 29～54 英支)的纱线。

(4) 特细特纱：特细特纱指 10 特及其以下(英制 58 英支及以上)的纱线。

3. 按纺纱系统分

(1) 精纺纱：精纺纱也称精梳纱,是指通过精梳工序纺成的纱。纱中纤维平行伸直度高,条干均匀、光洁,但成本较高,纱支较高。精梳纱主要用于高级织物及针织品的原料。

(2) 粗纺纱：粗纺纱也称粗梳毛纱或普梳棉纱,是指按一般的纺纱系统进行梳理,不经过精梳工序纺成的纱。粗纺纱中短纤维含量较多,纤维平行伸直度差,结构松散,毛茸多,纱支较低,品质较差。此类纱多用于一般织物和针织品的原料、中特以上棉织物等。

(3) 废纺纱：废纺纱是指用纺织下脚料(废棉)或混入低级原料纺成的纱。纱线品质差、松软、条干不匀、含杂多、色泽差,一般只用来织粗棉毯、厚绒布和包装布等低级的织品。

4. 按纺纱方法分

(1) 环锭纱：环锭纱是指在环锭细纱机上,用传统的纺纱方法加捻制成的纱线。纱中纤维内外缠绕联结,纱线结构紧密,强力高,但由于同时靠一套机构来完成加捻和卷绕工作,因而生产效率受到限制。此类纱线用途广泛,可用于各类织物、编结物、绳带中。

(2) 自由端纱：自由端纱是指在高速回转的纺杯流场内或在静电场内使纤维凝聚并加捻成纱,其纱线的加捻与卷绕作用分别由不同的部件完成,因而效率高,成本较低。

① 气流纱：气流纱也称转杯纺纱,是利用气流将纤维在高速回转的纺纱杯内凝聚加捻输出成纱。纱线结构比环锭纱蓬松、耐磨、条干均匀、染色较鲜艳,但强力较低。此类纱线主要用于机织物中膨松厚实的平布、手感良好的绒布及针织品类。

② 静电纱：静电纱是利用静电场对纤维进行凝聚并加捻制得的纱。纱线结构同气流纱,用途也与气流纱相似。

③ 涡流纱：涡流纱是用固定不动的涡流纺纱管,代替高速回转的纺纱杯所纺制的纱。纱上弯曲纤维较多、强力低、条干均匀度较差,但染色、耐磨性能较好。此类纱多用于起绒织物,如绒衣、运动衣等。

④ 尘笼纱：尘笼纱也称摩擦纺纱,是利用一对尘笼对纤维进行凝聚和加捻纺制的纱。纱线呈分层结构,纱芯捻度大、手感硬,外层捻度小、手感较柔软。此类纱主要用于工业纺织品、装饰织物,也可用在外衣(如工作服、防护服)上。

(3) 非自由端纱：非自由端纱是又一种与自由端纱不同的新型纺纱方法纺制的纱,即在对纤维进行加捻过程中,纤维条两端是受握持状态,不是自由端。这种新型纱线包括自捻纱、喷气纱和包芯纱等。

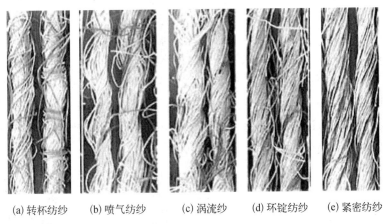

(a) 转杯纺纱　　(b) 喷气纺纱　　(c) 涡流纱　　(d) 环锭纺纱　　(e) 紧密纺纱

图 4 - 2　各种纱线的外观形态

三、纱线品种代号

表 4 - 1　纱线品种代号

品　　种	代　号	品　　种	代　号
经纱/线	T	纯棉纱线	C
纬纱/线	W	有光黏胶纱/线	RB
绞纱/线	R	无光黏胶纱/线	RD
筒子纱线	D	棉/维混纺纱	C/V
针织用纱	K	涤/黏混纺纱	T/R
精梳纱线	J	涤/棉混纺纱(涤纶含量≥50%)	T/C
精梳针织用纱/线	JK	涤/棉混纺纱(棉含量≥50%,一般为65%及以上)	CVC
烧毛纱/线	G		
起绒用纱	Q	气流纺纱	OE

任务二　纱线捻向和捻度测定

　　加捻是短纤维捻合形成纱线的必要加工手段,通过加捻提高纱中纤维之间的摩擦力与抱合力,提高纱线的强度、弹性、手感与光泽,同时使织物取得良好的服用性能。纱线的捻度与捻向是两个十分重要的工艺参数(参考标准 GB/T2543)。

一、捻向

　　加捻的捻回是有方向的,称为捻向,也就是加捻纱中纤维的倾斜方向或加捻股线中单纱的倾斜方向。捻向分 Z 捻和 S 捻两种。若单纱中的纤维或股线中的单纱在加捻后，其倾斜方向自下而上，从右至左的叫 S 捻，也称为右手捻或右捻；若倾斜方向自下而上，从左至右的叫 Z 捻，也称作左手捻或左捻。如图 4-3 所示。捻向的表示方法是有规定的，单纱可表示为：Z 捻或 S 捻。实际使用中单纱多以 Z 捻出现；股线则因其捻向可与单纱捻向相同或相反，须将二者的捻向均加以表示，故可写成：第一个字母表示单纱的捻向，第二个字母表示股线的捻向。经过两次加捻的股线，第三个字母表示复捻捻向。例如单纱为 Z 捻，初捻为 S 捻，复捻为 Z 捻的股线，其捻向表示为 ZSZ 捻。

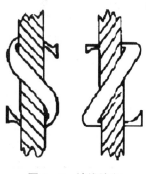

图 4-3　纱线捻向

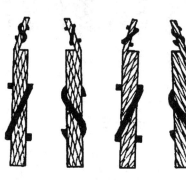

图 4-4　复捻线

二、捻度

捻度是指单位长度纱线中的捻回数，是可以表示纱线加捻程度大小的物理指标。根据单位长度的衡量方法不同，可将捻度分为公制捻度，特克斯制捻度和英制捻度。

公制捻度（T_m）：公制捻度表示 1 m 长的纱线内具有的捻回数。长丝纱、精纺毛纱一般用公制捻度。

特克斯制捻度（T_t）：特克斯制捻度表示 10 cm 长的纱线所具有的捻回数。棉纱、棉型化纤纱等一般用特克斯制来表示加捻程度。

英制捻度（T_e）：英制捻度表示 1 英寸长的纱线具有的捻回数。

它们之间的关系如下：

$$T_t = 3.937 T_e = T_m/10$$

捻系数转化公式如下：

$$a_m = T_m/N_m^{1/2}$$

$$a_e = T_e/N_e^{1/2}$$

式中：T_m——纱线的公制捻度（捻/m）；　　T_e——纱线的英制捻度（捻/英寸）；

　　　a_m——公制捻系数；　　　　　　　　a_e——英制捻系数；

　　　N_m——纱线的公制支数；　　　　　　N_e——纱线的英制支数。

我国常用的捻度测试方法有直接退捻法（或称直接计数法）和退捻加捻法两种。棉纺厂的粗纱、股线试验采用直接退捻法,而细纱采用退捻加捻法。

1. 直接退捻法

试样一端固定,另一端向退捻方向回转,直至纱线中的纤维完全伸直平行为止。退去的捻度即为该试样长度的捻数。直接退捻法是测定纱线捻度最基本的方法,测定结果比较准确,常作为考核其他方法准确性的标准。但该方法工作效率低,如果纱线中纤维有扭结,纤维就不易分解平行,而且分解纤维时纱线容易断裂。直接退捻法一般用于计数粗纱或股线捻数。对细纱进行研究工作可用黑白纱点数法,用一根黑粗纱和一根自粗纱喂入同锭纺出黑白相间的细纱,试样夹持在捻度仪上与直接退捻法一样进行退捻。随着退捻增多,纱上黑白相向的距离变大,就越容易人工点数。一般退捻至总捻数的一半左右即可进行人工点数剩余捻数;纱上的总捻数为捻度仪退捻数与人工点数的剩余捻数之和。

2. 退捻加捻法

退捻加捻法是假设在一定张力下,纱线解捻引起纱线伸长量与反向加捻时纱线缩短量相同的前提下进行测试的,此方法常用纱线捻度测试仪进行测色(图4-5)。

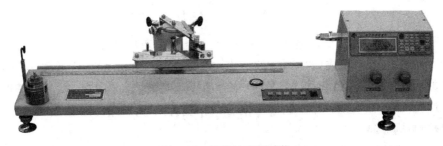

图4-5 纱线捻度测试仪

测试时,在规定的预张力下,取规定长度的纱线,两端夹紧,右纱夹先反转退捻,使纱线伸长至一定的允许伸长量。指针被定位片阻挡,纱线不能继续伸长,以防止退捻至纤维伸直平行时纱线断落。当纱线上的捻度全部退完后,右纱夹继续旋转,纱线开始反向加捻,长度缩短直到纱线恢复原长为止。纱上的捻回数即为退捻加捻总捻回数的一半。此法工作效率高,操作方便,但初始张力和允许伸长量的变化对测试结果影响大,必须严格按表4-2进行选择。

表4-2 各类纱线测定参数

类　　别	试样长度(mm)	预加张力(cN/tex)	允许伸长(mm)
棉纱(包括混纺纱)	250	$1.8\,T_t^{1/2} - 1.4$	4.0
中长纤维纱	250	$0.3 \times T_t$	2.5
精、粗梳毛纱(包括混纺纱)	250	$0.1 \times T_t$	2.5
苎麻纱(包括混纺纱)	250	$0.2 \times T_t$	2.5
绢丝	250	$0.3 \times T_t$	2.5
有捻单丝	500	$0.5 \times T_t$	—

注:当试样长度为500 mm时,其允许伸长应按表中所列增加一倍,预加张力不变。

任务三　纱线细度测定

一、基本概念

细度是指纤维、单纱、网线、绳索等单位长度的质量,描述纱线粗细程度的指标,其表示形式分定长制和定重制两类。

1. 定长制

定长制是指一定长度纱线的重量,其数值越大,表示纱线越粗,包括特数(N_t)和旦数(N_D)两种。

特数(N_t)即特克斯,是指 1 000 m 长纤维或纱线在公定回潮率时的重量克数,也称为号数。

$$N_t = 1\,000G/L$$

式中:L 为纤维或纱线的长度米数;G 为其公定回潮率时的重量克数。

对单纱而言,特数可写成如"18 特"的形式,表示纱线 1 000 m 长时,其重量为 18 g。

股线的特数等于单纱特数乘以股数,如 18×2 表示两根单纱为 18 特的纱线合股,其合股细度为 36 特。当组成股线的单纱特数不同时,则股线特数为各单纱特数之和,如 18 特+15 特,其合股特数为 33 特。

旦数(N_D)即旦尼尔,是指 9 000 m 长的纤维或纱线在公定回潮率时的重量克数,也称为"纤度"。

$$N_D = 9\,000G/L$$

旦数可表达为 24 旦、30 旦等。对股线的旦数,其表示方法与特数相同。旦数一般多用于天然纤维蚕丝或化纤长丝的细度表达。

2. 定重制

定重制是指一定重量的纤维或纱线所具有的长度。其数值越大,表示纱线越细。

其指标包括公制支数(N_m)和英制支数(N_e)。

公制支数(N_m)是指在公定回潮率时,一克重的纱线(或纤维)所具有的长度米数。

$$N_m = L/G$$

公制支数可表示成 20 公支、40 公支的形式,意味着一克重的纱线具有 20 m 长或 40 m 长。股线的公制支数,以组成股线的单纱的公制支数除以股数来表示,如 26/2、60/2 等。

如果组成股线的单纱的支数不同,则股线公制支数用斜线划开并列的单纱支数加以表示,如 21/42,股线的公制支数可计算得到。

$$N_m = 1/(1/N_1 + 1/N_2 + \cdots + 1/N_n)$$

$$N_m = 1/(1/21 + 1/42) = 14 \text{公支}$$

目前我国毛纺及毛型化纤纯纺、混纺纱线的粗细仍有部分沿用公制支数表示。

英制支数(N_e)是指1磅(454克)重的棉纱线含有840码(1码=0.914 4 m)长度的个数。

$$N_e = L/(G \times 840)$$

若1磅重的纱线有60个840码长,则纱线细度为60英支,可记作60^s。股线的英制支数表示方法和计算方法同公制支数,如$60^s/3$。

经、纬纱的支数可以用经纱×纬纱来表示。例如,某织物的经纱是20英支,纬纱是16英支,则可表示为:$20^s \times 16^s$。

二、测试(参照标准 FZ/T01093)

1. 取样

① 取样要求经纬向至少2块,每个试样最好长度相同,约为250 mm,宽度至少包括50根纱线;② 在每个试样中拆下10根纱线并测量其伸直长度,然后再在每个试样中拆下至少40根纱线进行称重。

2. 测试过程

要求对纱线进行预调湿和对非纤维物质进行去除。

3. 精度要求

天平精度为试样最小质量的0.1%,测定纱线伸直长度的钢尺最小分度值为毫米(mm)。

4. 结果表示

单纱线密度相同的股线,以单纱的线密度乘以股线数来表示,单纱线密度不同的股线,以单选线密度值相加来表示。

项目五 纺织面料的识别与检测

任务一 织物来样分析

设计或仿制某种织物，必须首先对织物进行分析，获得上机工艺资料，用以指导织物的织造过程。所以设计人员必须掌握织物分析的方法。

各种织物所采用的原料、组织、密度、纱线的线密度、捻向和捻度、纱线的结构及织物的后整理方法等都各不相同，因此形成的织物在外观及性能上也各不相同。为了创新及仿制织物，就必须对织物进行分析，掌握织物的组织结构和织物的上机技术条件等资料。

一、取样

对织物进行分析，首先要取样，所取的样品须能准确地代表该织物的各种性能，样品上不能有疵点，并力求处于原有的自然状态。而样品资料的准确程度与取样的位置、样品的大小有关，所以对取样的方法有一定的规定。

（1）取样位置：织物在加工过程中一直受到各种外力作用，外力在织物下机后会消失，织物在幅宽和长度方面会略有改变，这种变化造成织物边部、中部和织物两端的密度及其他一些物理机械性能都存在差异。为了使测得的数据具有准确性及代表性，对取样的位置一般有如下规定：从整匹织物中取样时，样品到布边的距离一般不小于 5 cm。长度方向，样品离织物两端的距离，在棉织物上不小于 1.5～3 m，在毛织物上不少于 3 m，在丝织物上约 3.5～5 m。

（2）取样大小：织物分析是项消耗性试验，在保证分析资料正确的前提下，尽量减少试样的大小。简单织物的试样可取得小些，一般取 15 cm×15 cm。组织循环较大的色织物一般取 20 cm×20 cm。色纱循环大的色织物（如床单）最少应取一个色纱循环的面积。对于大花纹织物（如被面、毯类等），因经、纬纱循环很大，一般分析部分具有代表性的组织结构。

二、面料经纬向与正反面确定

在印染加工和成衣加工中，首先想到的是看看面料的正反面。在染整加工中基于某些加工的特殊性，有些需要正面朝上，有些需要反面朝上，如烧毛工序，而在服装制作过程中的排料和裁剪前，不但要区分面料的正反面，而且还要了解面料的经纬向，特别是对有图案花纹或绒毛的面料更要找出其倒顺，以避免造成难以挽回的差错。因为面料正反面和不同倒顺方向色泽深浅、光泽明暗、图案清晰、织纹效果以及经纬向的强力、伸长和悬垂等都有一定的差异,直接关系到服装使用、款式风格的体现及穿着效果等方面的问题。面料的外观特征识别主要包括面料的经纬向、正反面、倒顺的识别。

1. 机织面料经纬向的识别

(1) 如被鉴别的面料是有布边的,则与布边平行的纱线方向便是经向,另一方是纬向。

(2) 上浆的是经纱的方向,不上浆的是纬纱的方向。

(3) 一般织品密度大的一方是经向,密度小的一方是纬向(横贡缎类织物除外)。

(4) 一般面料经向伸缩性较小,手拉时紧而不易变形;纬向伸缩性稍大,手拉时略松而有变形;斜向伸缩性最大,极易变形。

(5) 若面料经纬纱粗细不同时,一般细者为经纱,粗者为纬纱;若一个系统有粗细两种纱相间排列,另一个系统是同粗细的纱线,则前者为经向,后者为纬向;若一个系统为股线,另一个系统为单纱,则股线一方为经向,另一方为纬向。

(6) 若织品的经纬纱特数捻向捻度都差异不大时,则纱线条干均匀光泽较好的为经向。

(7) 若织品的成纱捻度不同时,则捻度大的多数为经向,捻度小的为纬向(少数面料例外,如碧绉、双绉等)。

(8) 若单纱织物的成纱捻向不同时,则 Z 捻向为经向,S 捻向为纬向。

(9) 若两个系统纱的条干均匀度不同,则纱线条干均匀,光泽好的一般为经向;若面料中有竹节纱,竹节一方为纬向。

(10) 条纹外观面料,顺条为经向,长方形格子外观面长边方向为经向(正方形格子可用其他方法识别)。

(11) 毛巾类织物,其起毛圈的纱线方向为经向,不起毛圈者为纬向。

(12) 纱罗织品,有扭绞的纱的方向为经向,无扭绞的纱的方向为纬向。

(13) 绒条面料,一般沿绒条方向为经向(纬起毛)。

(14) 花式线织物,一般花式线多用于纬向。

(15) 筘痕明显的布料,则筘痕方向为经向。

(16) 一般的牛仔织物,经纱为蓝色或者黑色,纬纱为白色纱。

2. 机织面料的正反面区别

面料正反面的确定一般是依据其不同的外观效应加以判断的,但是在实际使用中,有些面料的正面和反面是极难确定的,稍不注意,就会造成错误,常用的识别面料正反面的方法如下:

(1) 一般织物正面的花纹色泽均比反面清晰美观。素色平纹面料正反面无明显区别,一般正面比较平整光洁,色泽匀净鲜明;斜纹面料的正面纹路清晰,分左、右斜纹,纱结构斜纹面料左斜纹为正面,半线和线结构斜纹面料右斜纹为正面;缎纹面料平整、光滑、明亮、浮线长而多的一面为正面,反面组织不清晰、光泽较暗,不如正面光滑,经面缎纹的正面布满经浮长线,纬面级纹的正面布满纬浮长线(绉缎除外)。

(2) 具有条格外观的织品和配色花纹织物,其正面花纹必然是清晰悦目的。

(3) 凸条及凹凸织物,正面紧密而细腻,具有条状或图案凸纹;而反面较粗糙,有较长的浮长线。

(4) 毛圈面料,一般以毛圈丰满面为正面。

（5）轧花、轧纹、轧光面料，以光泽好、花纹清晰面为正面。

（6）烂花、植绒面料，以花型饱满、轮廓清晰面为正面。

（7）绒类（起毛）面料，分单面起绒面料和双面起绒面料。单面起绒面料如灯芯绒、平绒等正面有绒毛，反面无绒毛；双面起绒面料如双面绒布、粗纺毛面料等正面绒毛较紧密整齐，反面光泽稍差。印花起绒面料应根据印花图案清晰度和方向性及绒面效果决定正反面。

（8）双层多层织物，如正反面的经纬密度不同时，则一般正面有较大的密度或正面的原料较佳。

（9）纱罗织物，纹路清晰、绞经突出的一面为正面。

（10）毛巾织物，毛圈密度大的一面为正面。

（11）印花织物，花型清晰，色泽较鲜艳的一面为正面。

（12）观察织品的布边，布边光洁整齐的一面为织品的正面，反面稍粗些，有纬纱纱头的毛边，且边缘稍向里卷曲。有些面料布边织有或印有文字、号码，字迹清晰、突出、正写的一面为正面。若布边有针眼，则针眼凸出的一面一般为正面。

（13）整片的织物，除出口产品以外，凡粘贴有说明书商标和盖有出厂检验章的一般为反面。各种整理好的面料在成匹包装时，每匹布头朝外的一面为反面，双幅呢绒面上大多对折包装，里层为正面，外层为反面。

多数织物其正面反面有明显的区别，但也有不少织品的正反面极为相似，两面均可应用，因此对这类织物可不强求区别其正反面。

3. 面料倒顺方向的识别

起绒面料由于面料组织结构、工艺等原因，毛不能完全与地组织垂直，会略倒向一边，因而倒毛顺毛方向不同，表现出面料的光泽不同，制作过程中不注意倒顺毛的配置会造成服装表面的色差明显，外观质感不一致，影响服装的协调统一性和质量。除有方向性图案的面料也存在类似问题。分辨方法具体见下。

（1）起绒面料：平绒、灯芯绒、金丝绒、乔其绒、长毛绒和顺毛呢绒倒顺方向明显。用手抚摸面料表面，毛头倒伏，顺滑且阻力小的方向为顺毛，顺毛光亮、颜色浅淡；用手抚摸面料表面，毛头撑起，顶逆而阻力大的方向为倒毛。逆毛光泽暗，颜色深。立绒类面料，绒毛直立无倒顺。

（2）带有方向性图案面料：有些印花图案和格子面料是不对称且有方向性，按其头尾、上下来分倒顺。有些闪光面料，在各个方向光效应不同，要注意顺倒方向光泽的差别。

任务二　织物中纱线织缩率测定

测定经纬纱缩率经纬纱缩率是织物结构参数的一项内容。测定经纬纱缩率的目的是为了计算纱线的特数和织物用纱量等。由于纱线在形成织物后，经（纬）纱在织物中交错屈曲，因此织造时所用的纱线长度大于所形成织物的长度。

经纬纱缩率的大小，是工艺设计的重要依据，它对纱线的用量、织物的物理机械性能和织物的外观均有很大的影响。影响缩率的因素很多，如织物组织、经纬纱原料及特数、经纬纱密度及在织造过程中纱线的张力等的不同等,都会引起缩率的变化。

根据国家相关标准(参考标准 FZ/T01091—2008)试样应进行预调湿,并免除皱褶。在样品上标记 5 个长方形试样,其中 2 个试样长度方向沿着样品的经向,3 个试样的长度方向沿样品的纬向。裁剪试样的长度至少为在试样夹钳内长度的 20 倍,宽度至少含有 10 根纱线。如果织缩率与纱线线密度一起测量,则需要另外准备 2 个纬向试样,保证能代表 5 个不同纬纱卷装,所有试样的长度统一为 250 mm,宽度至少包括 25 根纱线。

表 5-1 不同类型纱线提供的预张力

纱 线 类 别	线密度(tex)	预加张力(cN/tex)
棉纱、棉型纱	≤7	0.75×线密度值
	>7	0.2×线密度值+4
毛纱、毛型纱及中长型纱	15~60	0.2×线密度值+4
	61~300	0.07×线密度值+12
非变性长丝纱	所有线密度	0.5×线密度值

测试时,从 5 个试样中各测 10 根纱的伸直长度,对每个试样的 10 根纱线,计算平均伸直长度,保留 1 位小数。

$$C = \frac{L - L_0}{L_0} \times 100\%$$

式中:C——织缩率(%);

L——从试样上拆下的 10 根纱线的平均伸直长度(mm);

L_0——伸直纱线在织物中的长度(试样长度)(mm)。

企业为了方便生产,通常在试样边缘沿经(纬)向量取 10 cm 的织物长度。并记上记号(试样小时,可量取 5 cm 长),将边部的纱缨剪短(这样可以减少纱线从织物中拔出来时产生以外伸长),然后轻轻将经(纬)纱从试样中拔出,用手指压住纱线的一端,用另一只手轻轻地将纱线拉直(张力要恰当,不可有伸长现象)。用尺量出记号之间的经(纬)纱长度,这样连续做出 10 个数后,取其平均值,代入公式中,即可求出经或纬纱的缩率值。这种方法简单易行,但精确程度较差,测定纱线缩率的目的是为了计算纱线特数和织物用纱量等。在测定中应注意以下几点:

(1)在拔出和拉直纱线时,不能使纱线发生退捻或加捻。对某些捻度较小或强力很差的纱线,应经量避免发生意外伸长。

(2)分析刮绒和缩绒织物时,应先用剪刀或火柴除去表面的绒毛,然后再仔细地将纱线从织物中拔出。

(3)黏胶纤维在潮湿状态下极易伸长,故在操作时避免手汗沾湿纱线。

任务三 分析织物的组织及色纱的配合

分析织物的组织,即分析织物中经纬纱的交织规律,求得织物的组织结构。根据经纬纱原料、经纬密度、线密度等因素,做出该织物的上机图。

由于织物的种类繁多,加之原料、经纬密度、线密度等因素各不相同,所以在对织物进行组织分析时,应根据具体情况选择不同的分析方法,使分析工作简单高效。常用织物组织的分析方法有以下几种:

1. 直接观察法

利用目力或照布镜直接观察布面,将观察到的经纬纱的交织规律,填入意匠纸的方格中。分析时应多填绘几根经纬纱的交织状况,以便找出正确的完全组织,这种方法简单易行,适用于组织较简单的织物(图 5-1~图 5-3)。

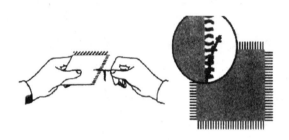

图 5-1 拆纱图

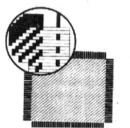

图 5-2 斜纹拆纱分析示意图

图 5-3 纬面缎纹分析示意图

2. 拆纱分析法

这种方法适用于组织较复杂、纱线较细、密度较大的织物。具体步骤如下:

(1)确定拆纱的系统:在分析织物时,首先要确定拆纱的方向,看从哪个方向拆纱更能看清楚经纬纱的交织状态。一般是将密度大的纱线系统拆开(通常是经纱),利用密度小的纱线系统的间隙,清楚地看出经纬纱的交织规律。

(2)确定织物的分析表面:织物的分析表面以能看清组织为原则。如果是经面或纬面组织的织物,一般分析反面比较方便;起毛起绒织物,分析时应先剪掉或用火焰烧去织物表面的绒毛,再进行分析,或从织物的反面分析其他组织。

(3)纱缨的分组:将密度大的那个系统的纱拆除若干根,使密度小的系统的纱线露出10 mm 的纱缨,如图 5-4(a)所示。然后将纱缨中的纱线每若干根分为一组,并将奇数组和偶数组纱缨剪成不同的长度,以便于观察被拆纱线与各组纱的交织情况,如图 5-4(b)所示。填绘组织所用的意匠纸一般每一大格其纵横方向均为八个小格,可使每组纱缨根数与其相等,把一大格作为一组,亦分成奇、偶数组,与纱缨所分奇、偶数组对应,这样被拆开的纱线就可以很方便地记录在意匠纸的方格上。

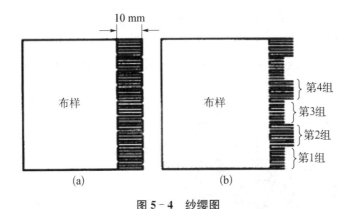

图 5 - 4　纱缨图

（4）用分析针将第 1 根经纱或纬纱拨开，使其与第 2 根纱线稍有间隔，置于纱缨之中，即可观察其与另一方向纱线的交织情况，并将观察到的浮沉情况记录在意匠纸或方格纸上，然后将第 1 根纱线抽掉；再拨开第 2 根，以同样方法记录其沉浮情况，这样一直到浮沉规律出现循环为止（图 5 - 5 与图 5 - 6）。

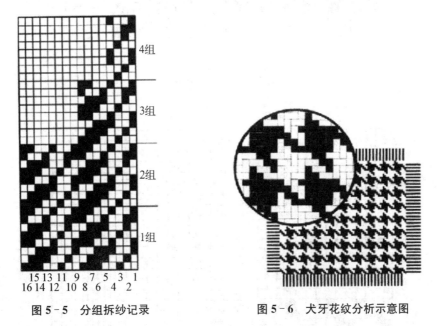

图 5 - 5　分组拆纱记录　　　　图 5 - 6　犬牙花纹分析示意图

（5）如果是色织物（即利用不同颜色的纱线与组织配合，使织物表面显出各种不同风格和色彩的织物），还需要将纱线的颜色也记入意匠纸。即画出组织图后，在经纱上方，纬纱左方，标注上色名和根数，组织图上的经纱根数为组织循环经纱数与色纱循环经纱数的最小公倍数，纬纱根数为组织循环纬纱数与色纱循环纬纱数的最小公倍数。

对组织比较简单的织物，也可以采用不分组拆纱法。即选好分析面、拆纱方向后，将纱轻轻拨入纱缨中，观察经纬纱的交织情况，记录在意匠纸上即可。

在具体操作时，必须耐心细致。为了少费眼力，可以借助照布镜、分析针、颜色纸等工具来分析。在分析深色织物时，可以用白色纸做衬托；在分析浅色织物时，可以用深色纸做衬托，这样可使交织规律更清楚、明显。

对于织物的上机图绘制(参考标准 FZ/T01090—2008),对于经纬方向继续分解的织物是重复已经记录的织物单元时,就不用再继续作图,可以采取简化表示法(图 5-7)。

在对组织图和穿筘图进行简化后,穿筘图每筘穿入的纱线根数相同时,需要注上穿筘说明(图 5-8)。

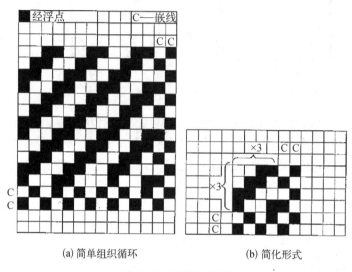

(a) 简单组织循环　　　　(b) 简化形式

图 5-7　简单组织图

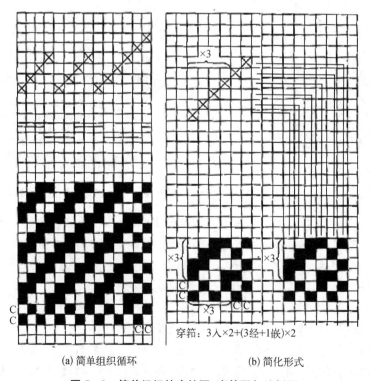

穿筘:3入×2+(3经+1嵌)×2

(a) 简单组织循环　　　　(b) 简化形式

图 5-8　简单组织的穿综图、穿筘图与纹板图

任务四　针织物的主要参数测定

测定前先对面料进行预调湿。

一、线圈长度

(1) 线圈长度是指组成一只线圈的纱线长度,一般以毫米(mm)作为单位。

(2) 线圈长度的获取方法包括投影近似进行计算法、拆散测长法和机上在线仪器测量法。

(3) 线圈长度对针织物的密度、脱散性、延伸性、耐磨性、弹性、强力、抗起毛起球性、缩率和勾丝性等有重大影响,是针织物的一项重要指标。

二、织物密度(参考标准 FZ 70002—91)

用来表示在纱线细度一定的条件下,针织物的稀密程度。密度有横密、纵密和总密度之分。测量一次面积一般为 15 cm×15 cm,面料无褶皱无变形,量尺和织物分析镜在试样上,据布边最少 5 cm,测量空框与线圈横列平行。

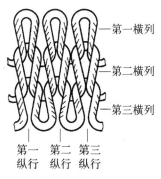

图 5-9　线圈横列与纵行

沿着线圈横列方向数取 5 cm 以内的横列线圈数(P_A),在不同位置测量 4 次;同样方法测量纵行线圈(P_B)。

$$线圈总密度 = P_A \times P_B$$

计算 4 次算术平均值,也可分别计算横列、纵行线圈数的算术平均值;对于罗纹等织物,纵行、横列的线圈数应为实测数×2。

测量时,读数保留到 0.5 个线圈,计算结果精确到 0.5 个线圈。

针织物的横密与纵密的比值,称为密度对比系数 C。它表示线圈在稳定状态下,纵向与横向尺寸的关系,可用下式计算:

$$C = P_A / P_B$$

线圈密度对比系数反映了线圈的形态,C 值越大,线圈形态越是瘦高;该值越小,则线圈形态越是宽矮。

三、未充满系数和紧度系数

(1) 未充满系数:线圈长度与纱线直径的比值。

$$\delta = \frac{l}{d}$$

式中：δ——未充满系数；l——线圈长度(mm)；d——纱线直径(mm)，可通过理论计算或实测获得。

（2）紧度系数：纱线线密度的开方与线圈长度之比。

$$T_F = \frac{\sqrt{Tt}}{l}$$

式中：T_F——紧度系数；

Tt——纱线线密度(tex)；

l——线圈长度(mm)。

线圈长度不仅关系到针织物的密度，也会对针织物的服用性能产生重要影响：对物理机械性能、针织物的弹性、脱散性、尺寸稳定性、抗起毛起球和勾丝性、手感和透气性等均有影响。

针织物可用未充满系数或紧度系数来表征其性能，因为未充满系数或紧度系数包含了线圈长度与纱线细度两个因素。未充满系数愈高或紧度系数越低，针织物越稀薄，其性能就愈差。未充满系数值或紧度系数值是根据大量的生产实践经验来确定的。充满系数或紧度系数的值就可以决定针织物的各项工艺参数。

四、单位面积质量

针织物单位面积质量又称织物面密度，用 1 m² 干燥针织物的质量(g)来表示。当已知了针织物的线圈长度 l(mm)、纱线线密度 Tt(tex)、横密 P_A 和纵密 P_B、纱线的回潮率 W 时，织物的单位面积干燥质量 Q 可用下式求得：

$$Q = \frac{0.000\,4l\,Tt\,P_A P_B}{1+W}$$

单位面积质量是考核针织物的质量和成本的一项指标，该值越大，针织物越密实厚重，但是耗用原料越多，织物成本将增加。

五、针织面料来样分析

根据编织方法的不同，针织生产可分为纬编和经编两大类。

1. 纬编织物来样鉴别

纬编织物线圈有正面与反面之分。凡线圈圈柱覆盖在前一线圈圈弧之上的一面，称为正面线圈；而圈弧覆盖在圈柱之上的一面，称为反面线圈(图 5-10)。单面针织物采用一个针床编织而成，特点是织物的一面全部为正面线圈，而另一面全部为反面线圈，织物两面具有显著不同的外观。双面针织物采用两个针床编织而成，其特征为针织物的任何一面都显示有正面线圈。

对于纬编针织物，若面料上有花纹图案、绒毛等，可参照机织物方法区分正反面。

对于纬编针织物，由于织造过程中纱线喂入方向为横向，因此织物在受力过程中，容易发生转移，所以织物一般具有横向比纵向更易延伸的特性。受生产设备控制，一般纬编织物只能

正面线圈　　　　　　　　　反面线圈

图 5 - 10　纬编织物线圈

编织横向条纹。

（1）判断织物是否属于纬编织物：① 同一横列相邻纵行之间由沉降弧相连接。② 沿逆编织方向，拉动纱线，可使同一横列的线圈逐个脱散。③ 判断织物属于单面还是双面，并确定织物的工艺正面。④ 正面线圈只显露在织物一面的，为单面针织物；正面线圈显露在织物两面的，为双面针织物。⑤ 对单面针织物，凡是线圈的圈柱压住圈弧的一面，即为工艺正面；对双面针织物，一般是需要选针的一面为工艺正面。

（2）确定编织方向：对织物分别从横向、直向拉伸，观察线圈结构，确定织物的纵行及横列方向，并沿织物纵向的上下边沿试拆织物，确定编织方向。

（3）观察完全组织，并做标记：① 对于完全组织明显的织物，可在织物正面按完全组织的纵行分布，用记号笔在起始纵行及结束纵行做好标记。若完全组织纵行数较多，可以 5 个纵行或 10 个纵行为单位再做细分标记，直到完全组织结束。然后判断织物属于单面还是双面，并确定织物的工艺正面对于完全组织不明显的织物，可从任一纵行开始，以每 5 个或 10 个纵行为间隔做标记，试拆一些横列后，从每一列线圈结构的循环规律中确定完全组织的宽度，再做正式的标记。② 如果样布面积太大，则可从中裁取包含几个完全组织的一块，再试拆。

（4）拆散织物，并记录线圈形态：① 确定织物的编织方向后，左手握持织物，右手拉住从织物的逆编织方向可脱散的第一条纱线，轻轻拉动纱线，线圈从右向左逐个脱散。同时，在意匠纸上按从右到左的顺序，逐个记录下每个线圈的形式（集圈、成圈、浮线）；并在一根纱线拆下后，将纱线平放，从起始标记开始，观察纱线的弯曲状态，从而与前面的记录作对照和印证（图 5 - 11）。② 分析的纵行数和横列数要在一个完全组织以上。③ 对拆下的纱线，要按顺序逐条记录下其品种规格。④ 对于罗纹、双罗纹及变化组织，应先确定双面组织的对针方式。反面线圈处在两个正面线圈之间，则其编织时为罗纹对针；若反面线圈处在正面线圈的对应位置，则为双罗纹对针。这一类组织可用编织图表示其完全组织，比较直观。

成圈　　　　集圈　成圈　浮线　成圈

图 5 - 11　纬编编织符号

2. 经编织物鉴别

可将织物绷紧在织物分析架上，用放大镜仔细观察织物的组织。首先要确定弹力织物的大类；其次确定编织的梳栉数；最后确定织物组织。若观察不能确定时可拆解，以补充观察不能定的问题。可取布样一小块，顺线圈纵行剪开，切取一个纵行，然后在纵向拉紧，使已剪断的线圈处于较易拆解的状态，用镊子将其拆除。

经编针织物组织一般分解方法是依次将经编针织物的纵行群切断，并将其在长向拉展，将纱线解析出来进行研究。在分析时，可以使用分解针，顺序刺人剪开处的边上线圈向外拉引，一面使线圈脱散，一面进行观察。有时为了能清楚地看出纱线的垫纱运动轨迹，可以拉动针织物上被观察的纱线，一面拉，一面观察拉力的传播、单纤维散乱的情况。可将针织物上被观察的纱线依次用墨水着色做记号，以便看得更加清楚。在个别观察困难的地方，可用低放大倍数的显微镜或投影仪进行观察，根据线圈主干的形状、倾斜情况、延展线的交叉情况和孔眼的形状等做出综合判断。

分解法是分析经编针织物垫纱运动的最有效方法，还可用它来检验其他方法的分析结果。在分析一个纵行的线圈时，如其为一根连续的纱线，则此梳所作组织为经编链。如线圈在两个纵行中轮流脱散，得到一根连续纱线，则此梳作 1—0/1—2 垫纱运动（假定转向线圈都为闭口线圈）。如线圈在三个纵行的两个边上纵行轮流脱散，得到一根连续纱线，而中间的纵行留下不变，则此梳作 1—0/2—3 垫纱运动。可用同样原则确定跨几个针距的垫纱运动。

在已知经编针织物是由几种纱线交织的情况下，亦可用染色法或溶解法来确定一些梳栉的垫纱运动。由于不同种类原料的染色或溶解性能是不同的，用适当染料或溶剂处理后，可由不同颜色的纱线或残存的纱线来辨认梳栉的垫纱运动。同时亦得到了一些梳栉的穿经完全组织。

对于简单的变化经平垫纱运动，常可由经编针织物反面两纵行间一横列范围内的斜线（延展线）数来确定其针背垫纱越过的针距数。如在上述范围内有两根斜线，则针背垫纱越过两个针踞个针距，类似地三根斜线表示越过三个针距。

对于复杂的经编组织，除使用上述方法外，还要依靠丰富的分析经验，才能得到正确的分析结果，必要时，要将分析结果做上机试验，以检验分析的正确性。

3. 确定送经量［每横列或每 480 横列（1 腊克）的平均送经量］

在确定经编针织物的送经量时，将针织物的纵行群切断成一定长度，将各梳栉纱线分别标出，再测定计算纱线长度。这时，要充分考虑被脱散的纱线曾受到何种程度的拉伸，纱线在染色整理时的收缩率等因素。

项目六 织物品质综合评定

任务一 棉本色织物品质综合评定

本色布是指以本色纱线为原料织造而成的供印染加工的织物。

棉本色布采用 GB/T406—2008《棉本色布》标准进行质量检验和评定。该标准规定了棉本色布的产品分类、要求、布面疵点的评分、试验方法、检验规则和标志、包装。适用于有梭织机、无梭织机生产的棉本色布。不适用于提花、割绒类织物和特种用布。

棉本色布产品品种的分类以织物的组织为依据。组织相同的织物,则以织物总紧度、经纬向紧度及其比例进行分类。棉本色布一般分为平布、府绸、斜纹、哔叽、华达呢、卡其、直贡、横贡、麻纱、绒布坯等类别。棉本色布的组织规格可根据产品的不同用途或用户要求进行设计。

一、分批

1. 分批规定

以同一品种整理车间的一班或 1 昼夜 3 班的生产入库数量为一批。以 1 昼夜 3 班为一批的,逢单班时,则并入邻近 1 批计算;2 班生产的,则以两班为 1 批。如 1 昼夜 3 班入库数量不满 300 匹时,可累计满 300 匹为一批,但 1 周累计仍不满 300 匹时,则应以每周为 1 批(品种翻改时不受此限)。分批定时经确定后,取样后不得变更。

2. 分批检验、按批评等的项目

棉本色布物理指标、棉结杂质和棉结分批检验,按批评等,且以一次检验结果为评等依据。

3. 检验周期

物理指标、棉结杂质每批检验一次,质量稳定时,可延长检验周期,但每周至少检验 1 次。如遇原料及工艺变动较大或物理指标及棉结杂质降等时,应立即进行逐批检验,直至连续 3 批合格后,方可恢复原定检验周期。

4. 取样数量

检验布样在每批棉本色布经整理后、成包前的布匹中随机取样,取样数量不少于总匹数的 0.5%,最少不可少于 3 匹。

5. 检验项目

棉本色布质量检验包括内在质量检验和外观质量检验。内在质量检验包括织物组织、幅宽、密度、断裂强力、棉结杂质疵点格率和棉结疵点格率六项。外观质量为布面疵点一项。

二、分等规定

棉本色布的品等分为优等品、一等品、二等品、低于二等品的为等外品。

1. 棉本色布的评等

以匹为单位,织物组织、幅宽、布面疵点按匹评等,密度、断裂强力、棉结杂质疵点格率、棉结疵点格率按批评等,以其中最低一项品等作为该匹布的品等。分等规定见表6-1,棉结杂质疵点格率、棉结疵点格率的规定见表6-2,布面疵点评分限度见表6-3。

表6-1 分等规定

项 目	标 准	允 许 偏 差		
		优等品	一等品	二等品
织物组织	设计规定要求	符合设计要求	符合设计要求	不符合设计要求
幅宽(cm)	产品规格	+1.2% −1.0%	+1.5% −1.0%	+2.0% −1.5%
密度(根/10 cm)	产品规格	经密−1.2% 纬密−1.0%	经密−1.5% 纬密−1.0%	经密超过−1.5% 纬密超过−1.0%
断裂强力(N)	按断裂强力公式计算	经向−6% 纬向−6%	经向−8% 纬向−8%	经向超过−8% 纬向超过−8%

注:当幅宽偏差超过1.0%时,经密允许偏差范围为−2.0%。

表6-2 棉结杂质疵点格率、棉结疵点格率的规定

织物分类		织物总紧度(%)	棉结杂质疵点格率(%) 不大于		棉结疵点格率(%) 不大于	
			优等品	一等品	优等品	一等品
精梳织物		70 以下	14	16	3	8
		70~85 以下	15	18	4	10
		85~95 以下	16	20	4	11
		95 及以上	18	22	6	12
半精梳织物		—	24	30	6	15
非精梳织物	细织物	65 以下	22	30	6	15
		65~75 以下	25	35	6	18
		75 及以上	28	38	7	20
	中粗织物	70 以下	28	38	7	20
		70~80 以下	30	42	8	21
		80 及以上	32	45	9	23
	粗织物	70 以下	32	45	9	23
		70~80 以下	36	50	10	25
		80 及以上	40	52	10	27
	全线或 半线织物	90 以下	28	36	6	19
		90 及以上	30	40	7	20

注① 棉结杂质疵点格率、棉结疵点格率超过表6-2规定降到二等为止。
② 棉本色布按经、纬纱平均线密度分类:特细织物 10 tex 以下(60^s 以上);细织物 10~20 tex(60~29^s);中粗织物 21~29 tex(28~20^s);粗织物 32 tex 及以上(18^s 以下)。

表6-3　布面疵点评分限度　　　　　　　　　　　单位：平均分/米²

优　等	一　等	二　等
0.2	0.3	0.6

2. 长度、幅宽、经纬向密度

应保证成包后符合表6-1规定。其中棉本色布的技术条件为：

(1) 匹长：① 织物的匹长，以米为单位，取一位小数。② 公称匹长为工厂设计的标准匹长。③ 规定匹长为叠布后的成包匹长。④ 规定匹长按式(1)计算：

$$规定匹长＝公称匹长＋加放布长 \tag{1}$$

加放布长包括加放在折幅和布端的，为保证棉布成包后不短于公称匹长。

(2) 幅宽：① 织物幅宽以0.5 cm或整数为单位。其公英制换算的小数取舍：0.26以下舍去；0.26～0.75取0.5；0.75以上取1。② 公称幅宽为工艺设计的标准幅宽。

(3) 经、纬纱线密度：① 织物经、纬纱线密度用公制表示。如需要公英制同时标出时，公制线密度在前，英制线密度在后并加括号，例如：29 tex/29 tex(20ˢ×20ˢ)。② 新品种设计中，织物经、纬纱线密度应根据GB/T398技术要求中规定的公称线密度系列选择。

(4) 经、纬纱密度：① 织物的经、纬纱密度以10 cm内经、纬纱根数表示。在英制折算公制时，不足0.5根的舍去，超过0.5根不足1根的作0.5根计。② 设计新品种时，经、纬纱密度以0.5根或整数为单位，经、纬纱密度的选择要能够体现不同品种的特色。

(5) 织物断裂强力计算：① 织物的断裂强力以5 cm×20 cm布条的断裂强力(N)表示。② 织物断裂强力按式(2)计算：

$$Q = \frac{P_0 \times N \times K \times Tt}{2 \times 100} \tag{2}$$

式中：

Q——织物断裂强力(N)；

P_0——单根纱线一等品断裂强度(cN/tex)；

N——织物中纱线经纬密度(根/10 cm)；

K——织物中纱线强力利用系数；

Tt——纱线线密度(tex)。

计算的小数不计，取整数。

织物中纱线强力利用系数K值见表6-4，棉纱断裂强度见表6-5。

表6-4　纱线强力利用系数

织 物 组 织		经　　向		纬　　向	
		紧度(%)	K	紧度(%)	K
平　布	粗特	37～55	1.06～1.15	35～50	1.06～1.21
	中特	37～55	1.01～1.10	35～50	1.03～1.18
	细特	37～55	0.98～1.07	35～50	1.03～1.18

织　物　组　织		经　　向		纬　　向		
		紧度(%)	K	紧度(%)	K	
纱府绸	中特	62～70	1.05～1.13	33～45	1.06～1.18	
	细特	62～75	1.13～1.26	33～45	1.06～1.18	
线府绸		62～70	1.00～1.08	33～45	1.03～1.15	
哔叽、斜纹	粗特	55～75	1.06～1.26	40～60	1.00～1.20	
	中特及以上	55～75	1.01～1.21	40～60	1.00～1.20	
	线	55～75	0.96～1.12	40～60	1.00～1.20	
华达呢、卡其	粗特	80～90	1.27～1.37	40～60	1.00～1.20	
	中特及以上	80～90	1.20～1.30	40～60	0.96～1.16	
	线	90～110	1.13～1.23	40～60	粗特	1.00～1.20
					中特及以上	0.96～1.16
直　贡	纱	65～80	1.08～1.23	45～55	0.93～1.03	
	线	65～80	0.98～1.13	45～55	0.93～1.03	
横　贡		44～52	1.02～1.10	70～77	1.18～1.25	

注① 紧度在表定紧度范围内时,K 值按比例增减;小于表定紧度范围时,则按比例减小;如大于表定紧度范围时,则按最大的 K 值计算。

② 表内未规定的股线,按相应单纱线密度取 K 值(例如 14×2 按 28 tex 取 K 值)。

③ 麻纱按照平布,绒布坯根据其织物组织取 K 值。

④ 纱线按粗细程度分为特细、细特、中特、粗特四档:特细:10 tex 以下(60^s 以上);细特:10～20 tex($60～29^s$);中特:21～29 tex($28～20^s$);粗特:32 tex 及以上(18^s 及以下)。

表 6-5　纯棉本色纱线一等品断裂强度

梳　棉　纱		精　梳　棉　纱		精　梳　棉　纱		精　梳　棉　纱		精　梳　棉　股　纱	
线密度(tex)(英制支数)	单纱断裂强度(cN/tex)	线密度(tex)(英制支数)	单纱断裂强度(cN/tex)	线密度(tex)(英制支数)	单纱断裂强度(cN/tex)	线密度(tex)(英制支数)	单纱断裂强度(cN/tex)	线密度(tex)(英制支数)	单纱断裂强度(cN/tex)
8～10(70～56)	13.6	4～4.5(150～131)	15.6	8×2～10×2(70/2～56/2)	15.6	4×2～4.5×2(150/2～131/2)	18.6		
11～13(55～44)	13.8	5～5.5(130～111)	15.6	11×2～20×2(55/2～29/2)	15.8	5×2～5.5×2(130/2～111/2)	18.6		
14～15(43～37)	14.0	6～6.5(110～91)	15.8	21×2～30×2(28/2～19/2)	16.6	6×2～7.5×2(110/2～71/2)	19.0		
16～20(36～29)	14.2	7～7.5(90～71)	15.8	32×2～60×2(18/2～10/2)	16.4	8×2～10×2(70/2～56/2)	19.2		
21～30(28～19)	14.4	8～10(70～56)	16.0	64×2～80×2(9/2～7/2)	15.8	11×2～20×2(55/2～29/2)	16.6		
32～34(18～17)	14.2	11～13(55～44)	16.0	8×3～10×3(70/3～56/3)	16.0	21×2～24×2(28/2～24/2)	16.8		
36～60(16～10)	14.0	14～15(42～37)	14.4	11×3～20×3(55/3～29/3)	17.8	4×3～4.5×3(150/3～131/3)	20.2		
64～80(9～7)	13.8	16～20(36～29)	14.4	21×3～30×3(28/3～19/3)	18.8	5×3～5.5×3(130/3～111/3)	20.2		

梳 棉 纱		精 梳 棉 纱		精梳棉纱		精梳棉纱		精 梳 棉 股 纱	
线密度(tex)(英制支数)	单纱断裂强度(cN/tex)	线密度(tex)(英制支数)	单纱断裂强度(cN/tex)	线密度(tex)(英制支数)	单纱断裂强度(cN/tex)	线密度(tex)(英制支数)	单纱断裂强度(cN/tex)		
88～92(6～3)	13.6	21～30(28～19)	14.6					6×3～7.5×3(110/3～71/3)	20.4
		32～36(18～16)	14.6					8×3～10×3(70/3～56/3)	20.8
								11×3～20×3(55/3～29/3)	19.8
								21×3～30×3(28/3～19/3)	19.0

一匹布中所有疵点评分加合累计超过允许总评分为降等品。1米内严重疵点评4分为降等品,每百米内不允许有超过3个不可修织的评4分的疵点。

3. 布面疵点评等规定

(1) 每匹布允许总评分=每平方米允许评分数(分/米²)×匹长(m)×幅宽(m),计算至一位数,按GB/T8170—2008修约成整数。

(2) 一匹布中所有疵点评分加合累计超过允许总评分为降等品。

(3) 1 m内严重疵点评4分为降等品。

(4) 每百米内不允许有超过3个不可修织的评4分的疵点。

三、布面疵点的评分

1. 布面疵点的检验

(1) 检验时布面上的照明光度为 400 lx±100 lx。

(2) 布面疵点评分以布的正面为准,平纹织物和山形斜纹织物,以交班印一面为正面,斜纹织物中纱织物以左斜(↖)为正面,线织物以右斜(↗)为正面,破损性疵点以严重一面为正面。

2. 布面疵点评分规定(表6-6)

表6-6　布面疵点评分规定

疵点分类		评　分　数			
		1	2	3	4
经向明显疵点		8 cm及以下	8 cm及以上～16 cm	16 cm及以上～50 cm	50 cm及以上～100 cm
纬向明显疵点		8 cm及以下	8 cm及以上～16 cm	16 cm及以上～50 cm	50 cm以上
横　　档		——	——	半幅及以下	半幅以上
严重疵点	根数评分			3根	4根及以上
	长度评分			1 cm以下	1 cm及以上

注① 布面疵点具体内容见附录B、疵点名称说明见附录C。
　　② 严重疵点在根数和长度评分矛盾时,从严评分。
　　③ 不影响后道质量的横档疵点评分,由供需双方协定。

各类布面疵点的具体内容。

（1）经向明显疵点：竹节、粗经、错线密度、综穿错、筘路、筘穿错、多股经、双经、并线松紧、松经、紧经、吊经、经缩波纹、断经、断疵、沉纱、星跳、跳纱、棉球、结头、边撑疵、拖纱、修正不良、错纤维、油渍、油经、锈经、锈渍、不褪色色经、不褪色色渍、水渍、污渍、浆斑、布开花、油花纱、猫耳朵、凹边、烂边、花经、长条影、极光、针路、磨痕、绞边不良。

（2）纬向明显疵点：错纬（包括粗、细、紧、松）、条干不匀、脱纬、双纬、纬缩、毛边、云织、杂物织入、花纬、油纬、锈纬、不褪色色纬、煤灰纱、百脚、开车经缩（印）。

（3）横档：拆痕、稀纬、密路。

（4）严重疵点：破洞、豁边、跳花、稀弄、经缩浪纹（三楞起算）、并列3根吊经、松经（包括隔开1～2根好纱的）、不对接轧梭、1 cm及以上烂边、金属杂物织入、影响组织的浆斑、霉斑、损伤布底的修正不良、经向8 cm内整幅中满10个结头或边撑疵。

（5）经向疵点及纬向疵点中，有些疵点是这两类共同性的，如竹节、跳纱等，在分类中只列入经向疵点一类，如在纬向出现时，应按纬向疵点评分。

（6）如在布面上出现上述未包括的疵点，按相似疵点评分。

3. 1米中累计评分

1米中累计评分最多评4分。

4. 布面疵点的量计

（1）疵点长度以经向或纬向最大长度量计。

（2）经向明显疵点及严重疵点，长度超过1 m的，其超过部分按表6-6再行评分。

（3）在一条内断续发生的疵点，在经（纬）向8 cm内有两个及以上的，则按连续长度评分。

（4）共断或并列（包括正反面）是包括1根或2根好纱，隔3根以上的不作共断或并列（斜纹、缎纹织物以间隔一个完全组织及以内作共断或并列处理）。

5. 疵点评分的说明

（1）疵点的评分起点和规定：① 有两种疵点混合在一起，以严重一项评分。② 边组织及距边1 cm内的疵点（包括边组织）不评分，但毛边、拖纱、猫耳朵、凹边、烂边、豁边、深油锈疵及评4分的破洞、跳花要评分，如疵点延伸在距边1 cm以外时应加合评分。无梭织造布布边，绞边的毛须伸出长度规定为0.3～0.8 cm。边组织有特殊要求的则按要求评分。③ 布面拖纱长1 cm以上每根评2分，布边拖纱长2 cm以上的每根评1分（一进一出作一根计）。④ 0.3 cm以下的杂物每个评1分，0.3 cm及以上杂物和金属杂物（包括瓷器）评4分（测量杂物粗度）。

（2）加工坯中疵点的评分：① 水渍、污渍、不影响组织的浆斑不评分。② 漂白坯中的筘路、筘穿错、密路、拆痕、云织减半评分。③ 印花坯中的星跳、密路、条干不匀、双经减半评分，筘路、筘穿错、长条影、浅油疵、单根双纬、云织、轻微针路、煤灰纱、花经、花纬不评分。④ 杂色坯不洗油的浅色油疵和油花纱不评分。⑤ 深色坯油疵、油花纱、煤灰纱、不褪色色疵不洗不评分。⑥ 加工坯距布头5 cm内的疵点不评分（但六大疵点应开剪）。

（3）对疵点处理的规定：① 0.5 cm以上的豁边，1 cm及以上的破洞、烂边、稀弄，不对接轧梭，2 cm以上的跳花等六大疵点，应在织布厂剪去。② 属杂物织入，应在织布厂挑除。③ 凡在织布厂能修好的疵点应修好后出厂。

（4）假开剪和拼件的规定：① 假开剪的疵点应是评为4分或3分不可修织的疵点，假开剪后各段布都应是一等品。② 凡用户允许假开剪或拼件的,可实行假开剪和拼件。假开剪和拼件按 2 联匹不允许超过 2 处,3 联匹及以上不允许超过 3 处。③ 假开剪和拼件率合计不允许超过 20%,其中拼件率不得超过 10%。另有规定按双方协议执行。④ 假开剪布应作明显标记。假开剪布应另行成包,包内附假开剪段长记录单,外包注明"假开剪"字样。

四、试验方法

(1) 试验条件:

① 各项试验应在各方法标准规定的标准条件下进行。

② 快速试验:由于生产需要,要求迅速检验产品的质量,可采用快速试验的方法。快速试验可以在接近车间温湿度条件下进行,但试验地点的温湿度应保持稳定。

(2) 长度测定按 GB/T4666 执行。

(3) 幅宽测定按 GB/T4666 执行。

(4) 密度测定按 GB/T4668 执行。

(5) 断裂强力测定按 GB/T3923.1 执行。

(6) 棉结杂质疵点格率检验按 FZ/T10006 执行。

任务二　棉印染布品质检验

棉印染布质量检验采用 GB/T411—2008《棉印染布》标准。该标准规定了棉印染布的术语和定义、分类、要求、试验方法、检验规则及标志和包装。适用于服装、家用纺织品的各类漂白染色和印花棉布,不适用于提花和绒类织物的产品。

一、分等规定

(1) 产品的品等分为优等品、一等品、二等品,低于二等品的为等外品。

(2) 棉印染布的评等,内在质量(包括密度、断裂强力、撕破强力、水洗尺寸变化率、染色牢度)按批评等,外观质量(包括局部性疵点和散布性疵点)按段(匹)评等,以其中最低一项品等作为该段(匹)布的品等。

(3) 在同一段(匹)布内,内在质量以最低一项评等;外观质量的等级由局部性疵点和散布性疵点中最低等级评定。

(4) 在同一段(匹)布内,局部性疵点采用有限度的每平方米允许评分的办法评定等级;散布性疵点按严重一项评等。

二、内在质量的检验

(1) 产品应符合 GB18401 的规定。

（2）内在质量分等规定见表6-7：

表6-7 内在质量分等规定

项 目	类 别		优等品	一等品	二等品
经纬密度① （根/10 cm）	按设计规定	经向	−3.0%及以内	−5.0%及以内	−5.0%以上
		纬向	−2.0%及以内	−2.0%及以内	−2.0%以上
断裂强力② （N） ≥	200 g/m² 以上	经向	600		
		纬向	300		
	150 g/m² 以上～ 200 g/m²	经向	400		
		纬向	220		
	100 g/m² 以上～ 150 g/m²	经向	300		
		纬向	180		
	80 g/m²～ 100 g/m²	经向	180		
		纬向	140		
撕破强力② （N） ≥	200 g/m² 以上	经向	20		
		纬向	17		
	150 g/m² 以上～ 200 g/m²	经向	15		
		纬向	13		
	100 g/m² 以上～ 150 g/m²	经向	9		
		纬向	6.7		
	80 g/m² 以上～ 100 g/m²	经向	6.7		
		纬向	6.7		
水洗尺寸 变化率（%）	平布（粗、中、细）	经向	−3.0～+1.0	−3.5～+1.5	超出一等品要求
		纬向	−3.0～+1.0	−3.5～+1.5	
	斜纹、哔叽、贡呢	经向	−3.0～+1.0	−3.5～+1.5	
		纬向	−3.0～+1.0	−3.0～+1.5	
	府绸	经向	−3.0～+1.0	−4.0～+1.5	
		纬向	−2.0～+1.0	−2.0～+1.5	
	卡其、华达呢	经向	−3.0～+1.0	−4.0～+1.5	
		纬向	−2.0～+1.0	−2.0～+1.5	
染色牢度（级） ≥	耐光	变色	4	3～4	3
	耐洗	变色	4	3～4	3
		沾色	3～4	3	3
	耐摩擦	干摩	3～4	3	3
		湿摩③	3	2～3	低于一等品要求
	耐热压	变色	4	3～4	低于一等品要求
		沾色	3～4	3	

注① 密度计算按附录A。

② 单位面积质量在80 g/m²以下织物其断裂强力、撕破强力按客户协议要求。

③ 耐湿摩擦一等品考核时，深色（深、浅色程度按GB 250标准，5级及以上为深色，2级及以下为浅色，介于两者之间为中色）允许降半级。

三、外观质量

1. 外观质量检测标准

每段(匹)布的局部性疵点允许评分数规定见表6-8。

表6-8 局部性疵点允许评分数规定　　　　　单位:分/米²

优 等 品	一 等 品	二 等 品
≤0.2	≤0.3	≤0.6

允许总评分计算方法,每段(匹)布的局部性疵点允许总评分按式(3)计算:

$$A = a \times L \times W \tag{3}$$

式中:A——每段(匹)布的局部性疵点允许总评分(分/匹);

a——每平方米允许评分数(分/米²);

L——段(匹)长(m);

W——标准幅宽(m)。

计算结果按GB/T8170修约到个位数。

2. 局部性疵点评分规定(表6-9)

表6-9 局部性疵点评分规定　　　　　单位:cm

疵点名称和程度			评　分　数				降等限度
			1分	2分	3分	4分	
经向疵点	线状	轻微	≤50.0	—	—	—	二等
		明显	≤8.0	8.1~16.0	16.1~24.0	24.1~100.0	等外
	条状	轻微	≤8.0	8.1~16.0	16.1~24.0	24.1~100.0	等外
		明显	≤0.5	0.6~2.0	2.1~10.0	10.1~100.0	等外
纬向疵点	线状	轻微	≤半幅	>半幅	—	—	二等
		明显	≤8.0	8.1~16.0	16.1~半幅	>半幅	等外
	条状	轻微	≤8.0	8.1~16.0	16.1~24.0	>24.0	等外
		明显	≤0.5	0.6~2.0	2.1~10.0	>10.0	等外
	稀密路	轻微	≤半幅	>半幅	—	—	二等
		明显	—	—	≤半幅	>半幅	等外
破损	破洞		经纬共断2根	—	—	经纬共断3根及以上,0.3以上跳花	等外
	破边		每10.0及以内	—	—	—	等外

续 表

疵点名称和程度		评 分 数				降等限度
		1分	2分	3分	4分	
边疵	荷叶边 深入 0.8 以上～2.0	每 15.0 及以内	—	—	—	二等
	荷叶边 深入 2.0 以上	—	每 15.0 及以内	—	—	等外
	针眼 深入 1.5 以上～2.0	每 100.0 及以内	—	—	—	二等
	针眼 深入 2.0 以上	—	每 100.0 及以内	—	—	等外
	明显深浅边 深入 0.8 以上～1.5	每 100.0 及以内	—	—	—	二等
	明显深浅边 深入 1.5 以上～2.0	—	每 100.0 及以内	—	—	等外
织疵		按 GB/T406 执行				

(1) 局部性疵点量计规定：

① 疵点长度按经向或纬向的最大长度量计。经向疵点长度超过 100.0 cm(包括轻微线状超过 50.0 cm)时，其超过部分应另行量计、累计评分。凡成曲形的疵点，按其实际影响面积最大距离量计；重叠疵点，按评分最多的评定。

② 在经向 100.0 cm 及以内，除破损外的各种疵点同时存在时，应分别量计、累计评分，其最大评分数不超过 4 分。

③ 深浅程度不同和宽度不同的经向疵点，可分别量计、累计评分。

④ 难以数清，不易量计的分散斑渍，根据其分散的最大长度和轻重程度，参照经向或纬向的疵点分别量计、累计评分。

(2) 局部性疵点评分规定说明：

① 局部性疵点轻微与明显程度的区别，参照 GB/T250 评定变色用灰色样卡，4 级为轻微，3～4 级及以下为明显。

② 幅宽在 135.0 cm 以上的边疵针眼，疵点程度在深入 2.0～2.5 cm 之间，每 100.0 cm 及以内评 1 分；深入 2.5 cm 以上，每 100.0 cm 及以内评 2 分。

③ 除破损和边疵外，距边 0.8 cm 及以内的其他局部性疵点不评分；距边 0.8～2.0 cm 的疵点，按表 6-9 有关疵点减半评分(累计减半后小数不计)，降等限度为二等品。

④ 距边 2.0 cm 以上的破边、豁边按破洞评分；距边 2.0 cm 及以内的破洞按破边评分。

⑤ 经缩、断经及脱纬等织疵影响外观时，按相似明显疵点评分(平纹组织的双纬按轻微评分)，不影响外观不评分。

⑥ 在同一匹布内，存在相同的局部性疵点时，其累计分数不超过该项疵点的降等限度分；而同时存在其他局部性疵点须累计评分时，可按已降等等级的起点分，再加须累计的局部性疵点的评分，作为该匹布的总分。

⑦ 未列入本标准的疵点，按其形态，参照相似疵点评分。

⑧ 评定布面疵点时，均以布匹正面为准。

(3) 散布性疵点其允许程度规定见表 6-10。

低于表 6-10 二等品水平的为等外品。

表 6－10 散布性疵点的允许程度规定

疵点名称和类别				优等品	一等品	二等品
幅宽偏差(cm)		幅宽 100 及以内		−0.5～+1.5	−1.0～+2.0	−1.5～+2.5
		幅宽 101～135		−1.0～+2.0	−1.5～+2.5	−2.0～+3.0
		幅宽 135 以上		−1.5～+2.5	−2.0～+3.0	−2.5～+3.5
色差(级)≥	原样	漂色布	同类布样	4	3～4	3
			参考样	3～4	3	2～3
		花布	同类布样	3～4	3	2～3
			参考样	3	2～3	2
	左中右	漂色布		4～5	4	4
		花布		4	3～4	3
	前后			4 以上	3～4	3
歪斜(%)	花斜或纬斜			3.0 及以下	4.0 及以下	7.0 及以下
	条格花斜或纬斜			3.0 及以下	3.5 及以下	5.0 及以下
花纹不符、染色不匀				不影响外观	不影响外观	影响外观
纬移				不影响外观	不影响外观	影响外观
条花				不影响外观	不影响外观	影响外观
棉结杂质、深浅细点				不影响外观	不影响外观	影响外观

（4）优等品、一等品不允许的局部性疵点：

① 单独一处评 4 分的疵点。

② 每平方米内有 3 处单独评 3 分的疵点。

③ 50.0 cm 内累计评满 4 分的明显疵点。

④ 距边 0.5 cm 及以内，经向长 3.0 cm 及以内的破损 3 处，距边 0.5 cm 以上的破损。

⑤ 长 15.0 cm 以上的荷叶边。深入 2.0 cm 以上的针眼，累计超过匹长十分之一。

3. 外观疵点检测

（1）原料检测：原料的条干不均匀，有明显的大肚纱、胖瘦丝、结头过多、纱结、异性纤维、网络丝不良、氨纶包覆丝质量不过关、混纺纱混合不均匀等，都可能引起织物降等。影响纺织品外观质量的各种原料的毛病，都属于原料疵点。能够通过检验人员的修补达到提等的目的，必须让检验人员进行必要的修补。因原料质量不好而引起的纺织品成品质量大幅度降等现象，时有发生，主要是因为匹样确认和缸样确认时没有把成品外观质量检验放在重要位置，同时有些颜色不便于发现原料方面的质量问题。在修补过程中，修补方法必须可靠，不允许在修补过程中损坏织物表面，产生新的无法修补的疵点，进而严重影响纺织品外观质量。

（2）织造疵点：断经断纬、停车痕、纬档、接头、错经错纬、嵌条经纱或纬纱错位、纬密过密或过稀、布边松懈、卷布轴松动、上机门幅过窄、组织结构错误等，都属于织造方面的常见疵点。

（3）前处理疵点：品种不同，前处理疵点的特点也不尽相同。外观质量监控的主要内容包括烧毛质量、白度、光泽和皱条、疵点等符合质量要求，常见的练漂加工疵病有卷边、破损、纬斜、各类斑渍、门幅大小等诸多种类。棉及棉型织物的外观质量要求包括普通棉织物烧毛质量要达到 3 级以上,即基本上没有长纤毛。斜纹、纱卡其、纱华达呢、纱哔叽等应达 3～4 级,即基本上无长纤毛,仅有短毛,且较整齐。涤纶、维纶与棉的混纺布、涤粘中长纤维混纺布按同类棉布产品要求降低 1/2 级。经前处理后,织物的白度一般要求达到 85%(以 $BaSO_4$ 作为 100% 计)以上,白度的具体要求视纤维及织物的品种、用途、印染加工色彩的不同而略有不同。

(4) 染色疵点:染色外观质量指标主要包括色泽和匀染性。

色泽均匀一致是对染色产品质量最主要、最基本的评价要求。在染整企业的实际生产中,色泽要求在一定的条件下(标准对色光源)与来样色泽对比相一致,即可认为符合要求。

匀染性指染色产品的各个部位颜色均匀一致的程度。它包括染色产品表面色泽的均匀一致和染色产品内外色泽的均匀一致(通常称之为透染)。染色产品不仅要求色泽对样,而且要求染色产品颜色均匀一致,无色差、无色渍、色花、条花、色点、深浅边等疵病,且外观均匀,色光柔和一致。

对于纺织品检验而言,染色成品、半制品上产生色差、色渍、色点、深浅边、条花、斑渍、色泽不符标样、卷染色布头疵、破洞、脆损、风印、折皱、极光、水印、油污渍、纬斜、横档印等特征性及共同性外观疵病,通常称为染色产品常见疵病,这些疵病严重影响产品质量。另外,缩水率大、染色色点、色花色渍是最常见的染色疵病。发现这些疵点并做出明显标注,按照检验标准进行适当处理,是检验染色疵点的基本要求。

① 色差:染色织物所得色泽深浅不一,色光有差别。表现的形式为染色产品边深中浅(中深边浅或边深中浅)、左右深浅、前后深浅、正反色泽不一或正反局部色泽不一。色差是染整厂常见疵病和多发性疵病之一。色差疵病比较严重地影响着染色成品的质量。

② 色渍:在染色织物上出现有规律的、形状和大小基本相似的或无规律的、形状和大小都不固定,与染色织物色泽为同类色的有色斑渍,即称为色渍。

③ 色点:在染色织物上无规律地呈现出色泽较深的细小点。该疵点一般发生在浅色织物上,深色布上也时有发生。

④ 深浅边:染色织物布边色泽偏深或偏浅。

⑤ 斑渍:在染色成品的单一色泽中夹杂着白色、浅色、深色或黑色等各种斑点或斑纹。形状有大有小,多数无规律。

⑥ 卷染色布头疵:色布头疵是卷染的独有弊病,疵病表现形态主要是两头色深或者色浅,疵点长度短者在 1 m 以下,长者 2～4 m,最长的甚至可达 10 m 以上;在成品疵点中一般均拌有缝纫接头横档印、皱条、头花等其他疵病。

⑦ 风印:织物在染色或染后存放的过程中,由于某些因素的影响,致使色泽发生或深或浅、深浅不一的变化。

⑧ 油污渍:在染整加工过程中,染色织物沾上油腻和污点,其形态表现为形状大小、长度是有规律的或毫无规律的斑渍。

⑨ 水印:染色半制品在染色前、染色固色过程中及染色后滴或溅上水滴,致使滴、溅上水滴部分的织物上染料和化学助剂被冲淡、破坏,造成局部色浅,严重时甚至发白或上染织物的染料色泽虽未破坏,但由于含杂水滴的缘故,造成织物上的水印渍。水印为有规律的,也有无规律的;水滴有大有小;形状有点滴状的,块状的,也有散射状的。

⑩ 折皱(皱条):在染色前或染色过程中或染色后,织物因折叠而致使折叠处色泽变浅,

或虽无色泽影响,然而因织物表面留有折痕影响织物外观的疵病。折皱有的有规律,有的并无规律,长短大小不一。常见的折皱疵病有裙皱、缝头皱、加工机台皱及压皱痕等几种。

(5)印花疵点:在外观疵点检测中,产生印花疵点的环节较多,印花加工的设备不同所产生的印花疵点也会有些差异。印花疵点主要表现为堵版、漏浆、刮刀印、渗化和拖色等。平网印花中的疵点有接版印、压糊;滚筒印花中的疵点有刮刀印、拖浆;圆网印花中的疵点有刀线、嵌圆网网孔;拔染印花中的疵点有眼圈、浮雕;涂料印花中的疵点有涂料脱落。

(6)整理疵点:由于整理工序的多样性,整理疵点也呈现出多样性。对于进行外观整理加工的纺织品来说,磨毛整理、拉毛整理、生物酶抛光整理是比较常见的加工方式。绒毛的长度、密度和均匀度是检验上述三种整理加工质量的主要指标。而对于全棉织物的树脂整理,织物的强力损伤问题也不容忽视。对织物的功能整理,无法通过外观检验来获得令人满意和信服的检验结果。

各类织物整理工序中共有的外观质量要求包括:织物的布边整齐,门幅划一,布面平整,无纬纱歪斜,无极光,织物的白度、手感符合产品风格要求,无破边、破洞、披裂、沾污等外观疵点。

四、色差检验

1. 色差及其表示方法

(1)色差的含义:色差是指两个颜色在颜色知觉上的差异,它包括明度差、纯度差和色相差三方面。色差就是两个颜色在色度空间的直线距离。如果能够以两点的距离表示色差,就实现了数字表达。不同的颜色空间,计算两点之间的直线距离的方法也不相同。

(2)色差的量化:色差的量化有模糊量化与数字量化。模糊量化就是用色差级别(五级九档)量化。数字量化就是色差值和色差单位 NBS。1 NBS 单位大约相当于视觉色差识别阈值的 5 倍。如果与孟塞尔系统中相邻两级的色差值比较,则 1 NBS 单位约等于 0.1 孟塞尔明度值,0.15 孟塞尔彩度值,2.5 孟塞尔色相值(纯度为1);孟塞尔系统相邻两个色彩的差别约为 10 NBS 单位。根据 CIEL* a* b* 色差公式,总色差 ΔE 与两个色样的亮度差 ΔL、红绿色度差 Δa 和黄蓝色度差 Δb 的关系是:$\Delta E = (\Delta L^2 + \Delta a^2 + \Delta b^2)^{1/2}$。

色差公式有很多种。根据习惯和色差测量的误差大小,目前使用较多的是 CIEL* a* b* 色差公式、CMC(2:1)色差公式、JPC79 色差公式等。表 6-11 为常用的色差公式的色差值对照表。

表 6-11 常用的色差公式的色差值对照表

CIE1976L* a* b* 色差 总色差 ΔE	JPC79 色差式 总色差 ΔE	CMC(2:1)色差式 总色差 ΔE	中国标准 ΔE_F 总色差 ΔE	褪色牢度级别
≤13.6	11.83	>11.85	≥11.60	1
≤11.6	8.37~11.82	8.41~11.85	8.20~11.59	1~2
≤8.2	5.92~8.36	5.96~8.40	5.80~8.19	2
≤5.6	4.90~5.91	4.21~5.95	4.10~5.79	2~3

续　表

CIE1976L*a*b* 色差	JPC79 色差式	CMC(2∶1)色差式	中国标准 ΔE_F	褪色牢度级别
总色差 ΔE	总色差 ΔE	总色差 ΔE	总色差 ΔE	
≤4.1	3.01~4.89	3.06~4.20	2.95~4.09	3
≤3.0	2.14~3.00	2.16~3.05	2.10~2.94	3~4
≤2.1	1.27~2.13	1.27~2.15	1.25~2.09	4
≤1.3	0.20~1.26	0.20~1.26	0.40~1.24	4~5
≤0.4	>0.20	>0.20	>0.40	5

2. 人工评定色差

色差检验就是检验颜色之间的差别,通常是化验室确认样与客户来样之间的颜色差别,或生产大样与客户来样之间的颜色差别。颜色检验,都需要一定的检验条件。如检验光源的确定、检验场地的光线、检验工具的确定、样品尺寸的确定、对色方法的确定等等。人工检验颜色偏差,最终结果有时需经多人商议才可得出。当有人对人工检验结果提出异议时,可通过第三方检验或者借助计算机测色软件检验,以回复有关方面的质疑。颜色检验的目的是发现颜色之间的差别。这种差别既包括深浅上的差别,也包括色光上的差别。

(1)光源在检验颜色差别时,需要首先确定检测光源:在测色、评定色差时,必须在客户指定的光源要求下进行。比如,某纺织品是用来制作外套的,而成衣需要在商场的衣架上展示,那么检验该织物颜色的光源应首选用于商场照明的光源。换句话说,客户的来样若是从挂于商场内的外套上剪下来的,为了准确地检验以该样品为标准色的纺织品的颜色准确性,就必须在商场光源下进行。如果客户没有特别的说明,颜色的检验一般在 D_{65} 光源下进行。当客户有特殊要求时,在客户指定的光源下完成颜色检验。

图 6-1　标准光源箱

颜色检验时,光源可由标准光源箱内的灯光提供。标准光源箱内一般有 D_{65} 光源、UV 光源、CWF 光源和 TL_{84} 光源、A 光源等几种光源。每一种光源有不同的含义和作用。常用标准光源及其含义见表 6-12。

表 6-12　常用标准光源及其含义

光　源	色温(K)	含　　义
D_{65}	6 500	符合欧洲、太平洋周边地区视觉颜色标准,模拟平均北天空日光
TL_{84}	4 000	稀土商用荧光灯,在欧洲和太平洋周边地区用于商场和办公室照明
CWF	4 100	冷荧光,美国商业光源,典型的美国商场和办公室灯光,同色异谱测试
A 或 F	2 700	白炽灯光源,美国橱窗射灯,主要用于家庭照明和商场照明,同色异谱测试
D_{75}	7 500	符合美国视觉颜色标准,模拟北天空日光
TL_{83}	3 000	稀土商用荧光灯,在欧洲和太平洋周边地区用于商场和办公室照明
UV	紫外光	近紫外线不可视,用于检视增白剂效果、荧光染料等
U_{30}	3 000	美国商业荧光,用于商场照明

（2）光线：颜色检验时，检验环境的光线强度对检验结果有较大的影响。北半球用北空光照射，南半球用南空光照射，或用 600 lx 及以上等效光源。

自然光选择原则上要避免太阳光的直射。我国大部分地区在北回归线以北，所以采用北窗光线看色，但是我国在北回归线以南的地区在夏天注意要使用南窗光线看色。

自然光看色的时间通常采用日出后 3 h 到日落前 3 h，照度不小于 2 000 lx。实际在一天之中，自然光的光谱成分随光照方向的变化而变化，当太阳光斜射时，能量被吸收较多，长波所占比例增加，短波所占比例减少，光谱中橙红色成分偏多。反之，当太阳直射时能量被吸收较少，光谱中短波的比例增加，光就偏蓝。所以一天中太阳光的成分是不同的，呈现有偏橙红、偏白甚至偏蓝的变化。另外，在高纬度地区，太阳的颜色偏蓝；低纬度地区，太阳光的颜色偏红；且自然光在晴天、阴天、雨天时会有差别；而且来自窗户的采光条件也不同，窗外颜色环境也不同；晚上还没有自然光可用。因此在实际生产中自然光对色仅作为参考，最后还是要在标准光源下对色。

（3）背景：对色环境包括色样背景颜色和看色的周围环境颜色两个方面。背景颜色就是承载色样的台面颜色，理论上应该是无彩色，即黑色、白色、灰色（中性色），标准灯箱的背景色是亮度 $L = 20$；孟塞尔立体 N - 5 的中性灰。

环境颜色是灯箱内壁的颜色。与背景颜色一致，另外，必须注意一些对环境颜色造成影响的因素：如观察者着装的颜色不要太鲜艳，最好是黑、白、灰（如白色工作服）；灯箱内不要摆放杂物（特别是有颜色的杂物）；标准光源箱外的照明最好用日光灯，严格来说，灯箱看色时应该关闭照明灯。

（4）样品尺寸：在检验颜色差别时，需要对样品的尺寸提出一些要求。人们都有这样的经验：在一块较大的样品上剪下尺寸较小的小样，如 1 cm×1 cm；然后把这块小样放在原来的大块样品的中央，此时大多数人认为小样的颜色更深。其实这是一种错觉，主要原因就是被对比的两块颜色样中，小样的尺寸太小，而大样的尺寸太大。一般情况下，在对比颜色差别时，两块色样的尺寸应该尽量接近，样品尺寸最好为 5 cm×5 cm。

（5）对色方法：正确的对样方法有助于准确地判断颜色的差别。视距一般为 39～40 cm，不要将头伸到灯箱里面去。视角有垂直视角和 45°视角两种。在灯箱中色样水平放置就是 45°视角观察，色样 45°放置就是垂直观察。也就是 45/0 和 0/45 两种观察条件。

在对色中不断改变标样与试样的位置，也就是改变对色视角，便于客观判断色差。把两块尺寸接近的色样并排摆放在工作台上，中间不留任何缝隙，观察色样颜色的差别；换一个方向再次比对颜色的差别，或者把两个色样的位置对调，再次观察色样的差别。通过这样的方法，用肉眼就能对两块色样的颜色差别给出一个基本的判断。先看深浅，后看色光，可以对颜色差别给出具体的判断结论。也可以通过对折样品的方法来比对颜色差别，具体的做法是：分别把两块小样对折后叠放在一起，观察两块小样的深浅；如果不能马上判断出两块色样的深浅差别，把两块色样的位置对调一次，再次比对；如仍不能判断，只能说这两块小样的颜色深浅程度相同。单独对折两块小样的时候，小样的对折纹路必须相同。如果客户来样的材质与染出颜色的材质不相同或差别很大，通过肉眼检验颜色之间的区别，就显得相对困难。

（6）判别色差用灰色样卡（图 6 - 2）：在国家标准 GB/T250 中，明确规定了判断纺织品色差的基本方法。该标准规定颜色差别为 5 级 9 档，其中 5 级最好，1 级最差。5 级 9 档标准设置如下：1级，1～2级，2～3级，3～4级，4级，4～5级，5级。为了准确判断纺织品之间的颜色差别，GB/T250还配备了灰色样卡。灰色样卡简称灰卡，由灰卡外套、灰卡内套和灰卡三个部分组成。其中：灰卡外套用来保存灰卡；灰卡内套和灰卡本身构成灰卡的主要部分。灰卡内套为中间开有方孔的铁灰色纸质物品，灰卡本身可在灰卡内套的内部沿长度方向通过手控滑行。灰卡外套中间开孔的地方可以看见灰卡本身呈现出来的不同等级的颜色差别。被测的样卡并排摆放在灰卡外套的中间下方。当外套方孔内的颜色差别与被测样品之间的颜色差别接近或一致时，就可以判断出被测颜色之间的色差。灰卡的两面标有标准色差，两面标有的色差不同。一面是1级到3级，另一面是3级到5级。为了保护灰卡，严禁用手指触摸灰卡内套方孔内呈现的灰卡表面，以免逐渐沾污灰卡表面。灰卡本身也由铁灰色纸质材料制成，每一级色差都是由深灰和浅灰两种颜色标出。随着色差的增大，深灰与浅灰之间的深度差别越来越大。

图6-2　GB/T250—2008《评定变色用灰色样卡》AATCC变色灰卡

（7）色差标准等级：染色产品大小样色差一般要求4～5级。印花产品相应低半级。具体要求根据客户订单要求来确定。印染棉布色差的国家标准见表6-13。

表6-13　印染棉布色差的国家标准(GB/T411—2008)

疵点名称类别				优等品	一等品	二等品
色差（级，≥）	原样	漂色布	同类布样	4	3～4	3
			参考样	3～4	3	2～3
		花布	同类布样	3～4	3	2～3
			参考样	3	2～3	2
	左中右		漂色布	4～5	4	4
			花布	4	3～4	3
	前后			4级以上	3～4	3

（8）色差的评级：评级就是确定色差是否达到色差要求的级别。具体色差级别人工评级方法见表6-14。

表 6-14　人工评级方法

灰 卡 级 别	描　　　述	灰 卡 级 别	描　　　述
1		3~4	有明显色差
1~2		4	有色差,可以接受
2	完全不是一个颜色	4~5	仔细看有色差
2~3		5	没有色差
3	非常明显	——	

3. 计算机测色

用电子计算机技术对颜色的差别进行检测,是目前许多染厂在使用的方法之一。当人工测配色无法满足客户需求时,就可以运用计算机测色技术对颜色的差别进行检测。随着我国印染生产行业的进一步整合,国内印染企业开始大量使用计算机进行颜色管理。

(1) 计算机测配色系统:计算机测配色系统由装有测配色软件的计算机和测色仪构成(图 6-3)。计算机用来对测色仪的测色结果进行分析处理,所以其配置要求能满足测配色软件和当前操作系统。测色与配色软件的主要功能是进行测色和配色运算,进行人机对话。计算机测配色软件中包含标准光源(如 A,D_{65},U_{30},TL_{84},CWF 和 UV)。

图 6-3　Datacolor600 测色仪

测色仪是指在标准光源的照射下,对物体反射的光谱进行检测的装置。从而获得物体的分光反射率函数 $\rho(\lambda)$。等能光谱的三刺激值函数有现存的数据,标准光源的光谱函数也是现存的(固定的)。因此,测色仪是反射光谱检测仪。只要测得物体在某一光源下的反射函数就可以结合仪器计算机中已存储的数据计算出该颜色的三刺激值 X,Y,Z。

(2) 色度值计算:根据三刺激值 X,Y,Z 可以计算出 $CIEL^*a^*b^*$ 色度空间众颜色的色度坐标 L^*、a^*、b^* 值(图 6-4)。

$$L^* = 116(Y/Y_n)^{1/3} - 16$$

$$a^* = 500(X/X_n)^{1/3} - 500(Y/Y_n)^{1/3}$$

$$b^* = 200(Y/Y_n)^{1/3} - 200(Z/Z_n)^{1/3}$$

(3) 色差计算:有了色度坐标就可以进行各种颜色参数的计算。

明度差:$\Delta L = L_{sp} - L_{std}$

色度差:$\Delta Cc = (\Delta a^2 + \Delta b^2)^{1/2}$

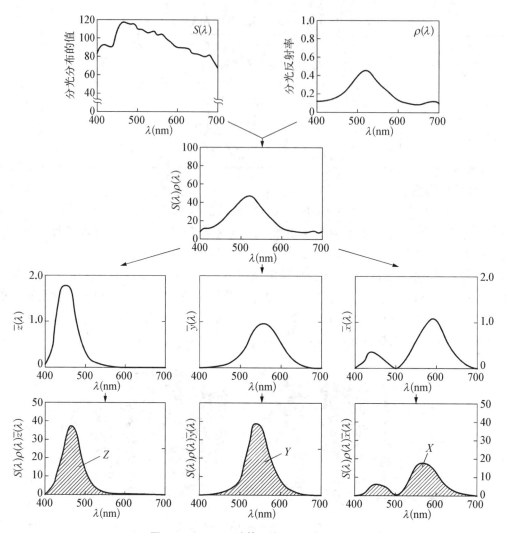

图 6-4 **X,Y,Z 计算示意图(D₆₅照明体)**

色相角差：$\Delta H = H_{sp} - H_{std}$

饱和度差：$\Delta Cs = (a_{sp}^2 + b_{sp}^2)^{1/2} - (a_{std}^2 + b_{std}^2)^{1/2}$

总色差：$\Delta E = (\Delta L^{*2} + \Delta a^{*2} + \Delta b^{*2})^{1/2} = (\Delta L^2 + \Delta C^2 + \Delta H^2)^{1/2}$

目前常用的 DE_{CMC} 就是在此基础上修正得来的,修正后的数据更加准确地反映颜色的差别以及符合人类对颜色判断的结果。

（4）颜色的数据分析：X-Rite Color-Eye7000 Colori Control 软件所测得颜色数据都是基于 CIEL*a*b* 色度空间的数据。

① L 值的分析：L 表示亮度,此数值越大表示物体越亮。

② a、b 值的分析：a 表示红绿,当 $a > 0$ 时表示红,当 $a < 0$ 时表示绿;b 表示黄蓝,当 $b > 0$ 时表示黄,当 $b < 0$ 时表示蓝。a、b 值越大表示颜色的饱和度越高,颜色越鲜艳,a、b 值小表示颜色的饱和度越低,即颜色越暗(灰)。

③ C 值分析：C 表示颜色的纯度。数值越大表示颜色越鲜艳,越小表示颜色越灰暗。

④ h 值分析：h 为色相角。取值范围为 $0°\sim360°$。$0°(360°)$、$90°$、$180°$、$270°$分别代表红色、黄色、绿色、蓝色。

⑤ DE 值的分析：DE 为试样对标样的总色差。其中包含明度差 D_L、色度差 D_a 和 D_b。根据品质管理要求,虽然总色差 DE_{CMC} 的允差值是固定的,一般 DE 为 $0.8\sim1.2$。但是 DL、D_a、D_b 对不同颜色会有不同的允差值。

五、试验方法

1. 试验方法

(1) 幅宽检验方法按 GB/T4666 执行。

(2) 密度检验方法按 GB/T4668 执行。

(3) 单位面积质量试验方法按 GB/T4669 执行。

(4) 断裂强力试验方法按 GB/T3923.1 执行。

(5) 撕破强力试验方法按 GB/T3917.1 执行。

(6) 水洗尺寸变化率试验方法按 GB/T8628、GB/T8629—2001(洗涤 2A,干燥 F)和 GB/T8630 执行。

(7) 耐光色牢度试验方法按 GB/T8427 中方法 3 执行。

(8) 耐洗色牢度试验方法按 GB/T3921.3 执行。

(9) 耐摩擦色牢度试验方法按 GB/T3920 执行。

(10) 耐热压色牢度试验方法按 GB/T6152(潮压法,温度 150℃±2℃)执行。

(11) 纬斜(或花型、格型)歪斜率按 GB/T14801 执行。

(12) 变色、色差按 GB/T250 评定,沾色按 GB/T251 评定。

2. 外观质量检验条件和方法

(1) 采用灯光检验时,以 40 W 加罩青光日光灯管 3～4 根,布面处照度不低于 750 lx,光源与布面距离为 1.0～1.2 m。

(2) 验布机验布板角度为 45°,布行速度最高为 40 m/min。布匹的评等检验,按验布机上作出的疵点标记,评分评等。

(3) 布匹的复验、验收应将布平摊在验布台上,按纬向逐幅展开检验,检验人员的视线应正视布面,眼睛与布面的距离为 55.0～60.0 cm。

(4) 规定检验布的正面(盖印的一面为反面)。斜纹织物、纱织物以左斜"↖"为正面;线织物以右斜"↗"为正面。

项目七 织物物理性能测定

任务一 织物长度和幅宽的测定

根据国家规定,织物的长度与幅宽测定是在无张力状态下进行测定,测量对象为长度不大于100 m的全幅织物、对折织物和管状织物。

一、试验标准

GB/T4666—2009 纺织品织物长度和幅宽的测定。

二、适用范围

本标准规定了一种在无张力状态下测定织物长度和幅宽的方法,适用于长度不大于100 m的全幅织物、对折织物和管状织物的测定,标准未规定测定或描述结构疵点及其他疵点的方法。

三、试验原理、术语和定义

1. 试验原理

将松弛状态下的织物试样在标准大气条件下置于光滑平面上,使用钢尺测定织物长度和幅宽。对于织物长度的测定,必要时织物长度可分段测定,各段长度之和即为试样总长度。

2. 术语和定义

(1) 织物长度:沿织物纵向从起始端至终端的距离。

(2) 织物全幅宽:与织物长度方向垂直的织物最靠外两边间的距离。

(3) 织物有效幅宽:除去布边、标志、针孔或其他非同类区域后的织物宽度。

根据有关双方协议,织物有效幅宽的定义会因最终用途和规格而不同。

四、检测仪器与材料

1. 检测仪器

(1) 钢尺:符合 GB/T19022,其长度大于织物宽度或大于 1 m,分度值为毫米。

（2）测定桌：具有平滑的表面，其长度与宽度应大于放置好的织物被测部分。测定桌长度应至少达到 3 m，以满足 2 m 以上长度试样的测定。沿着测定桌两长边，每隔 1 m±1 mm 长度连续标记刻度线。

第一条刻度线应距离测定桌边缘 0.5 m，为试样提供恰当的铺放位置。对于较长的织物，可分段测定长度。在测定每段长度时，整段织物均应放置在测定桌上（图 7-1）。

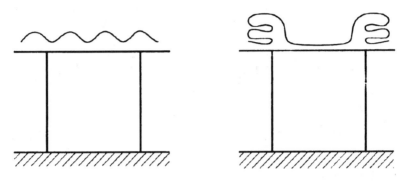

图 7-1　织物放置方法

2. 调湿、试验和松弛用标准大气

预调湿、调湿和试验大气应采用 GB/T6529 中规定的标准大气。

织物应在无张力状态下调湿和测定。为确保织物松弛，无论是全幅织物、对折织物还是管状织物，试样均应处于无张力条件下放置。

为确保织物达到松弛状态，可预先沿着织物长度方向标记两点，连续地间隔 24 h 测量一次长度，长度差异小于最后一次长度的 0.25%，则认为织物已充分松弛。如织物未能达到要求，可在双方同意的情况下，测定特殊处理后的试样，并在报告中注明。

五、试样准备

依据织物产品标准或有关双方协商确定取样。

六、试验步骤

1. 通则

试样应平铺于测定桌上。被测试样可以是全幅织物、对折织物或管状织物，在该平面内避免织物的扭变。

2. 试样长度的测定

（1）短于 1 m 的试样：短于 1 m 的试样应使用钢尺平行其纵向边缘测定，精确至 0.001 m。在织物幅宽方向的不同位置重复测定试样全长，共 3 次。

（2）长于 1 m 的试样：在织物边缘处作标记，用测定桌上的刻度，每隔 1 m 距离处作标记，连续标记整段试样，用钢尺测定最终剩余的不足 1 m 的长度。试样总长度是各段织物长度的和。如果有必要，可在试样上作新标记重复测定，共 3 次。

有关双方应预先协商是否将试样两端的连接段计入测定长度。

3. 试样幅宽的测定

织物全幅宽为织物最靠外两边间的垂直距离。对折织物幅宽为对折线至双层外端垂直距离的 2 倍。

如果织物的双层外端不齐,应从折叠线测量到与其距离最短的一端,并在报告中注明。当管状织物是规则的且边缘平齐,其幅宽是两端间的垂直距离,在试样的全长上均匀分布测定次数为:① 试样长度≤5 m,5 次;② 试样长度≤20 m,10 次;③ 试样长度>20 m,至少 10 次,间距为 2 m。

如果织物幅宽不是测定从一边到另一边的全幅宽,有关双方应协商定义有效幅宽,并在报告中注明。

测定试样有效幅宽时,应按测定全幅宽的方法测定,但需排除布边、标志、针孔或其他非同类区域等。有效幅宽可能因织造结构变化或服装及其他制品的特殊加工要求而定义不同。

七、试验结果表示

1. 织物长度

长度用测试的平均值表示,单位为米(m),短于 1 m 的试样精确至 0.001 m;长于 1 m 的试样精确至 0.01 m。如有需要,计算其变异系数(精确至 1%)和 95% 置信区间(精确至 0.01 m),或者给出单个测试数据,单位为米(m),精确至 0.01 m。

2. 织物幅宽

织物幅宽用测试值的平均数表示,单位为米(m),精确至 0.01 m。如果需要,计算其变异系数(精确至 1%)和 95% 置信区间(精确至 0.01 m)。

任务二　机织物密度的测定

织物密度是一项反映织物紧密程度的重要指标,可用于比较纱线特(支)数相同的织物的紧密程度。对纱线粗细不同的织物进行紧密度的比较,采用紧度即用纱线特数和密度求得的相对指标。织物紧密度与织物的重量、强度、弹性、耐磨性、通透性、保暖性(针织物的起毛起球及勾丝性)等有很大的影响。织物的密度直接决定织物的手感和风格,它也关系到产品的成本和生产效率的高低。因此,在产品标准中对不同织物规定了不同的密度,织物的密度是一项重要的纺织品检测项目。

一、机织物密度的检测——中国国家检测标准

机织物密度是指每 10 cm 所包含的经纱根数和纬纱根数。在测试时,织物应平整、松弛。在织造和后整理加工中,织物的密度会有所变化,并且同一织物不同部位的经纬密度通常也会

有所不同。因此,如果能够得到整幅织物,织物的经纬密度测试应沿织物长度和宽度方向在多个部位进行。

1. 测试标准

GB/T4668—1995《机织物密度的测定》,规定了测定机织物密度的三种方法,适用于各类机织物密度的测定。根据织物的特征,选用其中的一种。但在有争议的情况下,建议采用方法 A。

2. 测试方法与原理

(1) 方法 A:织物分解法。分解规定尺寸的织物试样,裁取至少含有 100 根纱线的试样,计数纱线根数,折算至 10 cm 长度的纱线根数。适用于所有机织物,特别是复杂组织织物。

(2) 方法 B:织物分析镜法。测定在织物分析镜窗口内所看到的纱线根数,折算至 10 cm 长度内所含纱线根数。适用于每厘米纱线根数大于 50 根的织物。

(3) 方法 C:移动式织物密度镜法。使用移动式织物密度镜测定织物经向或纬向一定长度内的纱线根数,折算至 10 cm 长度内的纱线根数。适用于所有机织物。

3. 定义

(1) 密度:机织物在无折皱和无张力下,每单位长度所含的经纱根数和纬纱根数,一般以根/10 cm 表示。

(2) 经密:在织物纬向单位长度内所含的经纱根数。

(3) 纬密:在织物经向单位长度内所含的纬纱根数。

4. 最小测量距离

测试中,面料必须平整无折痕,无明显纬斜。根据测试,必须限定最小的测量距离(表 7-1)。

表 7-1　最小测量距离

每厘米纱线根数	最小测量距离(cm)	被测量的纱线根数	精确百分率(%)(计数到 0.5 根纱线以内)
<10	10	<100	>0.5
10~25	5	50~125	1.4~0.4
25~40	3	75~120	0.7~0.4
>40	2	>80	<0.6

(1) 对方法 A,裁取至少含有 100 根纱线的试样。

(2) 对宽度只有 10 cm 或更小的狭幅织物,计数包括边经纱在内的所有经纱,并用全幅经纱根数表示结果。

(3) 当织物是由纱线间隔稀密不同的大面积图案组成时,测定长度应为完全组织的整数倍,或分别测定各区域的密度。

5. 调湿和试验用大气

调湿和试验用大气采用 GB/T6529 规定的标准大气,仲裁性试验应采用二级标准大气。常规检验可在普通大气中进行。

6. 试样准备

样品应平整无折皱,无明显纬斜。

除方法 A 以外,不需要专门制备试样,但应在经、纬向均不少于五个不同的部位进行测定,部位的选择应尽可能有代表性。试验前,把织物或试样暴露在试验用的大气中至少 16 h。

7. 测试仪器(图 7 - 2)

(1) 方法 A 用具:① 尺,长度 5~15 cm,尺面标有毫米刻度;② 分析针;③ 剪刀。

(2) 方法 B 用具:织物分析镜,其窗口宽度各处应是(2±0.005)cm 或(3±0.005)cm,窗口的边缘厚度应不超过 0.1 cm。

(3) 方法 C 用具:移动式织物密度镜,内装有 5 至 20 倍的低倍放大镜。可借助螺杆在刻度尺的基座上移动,以满足最小测量距离的要求。放大镜中有标志线。随同放大镜移动时通过放大镜可看见标志线的各种类型装置都可以使用。

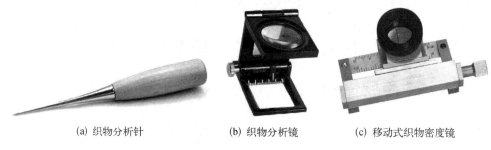

(a) 织物分析针   (b) 织物分析镜   (c) 移动式织物密度镜

图 7 - 2   织物分析用具

8. 实验操作

(1) 方法 A:织物分析法

① 在调湿后样品的适当部位剪取略大于最小测定距离的试样。② 在试样的边部拆去部分纱线,用钢尺测量,使试样达到规定的最小测定距离 2 cm,允差 0.5 根。③ 将上述准备好的试样,从边缘起逐根拆点,为便于计数,可以把纱线排列成 10 根一组,即可得到织物在一定长度内经(纬)向的纱线根数。④ 如经纬密同时测定,则可剪取一矩形试样,使经纬向的长度均满足于最小测定距离。拆解试样,即可得到一定长度内的经纱根数和纬纱根数。

(2) 方法 B:织物分析镜法

① 将织物摊平,把织物分析镜放在上面,选择一根纱线并使其平行于分析镜窗口的一边,由此逐一计数窗口内的纱线根数。

② 也可计数窗口内的完全组织个数,通过织物组织分析或分解该织物,确定一个完全组织中的纱线根数。

测量距离内纱线根数=完全组织个数×一个完全组织中纱线根数+剩余纱线根数

③ 将分析镜窗口的一边和另一系统纱线平行,按步骤(1)和(2)计数该系统纱线根数或完全组织个数。

(3) 方法 C:移动式织物密度镜法

① 将织物摊平,把织物密度镜放在上面,哪一系统纱线被计数,密度镜的刻度尺就平行于另一系统纱线,转动螺杆,在规定的测量距离内计数纱线根数(图 7 - 3)。

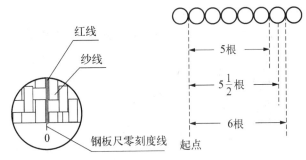

图 7-3　织物分析镜读数图纱线计数

在纬斜情况下,测纬密时,原则同上;测经密时,密度镜的刻度尺应垂直于经纱方向。

② 若起点位于两根纱线中间,终点位于最后一根纱线上,不足 0.25 根的不计,0.25~0.75 根作 0.5 根计,0.75 根以上作 1 根计。

通常情况下,当标志线横过织物时就可看清和计数所经过的每根纱线,若不可能,可参照方法 B 中的步骤 3 进行测定。

9. 结果表示

(1) 将测得的一定长度内的纱线根数折算至 10 cm 长度内所含纱线的根数。

(2) 分别计算出经、纬密的平均数,结果精确至 0.1 根/10 cm。

(3) 当织物是由纱线间隔稀密不同的大面积图案组成时,则测定并记述各个区域中的密度值。

除了以上常规的三种测定方法,还有光栅密度测定法和电子扫描密度镜测定法。光栅测定法是用于容易出现干涉条纹的织物,通过观察所产生的干涉条纹,测定纱线根数,平行线光栅密度镜(图 7-4),按不同规格分为若干档。测定时,将织物放平,选择合适的光栅密度镜放于布面,使光栅的长边与被测纱线平行,这时会出现接近对称的曲线花纹,他们的交叉处短臂所指刻度读数,即为织物每厘米纱线根数。电子扫描密度镜(图 7-5)是通过密度镜与计算机结合,将织物结构图像传输到计算机中,并配合相关软件,直接在计算机上计算织物密度。

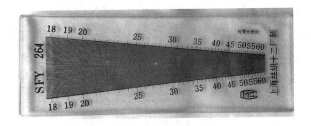

图 7-4　织物光栅密度尺

图 7-5　电子织物密度测定仪

二、机织物密度的测定——国外检测标准

1. 检测标准

ASTM D3775—2008 机织物经纬密度的标准试验方法。

ISO7211—2:1984 纺织品机织物结构分析方法第 2 部分:单位长度纱线数的测定。

2. 试验方法与原理

利用对织物进行拆解或直接数(或放大后数)的方法,得出织物经纬纱的数量,从而计算出经纬密度。

3. 适用范围

标准适用于在规定条件下的机织物密度的检测。

4. 检测仪器

织物分析针、移动式织物密度镜、计数玻璃、毫米(mm)刻度尺。

5. 试样准备

(1) 样品的准备:

① ISO7211—2 标准的测试样品无须特别准备,除非使用方法 A 时,需要制作的样品比标准所要求的最小测量距离长 0.4~0.6 cm。所选取的五个检验点要有充分的代表性。最小测量距离见表 7-2。

表 7-2 最小测量距离

每厘米纱线根数	最小测量距离(cm)	被测纱线根数	精确度百分率(%) (计数到 0.5 根纱线以内)
<10	10	<100	>0.5
10~25	5	50~125	1.0~0.4
25~40	3	75~120	0.7~0.4
>40	2	>80	<0.6

② ASTM D3775 标准规定:对于大货样,根据买卖双方协议,随机抽取一定卷数的布;对于实验室测试,则在样品批每卷布取 2 m(或 2 码)长的全幅宽布。

(2) 样品的调湿:

① ISO7211—2 标准规定:所有的样品在测试之前,需要调湿,相对湿度为(65±4)%,温度为(20±2)℃,至少 16 h。

② ASTM D3775 标准规定样品先要进行调湿:相对湿度为(65±2)%,温度为(21±1)℃;对于在标准温湿度条件下吸湿较小的纱线所织的布料,不同的温湿条件下所受影响较小,也可以在没有调湿的情况下测试。对于部分或全部由那些对温湿度较为敏感的纤维织造的织物,必须要调湿,除非相关方已达成协议。

6. 试验步骤

(1) ISO7211—2 标准:

① 方法 A(拆纱法):使用分析针将经纬纱定位后,按照所需的最小检测距离,数出其根数。一个试样最少必须包含 100 根纱。

② 方法 B(计数玻璃法):将布料放平后,计数玻璃放在其上,使其一边平行于一个系统的纱线,以此来计数;有些情况下,需要结合组织循环分析来计算其经纬密度。当织物正面不易数时,可以从反面来数。

③ 方法 C(移动式密度镜法):结合低倍的放大镜通过转动螺栓来使之前进,其前进长度可以达到所需的测量距离。

（2）ASTM D3775 标准：

对于测试方法并没有具体的区分，只要求使用合适的设备即可，可以采用拆纱工具、计数玻璃、移动式密度镜、投影设备等，但认为使用光学检测设备应由买卖双方一致同意。

沿幅宽方向的斜对角的随机距离，选择 5 个样品单元，测试经向（或纬向）纱线密度，当测试的 5 个数据的变异系数大于 5％时，需另外再做 5 个样，然后取此 10 个数据的平均值；对于特殊的幅宽织物：当幅宽大于 1 016 mm（40 英寸），计数时，应距布边 152 mm（6 英寸）以上，且不要在布边的 460 mm（0.5 码）内；当幅宽小于 1 016 mm（40 英寸），但是大于 127 mm（5 英寸）时，距布边的距离应不少于幅宽的 1/10，且不要在布的两端 460 mm（0.5 码）内。

当织物密度每 mm 低于 1 根纱（25 根/英寸），选择计数长度为 75 mm（3 英寸）。当变异系数大于 5％时，则放弃所得数据，重新取 5 个计数；如高于此密度，则选择 25 mm（1 英寸）。

当织物中的纱线难以区分计数时，可以采用拆纱法来计数。

7. 试验结果

（1）ISO7211—2 标准计算经纬纱密度的平均值，结果以厘米（cm）单位计算。需要时，还可以报告 1 cm² 内的纱线根数。当织物由纱线间隔稀密不同的大面积图案组成时，可测定并记述各个区域中的经纬密度值。对于较稀的织物，可以 dm 为单位记录其密度，窄幅织物还可以其全幅宽记录密度。

（2）ASTM D3775 标准计算经纱（或纬纱）的平均值，修约到整数位。结果表示，以 25 mm（1 英寸）为单位来表示，且经纱密度置于纬纱密度之前。需要时，可以记录整批中每卷布的密度。对于花式织物，其花型大小以及不同部分的经纬密度都应给予报告。

任务三　机织物面密度（单位面积质量）

面料的面密度（单位面积质量）是纺织产品在生产与商业买卖中常用的评价指标，其常用单位是每平方米织物的重量，单位是"克/米²"（g/m²），缩写为 FAW。

在纺织品贸易时，将织物偏离（主要为偏轻）于产品品种规格所规定重量的最大允许公差（％）作为品等评定的指标之一。一般来说，织物面密度随纱线密度和纱线粗细的改变而改变。机织物、针织物常用的面密度见表 7-3，非织造布常用的面密度见表 7-4。

表 7-3　机织物、针织物常用的面密度　　　　　　　　单位：g/m²

织物类项	轻　薄　型	中　厚　型	厚　重　型
棉型织物	100 及以下	100～200	200～250
牛仔织物	334 及以下	334～440	440 以上
精梳毛织物	195 及以下	195～315	315 及以上
粗梳毛织物		300～600	
丝织物	20～100	—	—
针织物	100 及以下	100～250	250 及以上

表 7-4　非织造布常用的面密度　　　　　　　　单位：g/m²

过 滤 材 料			
车用过滤布	纺织滤尘布	冷风机滤料	过滤毡
140~160	350~400	100~150	800~1 000
土 工 布			
一般土工布	铁路基布	水利用布	油毡基布
250~350	150~750	250~700	100~500
揩 布 类 材 料			
揩尘布	揩地板布	医用揩布	汽车揩布
80~120	40~100	100~180	15~35
絮 片 类 材 料			
一般絮片	热熔絮棉	太空棉絮片	无胶软棉絮片
60~100	100~600	200~400	80~260

一、常用表示单位

面料的面密度除了"克/米²"（g/m²）表示外，其他不同面料也有不同的表示方法。如牛仔面料的面密度一般用"盎司/平方码（OZ/y²）"来表示，即每平方码面料重量的盎司数（如12盎司牛仔布）；丝绸面料常用"姆米（m/m）"来表示，1姆米=2.5/0.580 64=4.305 6克/米²（g/m²）。

二、试验标准

GB/T4669—2008 纺织品机织物单位长度质量和面密度的测定。

三、适用范围

本标准规定了纺织品机织物单位长度质量和单位面积质量的测定方法。
本标准适用于整段或一块机织物（包括弹性织物）的测定。

四、试验方法与原理

（1）方法 1 和方法 3：
整段或一块织物能在标准大气中调湿的，经调湿后测定织物的长度和质量，计算单位长度调湿质量。或者测定织物的长度、幅宽和质量，计算单位面积调湿质量。
（2）方法 2 和方法 4：
整段织物不能放在标准大气中调湿的，先在普通大气中松弛后测定织物的长度（幅宽）及质量,计算织物的单位长度(面积)质量,再用修正系数进行修正。修正系数是从松弛后的织物中剪取一部分,在普通大气中进行测定后,再在标准大气中调湿后进行测定,对两者的长度(幅宽)及质量加以比较而确定。

(3) 方法 5(小织物的单位面积调湿质量):

小织物,先将其放在标准大气中调湿,再按规定尺寸剪取试样并称量,计算单位面积调湿质量。

(4) 方法 6(小织物的单位面积干燥质量和公定质量):

小织物,先将其按规定尺寸剪取试样,再放入干燥箱内干燥至恒量后称量,计算单位面积干燥质量。结合公定回潮率计算单位面积公定质量。

五、检测仪器

(1) 钢尺分度值为厘米(cm)和毫米(mm)。长度 2～3 m,用于方法 1、2、3 和 4。长度 0.5 m,用于方法 5、6。

(2) 电子天平精确度为所测定试样质量的 ±0.2%,对于方法 5,精确度为 0.001 g。对于方法 6,确度为 0.01 g(图 7-6)。

(3) 切割器精确度为 ±1%,能切割 10 cm×10 cm 的方形试样或面积为 100 cm² 的圆形试样。

(4) 通风式干燥箱通风型式可以是压力型或对流型,具有恒温控制装置,能控制温度 105℃±3℃,干燥箱可以连有天平(图 7-7)。

图 7-6　圆盘取样器与电子天平

图 7-7　通风式干燥箱

(5) 称量容器:箱内热称使用金属烘篮,箱外冷称使用密封防潮罐。

(6) 干燥器:箱外称量时放置称量容器,内存干燥剂。

六、试样准备

1. 预调湿

织物应当从干态(进行吸湿平衡)开始达到平衡,否则要按照 GB/T6529 进行预调湿。

2. 去边

如果织物边的单位长度(面积)质量与身的单位长度(面积)质量有明显差别,在测定单位面积质量时,应使用去除织物边以后的试样,并且应根据去边后试样的质量、长度和幅宽进行计算。

3. 试样选取

(1) 能在标准大气中调湿的单位长度质量和单位面积质量的测定,对于整段织物或一块织物,先按照 GB/T4666(EN20139)测定整段织物在标准大气中的调湿后长度,然后称量(在标准大气中)。织物长度宜取 3～4 m,至少 0.5 m,整段织物最好从整段织物中段取样;一块织物取样,应剪取与织物边垂直且平行的整幅织物。

(2) 不能在标准大气中调湿的单位长度质量和单位面积质量的测定,按照 GB/T4666 测定整段织物在普通大气中松弛后的长度,在普通大气中称量。再从整段织物中段剪取长度至少 1 m,宜为 3～4 m 的整幅织物(一块织物),在普通大气中测定其长度和质量。测定普通大气中整段织物的长度、质量和一块织物的长度、质量要同时进行,以使其受到大气温度和湿度突然变化的影响降到最低。然后再测定一块织物在标准大气中调湿后的长度和质量。

(3) 对于小织物样品,将样品无张力地放在标准大气中调湿至少 24 h 使之达到平衡,从织物的非边且无褶皱部分剪取有代表性的样品 5 块(或按其他规定),每块约 15 cm×15 cm。若因大花型中含有单位面积质量明显不同的局部区域时,要选用包含此花型完全组织整数倍的样品。

七、试验步骤

1. 方法 1:能在标准大气中调湿的整段和一块织物的单位长度质量的测定

(1) 整段织物:按照 GB/T4666 测定整段织物在标准大气中的调湿后长度,然后称量(在标准大气中)。若测定整段织物的长度既不可能也没有必要,可以对长度至少 0.5 m、宜为 3～4 m 的织物进行测定,最好从整段织物中段取样。

(2) 一块织物:① 与织物边垂直且平行地剪取整幅织物,织物的长度至少 0.5 m,宜为 3～4 m。② 按照 GB/T4666 测定织物在标准大气中的调湿后长度,然后称量(在标准大气中)。

2. 方法 2:不能在标准大气中调湿的整段织物的单位长度质量的测定

按照 GB/T4666 测定整段织物在普通大气中松弛后的长度,在普通大气中称量。再从整段织物中段剪取长度至少 1 m、宜为 3～4 m 的整幅织物(一块织物),在普通大气中测定其长度和质量。测定普通大气中整段织物的长度、质量和一块织物的长度、质量要同时进行,以使其受到大气温度和湿度突然变化的影响降到最低。然后再按照方法 1 测定一块织物在标准大气中调湿后的长度和质量。

3. 方法 3:能在标准大气中调湿的整段和一块织物的单位面积质量的测定

(1) 整段织物:按照方法 1 和 GB/T4666 测定整段织物在标准大气中调湿后的长度、质量和幅宽。

（2）一块织物：按照方法 1 和 GB/T4666 测定一块织物在标准大气中调湿后的长度、质量和幅宽。

4. 方法 4：不能在标准大气中调湿的整段织物的单位面积质量的测定

使用方法 2，并按照 GB/T4666 测定在普通大气中松弛后整段和一块织物的长度、幅宽和质量以及在标准大气中调湿后一块织物的长度、幅宽和质量。

5. 方法 5：小织物的单位面积调湿质量的测定

（1）样品：从织物的非边且无褶皱部分剪取有代表性的样品 5 块（或按其他规定），每块约 15 cm×15 cm。若因大花型中含有单位面积质量明显不同的局部区域时，要选用包含此花型完全组织整数倍的样品。

（2）程序：预调湿样品。然后将样品无张力地放在标准大气中调湿至少 24 h 使之达到平衡。将每块样品依次排列在工作台上。在适当的位置上使用切割器切割 10 cm×10 cm 的方形试样或面积为 100 cm² 的圆形试样，也可以剪取满足要求的包含大花型完全组织整数倍的矩形试样，并测定试样的长度和宽度。

对试样称量，精确至 0.001 g。确保整个称量过程试样中的纱线不损失。

6. 方法 6：小织物的单位面积干燥质量和公定质量的测定

（1）剪样：将每块样品依次排列在工作台上。在适当的位置上使用切割器切割 10 cm× 10 cm 的方形试样或面积为 100 cm² 的圆形试样，也可以剪取满足方法 5 中要求的包含大花型完全组织整数倍的矩形试样，并测定试样的长度和宽度。

（2）干燥：

① 箱内称量法：将所有试样一并放入通风式干燥箱的称量容器内，在 105℃±3℃下干燥至恒量（以至少 20 min 为间隔连续称量试样，直至两次称量的质量之差不超过后一次称量质量的 0.20%）。

② 箱外称量法：把所有试样放在称量容器内，然后一并放入通风式干燥箱中，敞开容器盖，在 105℃±3℃下干燥至恒量（以至少 20 min 为间隔连续称量试样，直至两次称量的质量之差不超过后一次称量质量的 0.20%）。将称量容器盖好，从通风式干燥箱移至干燥器内，冷却至少 30 min 至室温。

（3）称量：

① 箱内称量法：称量试样的质量，精确至 0.01 g。确保整个称量过程试样中的纱线不损失。称量容器的质量在天平中已去皮。

② 箱外称量法：分别称取试样连同称量容器以及空称量容器的质量，精确至 0.01 g。确保整个称量过程试样中的纱线不损失。

八、结果计算

1. 方法 1 和方法 3

按式（1）和式（2）计算单位长度调湿质量和单位面积调湿质量：

$$m_{ul} = \frac{m_c}{L_c} \tag{1}$$

$$m_{ua} = \frac{m_c}{L_c \times W_c} \tag{2}$$

式中：

m_{ul}——经标准大气调湿后整段或一块织物的单位长度调湿质量(g/m)；

m_{ua}——经标准大气调湿后整段或一块织物的单位面积调湿质量(g/m²)；

m_c——经标准大气调湿后整段或一块织物的调湿质量(g)；

L_c——经标准大气调湿后整段或一块织物的调湿长度(m)；

W_c——经标准大气调湿后整段或一块织物的调湿幅宽(m)。

计算结果按照 GB/T8170 的规定修约到个数位。

2. 方法 2 和方法 4

(1) 按照 GB/T4666,利用松弛后整段织物、松弛后一块织物和调湿后一块织物的数据,计算整段织物的调湿后长度与幅宽。

(2) 按式(3)计算整段织物的调湿后质量:

$$m_c = m_r \times \frac{m_{sc}}{m_s} \tag{3}$$

式中：

m_c——经标准大气调湿后整段织物的调湿质量(g)；

m_r——普通大气中整段织物的质量(g)；

m_{sc}——经标准大气调湿后一块织物的调湿质量(g)；

m_s——普通大气中一块织物的质量(g)。

(3) 使用式(3)计算 m_c 的数值,再按式(1)或式(2)计算单位长度调湿质量或单位面积调湿质量。

(4) 计算结果按照 GB/T8170 的规定修约到个数位。

3. 方法 5

由试样的调湿后质量按式(4)计算小织物的单位面积调湿质量:

$$m_{ua} = \frac{m}{S} \tag{4}$$

式中：

m_{ua}——经标准大气调湿后小织物的单位面积调湿质量(g/m²)；

m——经标准大气调湿后试样的调湿质量(g)；

S——经标准大气调湿后试样的面积(m²)。

计算求得的 5 个数值的平均值,计算结果按照 GB/T8170 的规定修约到个数位。

4. 方法 6

(1) 由试样的干燥后质量按式(5)计算小织物的单位面积干燥质量:

$$m_{dua} = \frac{\sum(m - m_0)}{\sum S} \tag{5}$$

式中：

M_{dua}——经干燥后小织物的单位面积干燥质量（g/m²）；

m——经干燥后试样连同称量容器的干燥质量（g）；

m_0——经干燥后空称量容器的干燥质量（g）；

S——试样的面积（m²）。

计算结果按照 GB/T8170 的规定修约到个数位。

（2）由小织物的单位面积干燥质量按式（6）计算小织物的单位面积公定质量：

$$m_{rua} = m_{dua}[A_1(1+R_1) + A_2(1+R_2) + \cdots + A_n(1+R_n)] \tag{6}$$

式中：

m_{rua}——小织物的单位面积公定质量（g/m²）；

m_{dua}——经干燥后小织物的单位面积干燥质量（g/m²）；

A_1、$A_2 \cdots A_n$——试样中各组分纤维按净干质量计算含量的质量分数的数值（%）；

R_1、$R_2 \cdots R_n$——试样中各组分纤维公定回潮率（见 GB9994）的质量分数的数值（%）。

计算结果按照 GB/T8170 的规定修约到个数位。

任务四　纺织品厚度的测定

一、基本概念

（1）纺织品厚度是指对纺织品施加规定压力的两参考板间的垂直距离。

（2）蓬松类纺织品是指当纺织品所受压力从 0.1 kPa 增加至 0.5 kPa 时，其厚度的变化（压缩率）≥20% 的纺织品。如人造毛皮、长毛绒、丝绒、非织造絮片等。

（3）毛绒类纺织品是指表面有一层致密短绒（毛）的纺织品。如起绒、拉毛、割绒、植绒、磨毛纺织品等。

（4）疏软类纺织品是指结构疏松柔软的纺织品。如毛圈、松结构、毛针织品等。

二、厚度测试仪要求（参考标准 GB/T3820—1997）

（1）测试仪的压脚面积可根据样品类型调换，常规试验推荐压脚面积（2 000±20）mm²，相应于圆形压脚的直径（50.5±0.2）mm。压脚面积的选用按表 7-5 所示。

表 7-5　主要技术参数表

样品类别	压脚面积(mm²)	加压压力(kPa)	加压时间（读取时刻 s）	最小测定数量次	说　明
普通类	2000±20(推荐)；100±1；10000±100(推荐面积不适宜时再从另两种面积中选用)	1±0.01；非织造布：0.5±0.01；土工布：2±0.01；20±0.1；200±1	30±5；常规：10±2(非织造布按常规)	5；非织造布及土工布：10	土工布在 2 kPa 时为常规厚度，其他压力下的厚度按需要测定
毛绒类疏软类		0.1±0.001			
蓬松类	20000±100；40000±200	0.02±0.0005			厚度超过 20 mm 的样品，也可使用附录 A 中 A2 所述仪器

注① 不属毛绒类、疏软类、蓬松类的样品，均归入普通类。蓬松类样品的确定按附录 A 中 A1。
　② 选用其他参数，需经有关各方同意。例如，根据需要，非织造布或土工布压脚面积也可选用 2500 mm²，但应在试验报告中注明。另选加压时间时，其选定时间延长 20% 后厚度应无明显变化。

（2）参考板表面平整，直径至少大于压脚 50 mm。

（3）移动压脚的装置（移动方向垂直于参考板表面）可使压脚工作面保持水平并与参考板表面平行，不平行度<0.2%，且能将规定压力施加在置于参考板之上的试样上。

（4）厚度计可指示压脚和参考板工作面之间的距离，示值精确至 0.01 mm。

（5）如厚度仪具有计时装置，本项可不备。

如图 7-8 与图 7-9 所示为不同种类的厚度仪。

图 7-8　手持式织物厚度仪

图 7-9　数字式织物厚度仪

三、测试

1. 预调湿

样品的调湿和试验用标准大气按 GB/T6529 的规定，采用二级标准大气，常规试验可采用三级标准大气。试验前样品或试样应在松弛状态下调湿 16 h 以上，合成纤维样品至少平衡 2 h，公定回潮率为零的样品可直接测定。

2. 采样及试样准备

样品采集的方法和数量按产品标准的规定，其产品标准中未作详细规定的，则按与试验结果有利害关系的有关各方同意的方法。试验时测定部位应在距布边 150 mm 以上区域内按阶梯形均匀排布,各测定点都不在相同的纵向和横向位置上,且应避开影响试验结果的疵点和折皱。对易于变形或有可能影响试验操作的样品,如某些针织物、非织造布或宽幅织物以及纺织制品等,应按表裁取足够数量的试样,试样尺寸不小于压脚尺寸。

3. 测定

(1) 根据样品类型选取压脚。对于表面呈凹凸不平花纹结构的样品,压脚直径应不小于花纹循环长度,如需要,可选用较小压脚分别测定并报告凹凸部位的厚度。

(2) 清洁压脚和参考板,检查压脚轴的运动灵活性。按要求设定压力,然后驱使压脚压在参考板上,并将厚度计置零。

(3) 提升压脚,将试样无张力和无变形地置于参考板上。

(4) 使压脚轻轻压放在试样上并保持恒定压力,到规定时间后读取厚度指示值。

(5) 重复前面步骤,直至测完规定的部位数或每一个试样。

(6) 如果需要测定不同压力下的厚度(如土工布等),可以对每种压力重复步骤 2 至步骤 5;也可对每个测定部位或每个试样从最低压力开始重复步骤 2 至步骤 4,测出同一点各压力的厚度,然后更换测试部位或试样,重复前面的操作,直至测完规定部位数或每个试样。

四、结果表示

计算所测得厚度的算术平均值(修约至 0.01 mm)、变异系数 $CV(\%)$(修约至 0.1%)及 95% 置信区间 $(t \pm \Delta t)$(修约至 0.01 mm),修约方法按 GB/T8170 规定。其中:

$$\Delta t = t \cdot \frac{S}{\sqrt{n}}$$

式中:t——信度为 $1-a$、自由度为 $n-1$ 的双侧信度系数;

$\quad\quad$ S——厚度测定值的标准差;n——试验次数。

在 95% 信度下,常用的 t 如表 7-6 所示。

表 7-6　常用 t 值

n	5	6	7	8	9	10	12	15	20
t	2.776	2.571	2.447	2.365	2.306	2.262	2.201	2.145	2.093

另外,试验报告中应包括以下内容:

(1) 说明试验是按本标准进行的,并报告试验日期。

(2) 样品名称、编号、规格。

(3) 压脚面积(mm^2)。

(4) 压力(kPa)。

(5) 试验数量。

(6) 纺织品或制品厚度的算术平均值(mm),如需要,报告 $CV(\%)$ 及 95% 置信区间(mm)。

(7) 任何偏离本标准的细节及试验中的异常现象。

项目八 纺织面料耐用性能检测

所谓织物的坚牢耐用性是指织物本身所具有的抵抗外力抗破坏的能力。织物在生产和使用过程中经常因受到外力的作用而引起损坏,外力的作用方式不同,损坏的程度也有所不同。织物在使用过程中,受力破坏的最基本形式是拉伸断裂、撕裂、顶破、勾丝和磨损等。因此织物的拉伸断裂、撕破、顶(胀)破、勾丝和耐磨性能是织物重要的耐用性能。本项目将学习织物耐用性的检测,包括织物的拉伸断裂性能、撕破性能、顶破性能、勾丝性能以及织物的耐磨性等。由于织物具有一定的几何特征,如长度、宽度和厚度等,在不同方向上抵抗外力破坏的能力往往不同,因此要求至少从织物的长度、宽度,即机织物的经向和纬向、针织物的纵向和横向两个方向,分别来研究织物的坚牢耐用性能。

任务一 织物拉伸断裂性能检测

织物在拉伸外力的作用下产生伸长变形,最终导致其断裂破坏的现象,称为拉伸断裂。

织物在穿用过程中经常承受各种方向的拉伸力,它是导致织物损坏的作用力的主要原因。织物对拉伸断裂的抵抗能力通常用抗一次拉伸断裂指标和抗多次拉伸疲劳断裂指标来表示。拉伸断裂的指标主要有断裂强力和断裂伸长率等。

断裂强力是指一定宽度的试样被拉伸至断裂时所测得的最大拉伸力,也称断裂强力,单位牛顿(N)。它表示织物抵抗拉伸力破坏的能力,是评定棉、麻、丝、毛、化纤类纯纺或混纺织物内在质量的一个主要指标,是国家考核和区分织物品等的主要依据之一。也是评定日晒、洗涤、摩擦及各种整理对织物内在质量影响的指标。

断裂伸长指将织物试样拉伸至断裂时所产生的最大伸长,用 mm 或 cm 表示。试样断裂伸长与试样原长的百分比称为断裂伸长率,断裂伸长(率)是表示织物所能承受的最大伸长变形能力,其大小与织物的耐用性和服装的伸展性有密切的关系。

影响织物的拉伸断裂性能的因素有许多,如纤维性质、纱线结构、织物组织以及染整后加工等。

织物拉伸断裂强力试验一般适用于机械性质具有各向异性、拉伸变形能力较小的制品。目前主要采用单向(受力)拉伸,即测试织物试样的经(纵)向强力、纬(横)向强力。做拉伸断裂强力试验时,根据织物的品种不同,试样的尺寸及其夹持方法都会对试验结果产生较大影响。目前织物的断裂强力和断裂伸长的测定方法，主要有条样法和抓样法，条样法应用最普遍，见图8-1。包括试样在试验用标准大气中平衡或湿润两种状态的试验。

1. 条样法

规定尺寸的试样整个宽度全部被夹持在规定尺寸的夹钳中，然后以恒定伸长速率被拉伸直至断脱，记录断裂强力及断裂伸长。

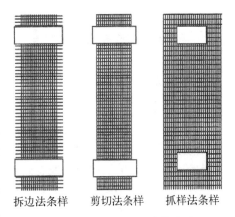

拆边法条样　　剪切法条样　　抓样法条样

图8-1　试样形状和夹持方法

（1）拆纱条样：从试样两侧拆去基本相同数量的纱线而使试样达到规定试验宽度的条形试样。用于一般机织物。

（2）剪切条样：用剪切方法使试样达到规定试验宽度的条形试样。用于针织物、非织造布、涂层织物及不易拆边纱的机织物试样。

2. 抓样法

试样宽度方向的中央部位被夹持在规定尺寸的夹钳中，然后以规定的拉伸速度被拉伸试样至断脱，测定其断裂强力。

拆边纱条样法试验结果不匀率较小，用布节约，用于一般机织物试样。剪切条样法一般用于不易抽边纱的织物，如针织物、缩绒织物、毡品、非织造布及涂层织品等。抓样法试样准备较容易、快速，试验状态比较接近实际情况，但所得强力、伸长值略高，用布较多。比较三种形态试样的试验结果，拆边纱法的强力不匀率较小，而强力值略低于抓样法。

测试所涉及的术语与定义。

（1）条样试验：试样整个宽度被夹持器夹持的一种织物拉伸试验。

（2）剪切条样：用剪切方法使试样达到规定试验宽度的条形试样。

（3）拆纱条样：从试样两侧拆去基本相同数量的纱线而使试样达到规定试验宽度的条形试样。

（4）抓样试验：试样宽度方向的中央部位被夹持器夹持的一种织物拉伸试验。

（5）隔距长度：试验装置上夹持试样的两有效夹持线间的距离。

（6）初始长度：在规定的预张力时，试验装置上夹持试样的两有效夹持线间的距离。

（7）预张力：在试验开始前施加于试样的力。

（8）断裂强力：在规定条件下进行的拉伸试验过程中，试样被拉断记录的最大力。

（9）断脱强力：在规定条件下进行的拉伸试验过程中，试样断开前瞬间记录的最终的力。

（10）伸长：因拉力的作用引起试样长度的增量，以长度单位表示。

（11）伸长率：试样的伸长与其初始长度之比，以百分率表示。

（12）断裂伸长率：对应于断裂强力的伸长率。

（13）断脱伸长率：对应于断脱强力的伸长率。

（14）等速伸长试验仪CRE：在整个试验过程中，夹持试样的夹持器一个固定，另一个以恒定速度运动，使试样的伸长与时间成正比的一种试验仪器。

一、中国国家检测标准

（一）条样法

1. 试验标准

GB/T3923.1—2013《纺织品织物拉伸性能第1部分：断裂强力和断裂伸长率测定条样法》，规定了采用拆纱条样和剪割条样测定织物断裂强力和断裂伸长率的方法，包括试样在试验用标准大气中平衡或湿润两种状态的试验。

2. 适用范围

GB/T3923.1—2013《纺织品织物拉伸性能第1部分：断裂强力和断裂伸长率测定条样法》适用于机织物，也适用于针织物、非织造布、涂层织物及其他类型的纺织物，但不适用于弹性织物、纬平针织物、罗纹针织物、土工布、玻璃纤维织物、碳纤维织物和聚烯烃扁丝织物。

3. 检测仪器

（1）等速伸长（CRE）试验仪：例如 YG 065 电子织物强力机（图 8-2）。

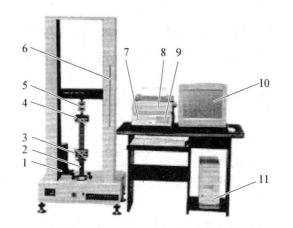

1. 下夹持器升降手柄
2. 升降丝杠
3. 下夹持器
4. 上夹持器
5. 传感器
6. 隔距定位
7. 控制箱显示器
8. 打印机
9. 仪器操作键
10. 显示器
11. 电脑主机箱

图 8-2　YG 065 电子织物强力机

有显示或记录加于试样上使其拉伸直至断脱的最大强力的装置。在仪器满量程的任意点，指示或记录断裂强力的误差应不超过±1%，指示或记录铗钳间距的误差应不超过±1 mm。

如果使用数据采集电路和软件获得力和伸长数值，数据采集的频率不小于 8 次/秒。

恒定拉伸速率为 20 mm/min、100 mm/min，精度为±10%。

隔距长度为 100 mm、200 mm，精度为±1 mm。

仪器两铗钳的中心点应处于拉力轴线上，铗钳的钳口线应与拉力线垂直，夹持面应在同一平面上。铗钳应能握持试样而不使试样打滑，铗钳面应平整，不剪切试样或破坏试样。但如果使用平整铗钳不能防止试样的滑移时，应使用其他形式的夹持器。夹持面上可使用适当的衬垫材料。

条样法铗钳宽度不小于 60 mm。

（2）裁剪试样和拆除纱线的器具及钢尺。

（3）如需进行湿润试验时,应具备用于浸渍试样的器具、三级水、非离子湿润剂。

4. 工作原理

对规定尺寸的织物试样,以恒定拉伸速度拉伸直至断脱。记录断裂强力及断裂伸长率,如果需要,记录断脱强力及断脱伸长率。

5. 取样

取样规则请参照项目一中子项目四检测抽样方法及试样准备的有关内容。

6. 调湿和试验用大气

（1）进行预调湿、调湿和试验用大气按照GB/T6529规定执行,即相对湿度65%±4%,温度20℃±2℃。推荐试样在松弛状态下至少调湿24 h。

（2）对于湿润状态下试验不要求预调湿和调湿。

7. 测试程序与操作

（1）试样准备:

① 通则:从每一个实验室样品剪取两组试样,一组为经向或纵向试样,另一组为纬向或横向试样。

每组试样至少应包括五块试样即五块经向或纵向试样、五块纬向或横向试样,另加预备试样若干。如有更高精度要求,应增加试样数量。试样应具有代表性,应避开折皱、疵点,试样距布边至少150 mm,保证试样均匀分布于样品上。例如对于机织物,两块试样不应包括有相同的经纱或纬纱。图8-3是从实验室样品上剪取试样的一个示例。

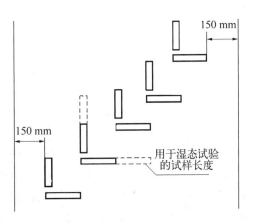

图 8-3　试样分布图

② 尺寸:每块试样的有效宽度应为50 mm±0.5 mm(不包括毛边),试样长为(300～350)mm;如果试样的断裂伸长率超过75%,隔距长度可为100 mm,试样长为(200～250)mm。按有关双方协议,试样也可采用其他宽度,在这种情况下,应在试验报告中说明(表8-1)。

表 8-1　试样尺寸与夹持长度和断裂伸长率

试样类项	试样尺寸 宽(mm)×长(mm)	夹持长度(mm)	织物断裂伸长率(%)	拉伸速度(mm·min⁻¹)
条形试样	50～70×300～350	200±1	<8	20±2
	50～70×300～350	200±1	≥8且≤75	100±10
	50～70×200～250	100±1	>75	100±10

③ 试样准备:

拆纱条样:用于一般机织物试样。剪取试样的长度方向应平行于织物的经向或纬向,其宽度应根据留有毛边的宽度而定。从条样的两侧拆去数量大致相等的纱线,直至其试样的宽度符合有效宽度为 50 mm±0.5 mm 的要求。毛边的宽度应保证在试验过程中纱线不从毛边中脱出。这里要注意在裁下试样前，应标上经(纵)纬(横)向标记。

注：对一般的机织物，毛边约为 5 mm 或 15 根纱线的宽度较为合适。对较紧密的机织物，较窄的毛边即可。对稀松的机织物，毛边约为 10 mm。

剪切条样：用于针织物、非织造布、涂层级物及不易拆边纱的机织物试样。剪切条样的长度方向应平行于织物的纵向或横向，其宽度符合有效宽度为 50 mm±0.5 mm 的要求。这里要注意在裁下试样前，应标上经(纵)纬(横)向标记。

④ 湿润试验的试样：如果要求测定织物的湿强力，则剪取的试样长度应为干强试样的两倍，每条试样的两端编号后，沿横向剪为两块，一块用于干态的强力测定，另一块用于湿态的强力测定。根据经验或估计浸水后收缩较大的织物，测定湿态强力的试样长度应比干态试样长一些。

湿润试验的试样应放在温度 20℃±2℃的符合 GB/T6682 规定的三级水中浸渍 1 h 以上，也可用每升不超过 1 g 的非离子湿润剂的水溶液代替三级水。

（2）试验参数选择：上、下夹钳隔距长度和拉伸速度的设定见表 8-2。

表 8-2　拉伸速度和伸长速率

隔距长度(mm)	织物断裂伸长率(%)	伸长速率(%/min)	拉伸速率(mm/min)
200±1	<8	10	20
200±1	≥8 且≤75	50	100
100±1	>75	100	100

（3）夹持试样：在铗钳中心位置夹持试样，以保证拉力中心线通过铗钳的中点。试样可在预张力下夹持或松式夹持。当采用预张力夹持试样时，产生的伸长率不大于 2%。如果不能保证，则采用松式夹持，即无张力夹持。

采用预张力夹持：根据试样的单位面积质量采用预张力(表 8-3)。

表 8-3　预加张力的选择

单位面积质量(g/m²)	预加张力(N)
≤200	2
>200,≤500	5
>500	10

注：若断裂强力低于 20 N 时，按断裂强力的(1±0.25)%确定预加张力。

松式夹持：计算断裂伸长率所需的初始长度应为隔距长度与试样达到预张力的伸长量之和，该伸长量可从强力—伸长曲线图上对应于表 8-3 中预张力处测得。

注：同一样品的两方向的试样采用相同的隔距长度、拉伸速度和夹持状态，以断裂伸长率大的一方为准。

（4）测定和记录：在夹钳中心位置加持试样，以保证拉力中心线通过夹钳中点。

开启试验仪，拉伸试样至断脱。记录断裂强力(N)，断裂伸长(mm)或断裂伸长率(%)。如需要，记录断脱强力及断脱裂伸长或断脱伸长率。

记录断裂伸长（单位：mm）或断裂伸长率到最接近的数值：

——断裂伸长率<8%时：0.4 mm 或 0.2%；

——断裂伸长率≥8%且≤75%时：1 mm 或 0.5%；

——断裂伸长率>75%时：2 mm 或 1%。

每个方向至少试验五块。

（5）滑移：如果试样沿钳口线的滑移不对称或滑移量大于 2 mm 时，舍弃试验结果。

（6）钳口断裂：如果试样在距钳口线 5 mm 以内断裂，则记为钳口断裂。当五块试样试验完毕，若钳口断裂的值大于最小的"正常值"，可以保留；如果小于最小的"正常值"，应舍弃，另加试验以得到五个"正常值"。

如果所有的试验结果都是钳口断裂，或得不到五个"正常值"，应当报告单值。钳口断裂结果应当在报告中指出。

（7）湿润试验：将试样从液体中取出，放在吸水纸上吸去多余的水后，立即按照前面的第 2 步至第 6 步进行试验。预张力为规定的 1/2。

（8）结果计算：

① 分别计算经纬向或纵横向的断裂强力平均值，如需要，记录断脱强力的平均值，单位为牛顿（N）。

a. 计算结果<100 N 时，修约至 1 N；

b. ≥100 N 且<1 000 N 时，修约至 10 N；

c. ≥1 000 N 时，修约至 100 N。根据需要，计算结果可修约至 0.1 N 或 1 N。

② 计算试样的经、纬向断裂伸长率（%）。如需要，记录断脱断伸长率。

预张力夹持试样：

$$E = \frac{\Delta L}{L_0} \times 100\% \tag{1}$$

$$E_r = \frac{\Delta L_t}{L_0} \times 100\% \tag{2}$$

松式夹持试样：

$$E = \frac{\Delta L' - L'_0}{L_0 + L'_0} \times 100\% \tag{3}$$

$$E_r = \frac{\Delta L'_t - L'_0}{L_0 + L'_0} \times 100\% \tag{4}$$

式中：

E——断裂伸长率（%）；

ΔL——预张力夹持试样时的断裂伸长（mm）；

L_0——隔距长度（mm）；

E_r——断脱伸长率（%）；

ΔL_t——预张力夹持试样时的断脱伸长（mm）；

ΔL ——松式夹持试样时的断裂伸长(mm)；

L'_0 ——松式夹持试样达到规定预张力时的伸长(mm)；

ΔL_t ——预张力夹持试样时的断脱伸长(mm)。

分别计算经纬向或纵横向的断裂伸长率平均值，如需要，记录断脱伸长率的平均值，计算结果按如下修约：

　　a. 断裂伸长率<8%时，修约至0.2%；

　　b. 断裂伸长率≥8%且≤75%时，修约至0.5%；

　　c. 断裂伸长率>75%时，修约至1%(图8-4与图8-5)。

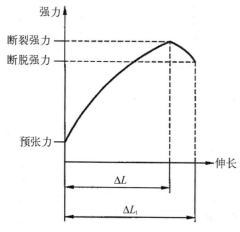

图8-4　预张力夹持试样的拉伸曲线　　　　图8-5　松式夹持试样的拉伸曲线

③ 计算断裂强力和断裂伸长率的变异系数，修约至0.1%。

④ 按式(5)确定断裂强力和断裂伸长率的95%置信区间，修约方法同平均值。

$$X - S \times \frac{t}{\sqrt{n}} < \mu < X + S \times \frac{t}{\sqrt{n}} \tag{5}$$

式中：

　　μ ——置信区间；

　　X ——平均值；

　　S ——标准差；

　　t ——由t-分布表查得，当$n=5$，置信度为95%时，$t=2.776$；

　　n ——试验次数。

(二)抓样法

1. 试验标准

GB/T3923.2—2013《纺织品 织物拉伸性能 第2部分：断裂强力的测定 抓样法》，规定了采用抓样法测定织物断裂强力的方法，包括试样在试验用标准大气中平衡或湿润两种状态的试验。

2. 适用范围

GB/T3923.2—2013《纺织品 织物拉伸性能 第2部分：断裂强力的测定 抓样法》，适用于机织物,也适用于针织物、涂层织物及其他纺织物,不适用于弹性织物、土工布、玻璃纤维机织物、碳纤维织物及聚烯烃编织带等。

3. 检测仪器

(1)等速伸长(CRE)试验仪:仪器参数同条样法,抓样试验夹持试样面积的尺寸应为(25 mm±1 mm)×(25 mm±1 mm)。可使用下列方法之一达到该尺寸。

① 两个夹片尺寸均为 25 mm×40 mm(最好 50 mm)。一个夹片长度方向与拉力线垂直。另一个夹片长度方向与拉力线平行。

② 一个夹片尺寸为 25 mm×40 mm(最好 50 mm),夹片长度方向与拉力线垂直。另一个夹片的尺寸为 25 mm×25 mm。

(2)裁剪试样的器具及钢尺。

(3)如需进行湿润试验时,应具备用于浸渍试样的器具、三级水、非离子湿润剂。

4. 抓样法工作原理

试样的中央部位夹持在规定尺寸的夹钳中,以规定的拉伸速度拉伸试样至断脱,测定其断裂强力。

5. 取样

取样规则请参照项目一中任务四检测抽样方法及试样准备的有关内容。

6. 调湿和试验用大气

(1)进行预调湿、调湿和试验用大气按照GB/T6529规定执行,即相对湿度65%±4%,温度20℃±2℃。

(2)对于湿润状态下试验不要求预调湿和调湿。

7. 测试程序与操作

(1)试样准备:从每个样品中剪取二组试样,一组为经向或纵向试样,另一组为纬向或横向试样。每组试样至少包括5块。如有更高要求,应增加试样数量。试样应具有代表性,应避开织物的褶皱、疵点部位。试样距布边至少150 mm,保证试样均匀分布于样品上。每块试样的宽度为100 mm±2 mm,长度应能满足隔距长度100 mm。

如需测定织物的湿强力,则剪取试样长度为干强力试样的两倍。每条试样的两端编号后,沿横向剪为两块,一块用于测定干强力,另一块用于测定湿强力。根据经验或估计浸水后织物的缩水率较大,测定湿强力的试样长度应比测定干强力的试样长一些。湿润试验的试样应放在 20℃±2℃的三级水或每升含有1 g 非离子湿润剂的水溶液中浸渍1 h 以上。

(2)试验参数选择:拉伸速度为50 mm/min;隔距为100 mm;或经有关方同意隔距也可为75 mm,精度±1 mm。

(3)试样夹持:夹持试样的中心部位,保证试样的纵向中心线通过夹钳的中心线,并与夹钳钳口线垂直。使试样上的标记线与夹片的一边对齐,夹紧上夹钳后,试样靠织物自重下垂使其平置于下夹钳内,关闭下夹钳。

(4)测定:启动强力测试仪,拉伸试样至断脱,记录断裂强力(N)。复位后,重复上述操作,直至完成规定的试样数。每个方向至少试验5块。

如果试样在钳口线5 mm 以内断裂,则作为钳口断裂。当5块试样试验完毕,若钳口断裂数值大于最小的"正常"断裂值,可以保留;若小于最小"正常"断裂值,则舍弃,另加试验量,以得到 5 个"正常"断裂值。如果所有试验结果均为钳口断裂,或不能得到 5 个"正常"断裂值,应报告单值。钳口断裂结果应在报告中注明。

(5) 湿润试验:将试样从液体中取出,放在吸水纸上吸去多余的水分后,立即按前述 1~4 条进行试验。

(6) 结果的计算与表示:

① 分别计算经纬向或纵横向的断裂强力平均值,以 N 表示。

a. 计算结果<100 N 时,修约至 1 N;

b. ≥100 N 且<1 000 N 时,修约至 10 N;

c. ≥1 000 N 时,修约至 100 N。根据需要,计算结果可修约至 0.1 N 或 1 N。

② 如果需要,计算断裂强力的变异系数,修约至 0.1%。

③ 按式(6)确定断裂强力和断裂伸长率的 95%置信区间,修约方法同平均值

$$X - S \times \frac{t}{\sqrt{n}} < \mu < X + S \times \frac{t}{\sqrt{n}} \tag{6}$$

式中:

μ——置信区间;

X——平均值;

S——标准差;

t——由 t-分布表查得,当 $n=5$,置信度为 95%时,$t=2.776$;

n——试验次数。

二、国外检测标准

(一)条样法

1. 试验标准

ISO13934—1:2013《纺织品织物拉伸特性第 1 部分:用条样法测定断裂强力和断裂伸长率》。

ASTM D5035—2006(2008)《纺织织物断裂强力和伸长的标准试验方法(条样法)》。

2. 适用范围

ISO13934—1:2013 标准适用于机织物,也适用于其他技术生产的织物,通常不适用于弹性织物、土工布、非织造布、涂层织物、玻璃纤维织物、碳纤维织物和聚烯烃扁丝织物。

ASTM D5035—2006(2008)标准中拆纱条样法适用于机织物,剪割条样法适用于非织造布、毛毡织物、涂层织物。不建议用于针织物和伸长率超过 11%的高弹织物。

3. 检测仪器及工具

ISO13934—1:2013 标准规定只使用等速伸长(CRE)试验仪。

ASTM D5035—2006(2008)标准规定除了等速伸长(CRE),还可用等速载荷(CRL)和等速牵引(CRT)试验仪。

(1) 试验仪:具有指示或记录加于试样上使其拉伸直至断脱的最大力以及相应的试样伸

长率的装置。在仪器满量程的任意点,指示或记录断裂力的误差应不超过11%,指示或记录夹钳间距的误差应不超过±1 mm。如果使用数据采集电路和软件获得力和伸长数值,数据采集的频率不小于8次/s。

① ISO13934—1标准要求CRE试验仪的速率为(20±2)mm/min和(100±10)mm/min,隔距长度为(100±1)mm和(200±1)mm。

② ASTM D5035标准要求拉伸速率为(300±10)mm/min,或能获得(20±3)s的断裂时间,隔距长度为(75±1)mm。

(2) 夹持器:两夹钳的中心点应处于拉力轴线上,夹钳的钳口应与拉力线垂直,两夹持面应在同一平面上。夹钳应能握持试样面不使试样打滑。若平整夹钳不能防止试样打滑,应使用其他形式的夹持器或使用适当的夹持面衬垫材料。条样法的夹钳面宽度至少比试样宽度大10 mm。

(3) 金属夹:ISO13934—1标准无明确要求;ASTM D5035标准要求一个重170 g、宽100 mm的金属夹作预加张力夹。

(4) 湿润试验时,需具备用于浸渍试样的器具、三级水、非离子湿润剂。

(5) 预调湿烘箱:湿度为10%～25%,温度不超过50℃。

(6) 恒温恒湿室:

① ISO13934—1标准要求的标准大气(按ISO139标准规定):温度为(20±2)℃,相对湿度为(65±4)%。

② ASTM D5035标准要求的标准大气(按ASTM D1776标准规定):温度为(21±1)℃,相对湿度为(65±2)%。

4. 测试原理

强力试验仪夹住规定尺寸的试样,并施加负荷,被拉伸至断脱,记录最大的断裂强力和断裂伸长率。如果需要,也可记录断脱伸长率。

5. 测试程序与操作

(1) 样品准备

ISO13934—1标准的试样准备与GB/T3923.1—2013《纺织品织物拉伸性能第1部分:断裂强力和断裂伸长率测定条样法》所规定的试样准备相同。

ASTM D5035标准规定试样应具有代表性,避开折皱、疵点,距布边至少1/10幅宽,保证试样均匀分布于样品上。要沿对角线方向取样,确保每两块试样不包括有相同的经纱或纬纱,每个实验室样品沿经向和纬向剪取两组试样。如果做湿强试验,则剪取试样的长度为干强的两倍,两端编号后沿横向剪成两块,一块用于公定回潮率下的强力测定,一块用于湿态的强力测定。还规定了经向试样5块,纬向试样8块,长至少150 mm,宽有(25±1)mm和(50±1)mm两种。取25 mm的试样时,先剪成35 mm或25 mm加20根纱线,取50 mm的试样时先剪成60 mm或50 mm加20根纱线,再拆去两侧数量大致相等的纱线。如果试样小于20根/cm纱,采用(50±1)mm的试样宽度。

(2) 样品的预调湿与调湿

① ISO13934—1标准规定样品按ISO139标准进行预调湿和调湿,推荐至少调湿24 h。湿润试验的试样不需要预调湿和标准大气的调湿,试验前放在(20±2)℃的三级水中浸渍1 h

以上,也可用不超过1 g/L的非离子湿润剂的水溶液代替三级水。

② ASTM D5035标准规定样品按ASTM D1776标准预调湿和调湿,推荐按纤维标准回潮率采用不同调湿时间:回潮率低于5%的纤维用2 h,醋酸纤维4 h,植物纤维(如棉)6 h,动物纤维和黏胶纤维8 h。湿润试验的试样在(21±1)℃的蒸馏水中至完全润湿,可在蒸馏水中加入不超过0.05%的非离子湿润剂。

(3)测试程序:

在夹钳中心位置采用松式或预加张力的方式夹持试样,以保证拉力中心线通过夹钳中点。开启试验仪拉伸试样至断脱,记录断裂强力,断裂伸长或断裂伸长率。如需要,记录断脱强力及伸长率。

如果试样在钳口处滑移,或在钳口中和钳口边缘断裂,或试验结果显著低于这一组的平均值时,舍弃试验结果,另加试验以得到5个(ASTM标准要求纬向8个)"正常值"。

① ISO13934—1标准只规定采用等速伸长CRE法,参数设置与GB/T3923.1—2013《纺织品织物拉伸性能第1部分:断裂强力和断裂伸长率测定条样法》所规定的参数设置要求相同。

② ASTM D5035标准优先推荐等速伸长CRE法,隔距长度为(75±1)mm,拉伸速度(300±10)mm/min,但有争议时,除非双方约定,否则采用控制断裂时间为(20±3)s的方法。用170 g的金属夹做预加张力夹。

润湿实验:任何试样的测试需在离开水2 min内完成,要注意那些因有涂层或拒水性处理的织物在水中不能完全润湿的情况。如果要测定不含涂层或拒水处理剂时的强力,必须在准备样品前进行适当的不影响织物物理性能的前处理。

(4)结果表述:

① ISO13934—1标准:分别计算经纬向的断裂强力平均值,以N表示。

a. 计算结果<100 N时,修约至1 N;

b. ≥100 N且<1 000 N时,修约至10 N;

c. ≥1 000 N时,修约至100 N。根据需要,计算结果可修约至0.1 N或1 N。

分别计算经纬向的断裂伸长率平均值。

a. 平均值在8%及以下时修约至0.2%;

b. 平均值大于8%且小于50%时修约至0.5%;

c. 平均值在50%及以上时修约至1%。

② ASTM D5035标准:计算所有可接受断裂试样的断裂强力和断裂伸长率平均值。

(二)抓样法

1. 试验标准

ISO13934—2:2014《纺织品织物拉伸特性第2部分:用抓样法测定断裂强力和断裂伸长率》。

ASTM D5034—2009《纺织织物断裂强力和伸长的标准试验方法(抓样法)》。

2. 适用范围

ISO13934—2:2014标准适用于机织物,也适用于其他技术生产的织物,通常不适用于弹性织物、土工布、非织造布、涂层织物、玻璃纤维织物、碳纤维织物和聚烯烃扁丝织物。

ASTM D5034—2009标准适用于机织物、非织造布、毛毡织物。改良后的抓样法主要适用于机织物,不建议用于玻璃纤维织物、针织物和伸长率超过11%的高弹织物。

3. 检测仪器及工具

ISO13934—2:2014标准规定只使用等速伸长(CRE)试验仪。

ASTM D5034—2009标准规定除了等速伸长(CRE),还可用等速载荷(CRL)和等速牵引(CRT)试验仪。

(1)试验仪:具有指示或记录加于试样上使其拉伸直至断脱的最大力以及相应的试样伸长率的装置。在仪器满量程的任意点,指示或记录断裂力的误差应不超过11%,指示或记录夹钳间距的误差应不超过11 mm。如果使用数据采集电路和软件获得力和伸长数值,数据采集的频率不小于8次/s。

① ISO13934—2标准要求CRE试验仪的拉伸速率为(50±5)mm/min;隔距长度为(100±1)mm。

② ASTM D5034标准要求拉伸速率为(300±10)mm/min,或能获得(20±3)s的断裂时间,隔距长度为(75±1)mm。

(2)夹持器:两夹钳的中心点应处于拉力轴线上,夹钳的钳口应与拉力线垂直,两夹持面应在同一平面上。夹钳应能握持试样面不使试样打滑。若平整夹钳不能防止试样打滑,应使用其他形式的夹持器或使用适当的夹持面衬垫材料。

ISO13934—2标准试验夹持试样面积的尺寸应为(25 mm±1 mm)×(25 mm±1 mm)。可使用下列方法之一达到该尺寸。

① 两个夹片尺寸均为25 mm×40 mm(最好50 mm)。一个夹片长度方向与拉力线垂直。另一个夹片长度方向与拉力线平行。

② 一个夹片尺寸为25 mm×40 mm(最好50 mm),夹片长度方向与拉力线垂直,另一个夹片的尺寸为25 mm×25 mm。ASTM D5034标准要求上下夹钳的前夹片尺寸为25 mm×25 mm,上下夹钳的后夹片的宽度至少为50 mm。

(3)金属夹:ISO13934—2标准无明确要求,ASTM D5034标准要求一个重170 g、宽100 mm的金属夹作预加张力夹。

(4)湿润试验时,需具备用于浸渍试样的器具、三级水、非离子湿润剂。

(5)预调湿烘箱:湿度为10%~25%,温度不超过50℃。

(6)恒温恒湿室:

① ISO13934—2标准要求的标准大气(按ISO139标准规定):温度为(20±2)℃,相对湿度为(65±4)%。

② ASTM D5034标准要求的标准大气(按ASTM D1776标准规定):温度为(21±1)℃,相对湿度为(65±2)%。

4. 检测原理

用强力试验仪夹住规定尺寸的试样的中间部位,并施加负荷,直到试样被拉断,然后记录断裂强力。

5. 测试程序与操作

(1)样品准备:

试样的准备试样应具有代表性,避开折皱、疵点,距布边至少150 mm(ASTM标准要求

1/10 幅宽),保证试样均匀分布于样品上。要沿对角线方向取样,确保每两块试样不包括有相同的经纱或纬纱,每个实验室样品沿经向和纬向剪取两组试样。每块试样的宽度为(100±2)mm,长度至少为 150 mm。在每一试样上,距长度方向的一边 38 mm 处[ASTM 标准采用(37±1)mm]画一条平行于该边的标记线。如果做湿润强力试验,则剪取试样的长度为干强试样的两倍。试样两端编号后沿横向剪成两块,一块用于公定回潮率下的强力测定,另一块用于湿态的强力测定。

ISO13934—2 标准规定每组试样至少 5 块。

ASTM D5034 标准规定经向试样 5 块,纬向试样 8 块。

(2) 样品的预调湿与调湿:

① ISO13934—2 标准规定样品按 ISO139 标准进行预调湿和调湿,推荐至少调湿 24 h。湿润试验的试样不需要预调湿和标准大气的调湿,试验前放在(20±2)℃的三级水中浸渍 1 h 以上,也可用不超过 1 g/L 的非离子湿润剂的水溶液代替三级水。

② ASTM D5034 标准规定样品按 ASTM D1776 标准预调湿和调湿,推荐按纤维标准回潮率采用不同调湿时间:回潮率低于 5% 的纤维用 2 h,醋酸纤维 4 h,植物纤维(如棉)6 h,动物纤维和黏胶纤维 8 h。湿润试验的试样在(21±1)℃的蒸馏水中至完全润湿,可在蒸馏水中加入不超过 0.05% 的非离子湿润剂。

(3) 测试程序:

夹持试样的中间部位,保证试样的纵向小心线通过夹钳的中心线,并与夹钳钳口线垂直。将试样上的标记线对齐夹片的一边,关闭上夹钳,靠织物的自重下垂,关闭下夹钳。启动拉伸试验仪,拉伸试样至断脱,记录断裂强力(N)。

如果试样在距钳口 5 mm 以内断裂,则作为钳口断裂。当 5 块试样试验完毕,若钳口断裂数值大于最小的"正常"断裂值,可以保留;若小于最小的"正常"断裂值,则舍弃,另加试验量以得到 5 个(ASTM 标准要求纬向 8 个)"正常"断裂值。如果所有试验结果均为钳口断裂,或不能得到 5 个(ASTM 标准要求纬向 8 个)"正常"断裂值,应报告单值。钳口断裂结果应在报告中注明。

① ISO13934—2 标准只规定采用等速伸长(CRE)法,隔距长度(100±1)mm。

如各方同意,可用隔距长度为(75±1)mm,拉伸速度为 50 mm/min。

润湿实验:将试样从液体中取出,放在吸水纸上吸去多余的水后,立即按以上程序试验。

② ASTM D5034 标准优先推荐等速伸长(CRE)法,隔距长度为(75±1)mm,拉伸速度为(300±10)mm/min。但有争议时,除非双方约定,否则采用控制断裂时间为(20±3)s 的方法。用 170 g 的金属夹做预加张力夹。

润湿实验:任何试样的测试在离开水 2 min 内完成。要注意那些因有胶质或经拒水性处理的织物在水中不能完全润湿的情况。如果要测定不含胶质或拒水处理剂时的强力,则必须在准备样品前进行适当的不影响织物物理性能的前处理。

(4) 结果表述:

① ISO13934—2 标准:分别计算经纬向的断裂强力平均值,以牛顿(N)表示。

a. 计算结果<100 N 时,修约至 1 N;

b. ≥100 N 且<1 000 N 时,修约至 10 N;

c. ≥1 000 N 时,修约至 100 N。

如果需要,计算断裂强力的变异系数,修约至 0.1%,并计算 95% 置信区间。

② ASTMD5034 标准：计算所有可接受的断裂试样断裂强力和断裂伸长率平均值。

对经过湿处理会造成收缩的织物，有必要对潮湿试样的强力进行修正，公式如下：

$$S = (L \times C)/W$$

式中：S——湿样修正后的强力；

　　　L——大气调湿试样的断裂强力；

　　　C——调湿试样的纱根数；

　　　W——湿样试样的纱根数。

任务二　织物撕破性能检测

织物撕破又称撕裂，指织物在使用过程中经常会受到集中负荷的作用，使局部损坏而断裂。织物边缘在一集中负荷作用下被撕开的现象称为撕裂，亦称撕破。当衣物被锐物钩住或切割，使纱线受力断裂而形成裂缝，或织物局部被拉伸长，致使织物被撕开等，为典型的撕破。抵抗这种撕裂破坏的能力为织物的撕破性能。

撕破与拉伸相比，撕破更接近实际使用中突然破裂的情况，更能有效地反映其坚韧性能和耐用性，因此常用于军服、帐篷、吊床、雨伞等机织物及经树脂整理、助剂或涂层整理后的耐用性。它能反映出织物整理后的脆化程度，也能反映不同织物组织导致的撕破性能变化。

目前我国已将撕裂强度作为对经树脂整理的棉型织物和毛型化纤产品的品质检验项目之一，用于评定织物经树脂整理后的耐用性（或脆性）。撕破性能不适用于对机织弹性织物、针织物及可能产生撕裂转移的经纬向差异大的织物和稀疏织物的评价。

下列几种方法是切实可行的测定织物撕破性能的方法。这些方法有：冲击摆锤法、裤形试样（单缝）法、梯形试样法、舌形试样（双缝）法和翼形试样（单缝）法。

一、中国国家检测标准

（一）试验标准及适用范围

GB/T3917.1—2009《纺织品织物撕破性能第 1 部分：冲击摆锤法撕破强力的测定》，是通过突然施加一定大小的力测量从织物上切口单缝隙撕裂到规定长度所需的力。主要适用于机织物，也可适用于其他技术生产的织物，如非织造织物。不适用于针织物、机织弹性织物以及有可能产生撕裂转移的稀疏织物和具有较高各向异性的织物。

GB/T3917.2—2009《纺织品织物撕破性能第 2 部分：裤形试样（单缝）撕破强力的测定》，是在撕破强力的方向上测量织物从初始的单缝隙切口撕裂到规定长度所需的力。主要适用于机织物，也可适用于其他技术生产的织物，如非织造织物。不适用于针织物、机织弹性织物以及有可能产生撕裂转移的稀疏织物和具有较高各向异性的织物。

GB/T3917.3—2009《纺织品织物撕破性能第 3 部分：梯形试样撕破强力的测定》，是采用梯形试样法测量织物撕破强力,适用于机织物和非织造布。

GB/T3917.4—2009《纺织品织物撕破性能第4部分:舌形试样(双缝)撕破强力的测定》,双缝隙舌形试样法织物撕破性能的测定,是在撕破强力的方向上测量织物从初始的双缝隙切口撕裂到规定长度所需要的力。主要适用于各种机织物,也可适用于其他技术生产的织物,如非织造织物。不适用于针织物、机织弹性织物。

GB/T3917.5—2009《纺织品织物撕破性能第5部分:翼形试样(单缝)撕破强力的测定》,是将有两翼的试样按与纱线成规定角度夹持,测量由初始切口扩展而产生的撕破强力。主要适用于各种机织物,也可适用于其他技术生产的织物。不适用于针织物、机织弹性织物及非织造类产品,这类织物一般用梯形法进行测试。

(二)试验方法与原理

1. 试验方法与原理

国际上最常用的织物撕破强力测试方法,主要有冲击摆锤法、裤形试样(单缝)法、梯形试样法、舌形试样(双缝)法和翼形试样(单缝)法。

(1)摆锤法:试样固定在夹具上,将试样切开一个小口,释放处于最大势能位置的摆锤,可动夹具离开固定夹具时,试样沿切口方向被撕破,把撕破织物一定长度所做的功换算成撕破力。

(2)裤形试样(单缝)法:夹持裤形试样的两条腿,使试样的切口线在上下夹具之间成直线。开启强力测试仪,将拉力施加于切口方向,记录直至撕裂到规定长度内的撕破强力。

(3)梯形法:将试样裁成一个梯形,用强力测试仪夹钳夹住梯形上两条不平行的边。对试样施加连续增加的力,使撕破沿试样宽度方向传播,测定平均撕破力。

(4)舌形试样(双缝)法:在矩形试样中,切开两条平行切口,形成舌形试样,将舌形试样夹入强力测试仪的一个夹钳中,试样的其余部分对称地夹入另一个夹钳,保持两个切口线的顺直平行。在切口方向施加拉力,来模拟两个平行撕破强力,记录直至撕裂到规定长度的撕破强力。

(5)翼形试样(单缝)法:一端剪成两翼特定形状的试样按两翼倾斜于被撕裂纱线的方向进行夹持,施加机械拉力,使拉力集中在切口处以使撕裂沿着预想的方向进行。记录直至撕裂到规定长度的撕破强力,并根据自动绘图装置绘出的曲线上的峰值或通过电子装置计算出撕破强力。

2. 术语和定义

(1)撕破强力:在规定条件下,使试样上初始切口扩展所需的力。经纱被撕断的称为"经向撕破强力",纬纱被撕断的称为"纬向撕破强力"。

(2)撕破长度:从开始施力至终止,切口扩展的距离。

(3)经向撕破强力试验:经纱被拉断的试验。

(4)纬向撕破强力试验:纬纱被拉断的试验。

(三)取样

1. 取样

取样规则请参照项目一中子项目四检测抽样方法及试样准备的有关内容。

2. 调湿和试验用大气

(1)进行预调湿、调湿和试验用大气按照GB/T6529规定执行,即相对湿度65%±4%,温度20℃±2℃。

（2）对于湿润状态下试验不要求预调湿和调湿。

（四）测试试验

1. 冲击摆锤法

（1）试验仪器与工具：摆锤式强力测试仪(图8-6)、裁样器或裁样板、剪刀、尺子、织物试样若干种。

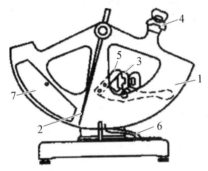

1—扇形锤　2—指针　3—固定夹钳　4—动夹钳
5—开剪器　6—扇形挡板　7—强力读数标尺

图8-6　摆锤式强力测试仪

其中摆锤式强力测试仪的夹具要求移动夹具装在摆锤上,固定夹具装在机架上,为了允许小刀通过,两夹具间必须分开(3±0.5)mm,校准两只夹具的夹持面,使被夹持的试样位于平行摆锤轴的平面内,作与垂直线成27.5°±0.5°的平面,使它连结轴与两只夹具顶边构成的水平线,轴与夹具顶边之间距离为(104±1)mm。

夹持面尺寸不作规定,宽度在30～40 mm,高度最好选20 mm,但不少于15 mm。

当摆锤自由悬挂时,两只夹具面必须在同一平面内,而且垂直摆锤的摆动面,夹面的状态和加于夹具的力要使试样被夹持而不打滑。

锋利的小刀开始将两夹具中间的试样切开(20±0.5)mm的切口。

（2）试验参数选择：选择摆锤的质量,使试验的测试结果落在相应标尺满量程的15%～85%。

（3）试样准备：

① 按项目一"检测抽样方法及试样准备"中的织物取样要求准备试验样品。

② 试样分布如图8-7所示,在距布边150 mm以上剪取两组试样。一组为经向试样,另一组为纬向试样。试样的短边应与经向或纬向平行,以保证撕裂沿切口进行。

试样规格：经(纵)向和纬(横)向各5块试样,撕裂长度保持(43±0.5)mm。试样短边应与经(纵)向或纬(横)向平行。试样的尺寸如图8-8所示,切口线长(20±0.5)mm。

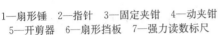

150 mm

150 mm

边 边

1—经向试样　2—纬向试样

图8-7　摆锤法试样分布图

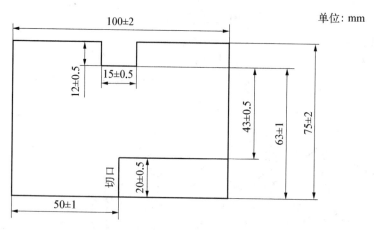

图 8 - 8　试样尺寸图

（4）试验步骤：

① 试验时先调整强力测试仪至水平。

② 校正强力测试仪的零位。抬起扇形锤（沿顺时针方向转动）至试验开始位置，并将指针拨至指针挡板处，此时固定夹钳与扇形锤上的动夹钳两个工作平面正好对齐。按下扇形挡板，扇形锤迅速沿逆时针方向向下摆动，指针指在零点位置。如此反复校验数次后，方可开始测试。

③ 抬起扇形锤至试验开始位置，并将指针拨至指针挡板处。将试样左、右两半边分别夹入两夹钳内，使试样长边与夹钳的顶边平行。将试样夹在中心位置，并轻轻将其底边放至夹钳的底部，在凹槽对边用小刀切一个（20±0.5）mm 的切口，余下的撕裂长度为（43±0.5）mm。

④ 按下扇形挡板，扇形锤迅速沿逆时针方向向下摆动，动夹钳与固定夹钳分离，使试样全部撕裂，最后由指针读数标尺的位置读出撕破强力值。

（5）结果计算：① 分别计算经向和纬向撕破强力平均值（N），保留两位有效数字。

② 列出试样每个方向的最小和最大撕破强力。

（6）注意事项：

① 观察撕裂是否沿力的方向进行，纱线是否从织物上滑移而不是被撕裂。符合条件的试验为有效试验：

a. 纱线末从织物中滑移。

b. 试样末从夹具中滑移。

c. 撕裂完全，且撕裂一直在 15 mm 宽的凹槽内。

不满足以上条件的试验结果应剔除。如果 5 块试样中有 3 块或 3 块以上被剔除，则此方法不适用。

② 按下扇形挡板，要迅速、充分，不能与下摆的扇形锤有摩擦。回摆时握住摆锤，以免破坏指针的位量。

③ 当摆锤摆动时，强力测试仪的移动是误差的主要来源。仔细固定强力测试仪，使摆锤摆动过程中，测试仪没有明显的移动。

2. 裤形试样(单缝)法

(1) 仪器设备、用具：

① 等速伸长(CRE)试验仪：电子织物强力机，拉伸速度可控制在(100±10)mm/min，隔距长度可设定在(100±1)mm，能够记录撕破过程中的撕破强力，夹具有效宽度更适宜采用75 mm，但不应小于测试试样的宽度。② 剪刀。③ 钢尺。④ 如需进行湿润试验时，应具备用于浸渍试样的器具、三级水、非离子湿润剂。

(2) 试验参数选择拉伸速度为(100±10)mm/min，隔距长度设定为(100±1)mm。

(3) 试样准备：按项目一"检测抽样方法及试样准备"中的织物取样要求准备试验样品；试样分布如图8-9所示，试样的长边应与织物的经向或纬向平行，以保证撕破沿切口进行；每块试样裁取两组试样，一组为经向，一织为纬向。每组试样至少5块。

① 50 mm 宽试样：试样为矩形长条，如图8-10所示，长为(200±2)mm，宽为(50±1)mm，每个试样应从宽度方向切开一长为(100±1)mm 的平行于长度方向的裂口。在条样中间距未切割端(25±1)mm 处标出撕裂终点。

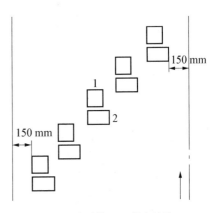

1—经向试样　2—纬向试样

图 8-9　试样分布图

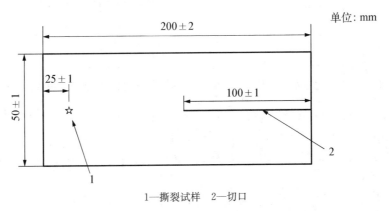

1—撕裂试样　2—切口

图 8-10　裤形试样

② 200 mm 宽的宽幅试样：当窄幅试样不适合或测定特殊抗撕裂织物的撕破强力时，可使用宽幅试样。试样尺寸如图8-11所示。

(4) 试验步骤：

① 调节上、下夹钳距离为100 mm；调节拉伸速度为100 mm/min；夹持试样。

a. 50 mm 宽试样：将试样的每条裤腿各夹入一只夹具中，切割线与夹具的中心线对齐，试样的末切割端处于自由状态，整个试样的夹持状态如图8-12所示。注意保证每条裤腿固定于夹具中，使撕裂开始时是平行于切口且在撕力所施的方向上。试验不用预加张力。

b. 200 mm 宽的宽幅试样：用于夹持的每条裤腿从外面向内折叠平行并指向切口，使每条裤腿的夹持宽度是切口宽度的一半，如图8-13所示。

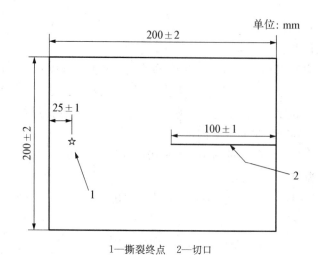

1—撕裂终点　2—切口

图 8-11　宽幅裤形试样的尺寸

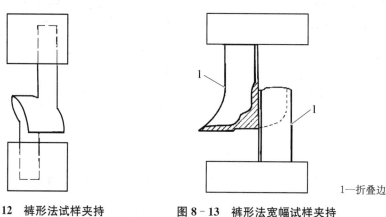

图 8-12　裤形法试样夹持　　　图 8-13　裤形法宽幅试样夹持

② 开动仪器,将试样持续撕破至试样的终点标记处,并记录最大撕破强力(N)。观察撕破是否是沿所施加力的方向进行,以及是否有纱线从织物中滑移,而不是被撕裂的现象。如果试样没有从夹钳中滑移的情况,且撕裂是沿着施力方向进行的,则此试验结果可被确认,否则此试验结果应作废。

③ 重复以上步骤,直至完成规定的试样数,且每个方向至少试验 5 块。

(5)结果计算:根据各次试验结果,可计算试样经向和纬向平均撕破强力值(N),保留两位有效数字。或由试验机的记录装置给出撕裂负荷—伸长曲线,计算 12 个峰值的算术平均值。具体内容可参考标准 GB/T3917.2—2009。

(6)注意事项:观察撕裂是否沿力的方向进行,以及纱线是否从织物上滑移而不是被撕裂,满足以下条件的试验为有效试验。

① 纱线末从织物中滑移。

② 试样末从夹具中滑移。

③ 撕裂完全且撕裂沿着施力方向。

不满足以上条件的试验结果应剔除。如果 5 块试样中有 3 块或 3 块以上被剔除,则此方法不适用。若协议要求增加试样,则应试样数量加倍。如果窄幅试样和宽幅试样都不能满足测试需求,可以考虑使用其他的方法。

3. 舌形试样(双缝)法

舌形试样(双缝)法与裤形试样(单缝)法在试验准备和操作上只有少量不同,具体不同之处如下。

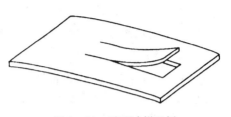

图8-14　舌形试样示例

(1) 试样尺寸:试样为矩形长条,长为(220±2)mm,宽为(150±2)mm,如图8-14所示。根据图8-15中标明的尺寸和形状来裁取试样,并在每块试样的两边标记直线 abcd,以及在条样中间距未切割端(25±1)mm 处标出撕裂终点。

(2) 试样夹持:将试样的舌形部分夹在固定夹钳的中心且对称,使直线 bc 刚好可见,如图8-16所示。将试样的两条腿对称地夹入仪器的移动夹钳中,使直线 ab 和 cd 刚好可见,并使试样的两条腿平行于撕力方向。在进行此步操作时,注意保证每条舌形被固定于夹钳中,能使撕裂开始时是平行于施力所施的方向,并且试验不用预加张力。

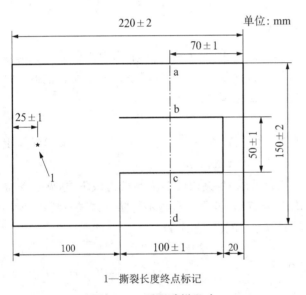

1—撕裂长度终点标记

图8-15　舌形试样尺寸

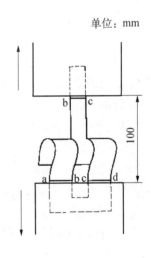

图8-16　舌形试样夹持方法

二、国外检测标准

(一) ISO标准

1. 试验标准

ISO13937—1:2000《纺织品织物撕破性能第1部分:冲击摆锤法撕破强力的测定》

ISO13937—2:2000《纺织品织物撕破性能第2部分:裤形试样(单缝)撕裂强力的测定》

ISO13937—3:2000《纺织品织物撕破性能第3部分:翼形试样(单缝)撕裂强力的测定》

ISO13937—4:2000《纺织品织物撕破性能第4部分:舌形试样(双缝)撕破强力的测定》

ISO13937—5:2000《纺织品织物撕破性能第5部分:翼形试样(单缝)撕破强力的测定》

2. 标准简介

（1）ISO13937—1 标准采用摆锤式强力测试仪

ISO13937—2 标准、ISO13937—3 标准、ISO13937—4 标准规定了采用等速伸长（CRE）试验仪对单缝隙裤形、单缝隙翼形、双缝隙舌形试样进行织物撕破强力测定。

（2）我国现行的 GB/T3917.1—2009 标准、GB/T3917.2—2009 标准、GB/T3917.3—2009 标准、GB/T3917.4—2009 标准及 GB/T3917.5—2009 标准是根据 ISO13937—1、ISO13937—2 标准、ISO13937—3 标准、ISO13937—4 标准及 ISO13937—5 标准等同采用的。

（二）美标标准

1. 试验标准

ASTM D2261—2007a 织物撕裂强力的标准试验方法舌形法(恒定伸长率拉伸试验机)。

2. 适用范围

测试标准适用于大多数织物，包括机织物、充气织物、毛毯、针织物、分层织物、起绒织物等，织物可以未经处理，或经过增重、涂层、树脂或其他处理。无论有或没有经湿处理的试样，仪器都可以测试。

3. 测试原理

将试样制成矩形，在短边中间剪一缝，形成两舌（裤形）。等速伸长（CRE）强力试验仪夹持两个舌，使试样切口线在上下夹具之间成直线，施加负荷，同时记录撕破强力。根据自动绘图装置绘出的曲线上的峰值或通过电子装置计算出撕破强力。

4. 设备与材料

（1）试验仪：等速伸长（CRE）试验机，具有自动绘图装置或电子装置记录和计算出撕破强力。拉伸速度为(50±2)mm/min 或(300±10)mm/min。

（2）夹钳：两夹钳的中心点应处于拉力轴线上，夹钳的口应与拉力线垂直，两夹持面应在同一平面上。夹钳应能握持试样面不使试样打滑，若平整夹钳不能防止试样打滑，可使用锯齿面或橡胶夹钳，夹钳面至少 25 mm×75 mm。夹距(75±1)mm。

（3）裁样：用裁样器或样板取如图 8－17 所示的试样。

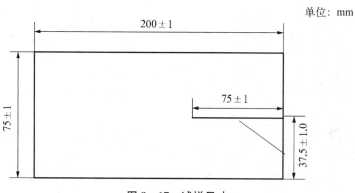

图 8－17　试样尺寸

（4）湿润试验时，需具备用于浸渍试样的器具、三级水、非离子湿润剂。

（5）预调湿烘箱：相对湿度为 10%～25%，温度不超过 50℃。

（6）恒温恒湿室：标准大气符合 ASTM D1776 标准规定，温度为(21±1)℃，相对湿度为

(65±2)%。

5. 样品准备

(1) 批量样品：从一次装运货物或一批货物中按表8-4要求随机抽取批量样品。

表8-4　随机抽样批量样品要求

整批数量(匹)	批量样品的数量(匹)	整批数量(匹)	批量样品的数量(匹)
1～3	全部	25～50	5
4～24	4	>50	整批数量的10%,最多10

(2) 实验室样品数量：从批量样品的样匹中,随机剪取不少于1 m长的整幅实验室样品一块,确保样品上无折皱、无可见疵点。

(3) 试样的准备：试样应具有代表性,避开折皱、疵点,距布边至少1/10幅宽,保证试样均匀分布于样品上。两块试样应不包括有相同的经纱或纬纱。每个实验室样品沿纵向和横向剪取两组试样。纵向试样5块,横向试样5块,每块样品的尺寸为(75±1)mm×(200±1)mm。

短边方向即为撕裂方向,在短边的中间平行于长边沿某一纱线仔细剪开一裂口长(75±1)mm。

如果做湿强试验,则相邻剪取尺寸两倍于干强的试样标识后剪成两块,一块用于公定回潮率下的强力测定,另一块用于湿态的强力测定。

(4) 样品的预调湿与调湿：标准大气平衡的试样按 ASTM D1776 标准要求预调湿和调湿。

湿润试验的试样在温度(21±1)℃的蒸馏水中至完全润湿,这个过程大概是1 h。对经拒水处理的材料,可在蒸馏水中加入0.1%的非离子湿润剂。

6. 测试程序

一般测试在标准大气环境即温度(21±1)℃、相对湿度(65±2)%中进行,湿态测试则于试样离开水2 min内完成。

将试样的每条舌各夹入一只夹具中,试样中心线与夹具中心线对齐。

若采用等速伸长(CRE)法,隔距长度为(75±1)mm,拉伸速度为(50±2)mm/min。若双方约定,可采用(300±10)mm/min 的拉伸速度。

开启试验仪撕裂试样,记录撕裂峰值(可能是单一峰值或若干峰值)。当撕裂长度接近75 mm或完全滑移,停止仪器拉伸。

如果试样在钳口处滑移,或在钳口边缘5 mm 内断裂,可能是因为夹钳的衬垫、织物在夹钳下方有涂层、夹钳面等,可以通过修正得到改善。如果进行了修正,就要在报告中注明修正方法。如果25%或以上的试样在边缘断裂或撕裂,不能完全沿着长度方向,则认为该织物不适合采用这种方法。

7. 结果表述

计算撕裂强力的方法有两种：五个最大峰值的平均值和单峰值。

(1) 根据仪器数据收集系统显示出的五个以上峰值,在最先撕裂6 mm 后,测定五个最大峰的值,精确到0.1 mN,计算这五个最大峰值的平均值。

(2) 根据仪器数据收集系统显示出的五个以上峰值,测定那个最高峰的值,精确到0.1 mN,作为单峰值,在协议双方同意的情况下可以用此计算方法。

如果需要,计算标准偏差和变异系数。

任务三 织物顶(胀)破性能测试

织物在穿着或使用时,经常会受到垂直于织物平面的集中负荷作用,从织物的一面使其鼓起扩张直至破损,如膝部、肘部、鞋面、手套手指处及袜子脚趾处等,这种现象称为顶破或胀破。由于它的受力方式属于多向受力破坏,所以针织物、降落伞、安全气囊袋、非织造布及过滤袋在使用时都要考虑胀破性能。胀破性能是纺织品服装物理检测的一个常见项目,其中涉及的项目有胀破强力、薄膜升高高度等参数。这些参数是衡量织物/服装抵抗外界突起平面顶、胀破面料的能力。

目前,世界上使用的胀破性能测试方法可分为钢球顶破法、气压薄膜胀破法和液压薄膜胀破法。钢球法比较直观,是利用钢球穿破织物表面;液压/气压薄膜法使用压力差测量原理。

一、织物顶破性能测试

(一) 试验标准

GB/T19976—2005 纺织品顶破强力的测定钢球法。

(二) 适用范围

GB/T19976—2005 标准适用于各类织物。

(三) 测试方法及原理

钢球法:将一定面积的试样夹持在固定基座的圆环试样夹内,圆球形顶杆以恒定的移动速度垂直地顶向试样,使试样变形直至破裂,测得顶破强力。

(四) 设备与材料

(1) 等速伸长试验仪(CRE):电子织物强力机。

(2) 顶破装置由夹持试样的环形夹持器和钢质球形顶杆组成,在试验过程中,试样夹持器固定,球顶杆以恒定的速度移动。

(3) 进行湿润试验所需的器具、三级水、非离子湿润剂。

(五) 试样准备

1. 取样

取样规则请参照项目一中子项目四检测抽样方法及试样准备的有关内容。

2. 试样分布

如图8-18所示,试样为圆形试样,大于环形夹持装置面积(环形夹持装置内径45±0.5 mm),其直径至少为6 cm,至少取5块。如果使用的夹持系统不需要裁剪试样即可进行试验,则可不裁成小试样。

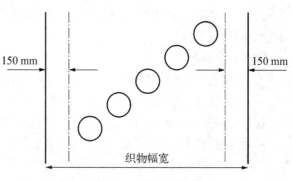

图 8-18 试样分布图

（六）试验步骤

1. 安装顶破装置

选择直径为 25 ± 0.02 mm 或 38 ± 0.02 mm 的球形顶杆。将球形顶杆和夹持器安装在试验机上，保证环形夹持器的中心在顶杆的轴心线上。

2. 设定试验参数

选择力的量程使输出值在满量程的 $10\%\sim90\%$ 之间。设定试验机的速度为 (300 ± 10)mm/min。

3. 夹持试样

将试样反面朝向顶杆，夹持在夹持器上，保证试样平整、无张力、无折皱。

4. 测定顶破强力

启动仪器，直至试样被顶破。试验仪器自动记录其最大值作为该试样的顶破强力（N）。重复上述步骤，直至完成规定的试验数量。

（七）试验结果

计算顶破强力的平均值（N），修约至整数位。如果需要，计算顶破强力的变异系数 CV 值，修约至 0.1%。

（八）注意事项

（1）用于进行湿态试验的试样应浸入温度(20 ± 2)℃[或(23 ± 2)℃，或(27 ± 2)℃]的水中，使试样完全润湿；为使试样完全湿润，也可以在水中加入不超过 0.05% 的非离子中性湿润剂。

（2）湿润试验：将试样从液体中取出，放在吸水纸上吸去多余的水后，立即进行试验。

（3）如果测试过程中出现纱线从环形夹持器中滑出或试样滑脱，应舍弃该试验结果。

（4）如果试样的破坏接近夹持器圆环的边缘，报告该事实。

二、织物胀破性能测试

胀破和顶破是考核纺织品耐受在使用过程中不断受到集中性负荷的顶、压作用的性能的常用指标。区别于顶破强力，胀破强度指作用在一定面积试样上使之膨胀破裂的最大流体压力，其数值常以 kPa 为单位。适用于各种织物，特别适用于降落伞、滤尘袋和消防水管带等强力的考核。根据使用的流体介质不同，胀破强度测试可分为液压法和气压法。研究表明，当压力不超过 80 kPa 时，两种方法得到的胀破强度结果没有明显差异，而对于某些要求胀破压力较高的特殊纺织品，液压法则更为适用。

（一）试验标准

GB/T7742.1—2005《纺织品织物胀破性能第 1 部分：胀破强力胀破扩张度的测定液压法》。

GB/T7742.2—2005《纺织品织物胀破性能第 2 部分：胀破强力胀破扩张度的测定气压法》。

（二）适用范围

GB/T7742.1—2005 及 GB/T7742.2—2005 标准主要适用于针织物、机织物、非织造布和层压织物，也适用于由其他工艺制造的各种织物。

（三）测试方法及原理

1. 液压法

将一定面积的试样夹持在可延伸的膜片上，并在膜片下面施加液体压力。然后以恒定的速度增加液体的体积，使膜片和试样膨胀，直到试样破裂，测得胀破强力和胀破扩张度。

2. 气压法

将试样夹持在可延伸的膜片上，在膜片下面施加气体压力。然后，以恒定速度增加气体体积，使膜片和试样膨胀，直到试样破裂，测得胀破强力和胀破扩张度。

（四）液压法设备与材料

1. 胀破强度测试仪（图8-19）

具有在 $100\sim500\ cm^3/min$ 范围内的恒定体积增长速率，精度 $\pm10\%$。如果仪器无此装置，则应能控制胀破时间为 $20\ s\pm5\ s$。且当胀破压力大于满量程的 20% 时，其精度为满量程的 $\pm2\%$，胀破高度小于 $70\ mm$ 时，其精度为 $\pm1\ mm$。如果可显示胀破体积，精度不超过 $\pm2\%$。

2. 夹持装置

图8-19 电子胀破强度仪

能提供可靠的试样夹持，使试验过程中没有试样的损伤、变形和滑移。夹持环应使高延伸织物（其胀破高度大于试样半径）的圆拱不受阻碍，且内径精度不超过 $\pm2\ mm$。在试验过程中，安全罩能包围夹持装置，并能清楚地观察试验过程中试样的延伸情况。

3. 膜片

具有高延伸性，厚度小于 $2\ mm$，且膜片使用数次后，在胀破高度范围内仍具有弹性。

（五）试样准备

1. 取样

取样规则请参照项目一中子项目四检测抽样方法及试样准备的有关内容。

2. 选择试验面积

对于大多数织物，特别是针织物，试验面积应优先采用 $50\ cm^2$（直径 $79.8\ mm$）。而对具有低延伸的织物，如产业用织物，试验面积应至少为 $100\ cm^2$（直径 $112.8\ mm$）。当该条件不能满足或者不适合的情况下，经协议，也可采用其他试验面积，如 $10\ cm^2$（直径 $35.7\ mm$），$7.3\ cm^2$（直径 $30.5\ mm$）等。

3. 试样分布（图8-20）

试样为圆形试样，大于环形夹持装置面积，其直径至少为 $6\ cm$，至少取 5 块。如果使用的夹持系统不需要裁剪试样即

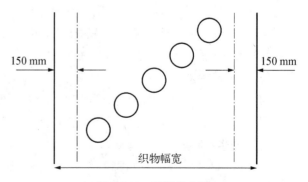

图8-20 试样分布图

可进行试验,则可不裁成小试样。对于使用夹持系统的胀破仪可不需要裁剪试样直接进行试验。

4. 湿润试验

需将上述试样置于温度(20±2)℃的三级水或含有不超过 1 g/L 的非离子湿润剂的水溶液中浸渍 1 h,再于吸水纸上吸去多余的水后方可进行试验。

5. 调湿

样品放置于 GB/T6529 规定的标准大气中于松弛状态下进行调湿,一般调湿至少12 h,并于该大气条件下进行试验。

(六) 试验步骤

1. 设定试验参数

设定恒定的体积增长速率在 100～500 cm³/min 之间。也可采用胀破时间,但应进行预试验,以调整试验的胀破时间为 20 s±5 s。

2. 试样安装

将试样放置在膜片上,使其处于平整无张力状态,避免在其平面内的变形。用夹持装置夹紧试样,并避免损伤和防止试样滑移。

3. 测试

启动仪器,对试样施加压力,直到将其破坏,记录胀破压力、胀破高度或胀破体积。在织物的不同部位重复试验,获得至少 5 个测试值。必要时,增加试验数量。

在无试样的条件下,采用与上述试验相同的试验面积、体积增长速率或胀破时间、膨胀膜片,进行空白试验,直至达到有试样时的平均胀破高度或平均胀破体积,得到的胀破强度即为"膜片压力"。

(七) 结果计算和表示

(1) 计算胀破压力的平均值,减去膜片压力,即得胀破强度,结果修约至三位有效数字,单位千帕(kPa)。

(2) 计算胀破高度的平均值,结果修约至两位有效数字,单位毫米(mm)。

(3) 如需要,计算胀破体积的平均值,结果修约至三位有效数字,单位立方厘米(cm³)。

(4) 如需要,计算胀破压力和胀破高度的变异系数 CV 值和 95% 的置信区间,CV 值修约至 0.1%,置信区间的精度同上述要求。

(八) 注意事项

(1) 装夹试样时,注意试样的测试面,并保持测试面平整,夹紧力均匀。使用夹持系统夹持时,切勿拉拽试样。

(2) 试验时,若发现实际体积增长速率或胀破时间不在设定的范围之内,应舍弃本次试验结果,重新试验。

(3) 若试样从夹持器边缘处破裂且试验结果明显低于正常值,舍弃此次测试结果。

(4) 测试时注意膜片的复位情况,若发现膜片因多次使用而变形,无法完全回复,应及时更换膜片。

(5) 仪器如无过保护装置,除空白试验外,切勿在无试样情况下启动仪器,以免膜片爆破。

三、国外检测标准

(一)试验标准

1. 薄膜顶破法

ASTM D3786/D3786M—2009 纺织织物破裂强力的标准试验方法　薄膜顶破强力试验仪法。

2. 横向恒速移动法

ASTM D3787—2007 纺织织物的破裂强力标准试验方法　横向恒速移动(CRT)球破裂试验。

3. 液压法

EN ISO13938—1：1999 纺织品纤维胀破性能　第 1 部分：胀破强度和胀攻力测定的液压方法。

ISO13938—1：1999 纺织品织物胀破性能　第 1 部分：胀破强力测定的液压方法。

4. 气压法

EN ISO13938—2：1999 纺织品织物胀破性能　第 2 部分：胀破强度和胀破力测定的气压方法。

ISO13938—2：1999 纺织品织物胀破性能　第 2 部分：胀破强力测定的气压方法。

5. 钢球法

EN 12332—1—1998 橡胶或塑料涂层的纺织物破裂强度的测定　第 1 部分：钢球法。

6. 液压法

EN12332—2—2002 橡胶或塑料涂层织物破裂强度测定　第 2 部分：液压法。

(二)适用范围

ASTM D3786 标准：适用于大部分纺织品,包括服用织物、弹性织物、工业用纺织品等。

ASTM D3787 标准：适用于大部分纺织品。

ISO13938—1/2 标准：适用于大部分纺织品(机织物、针织物、非织造布、层合面料等)。

EN12332—1/2 标准：适用于橡胶或塑料涂层织物。

(三)测试原理

钢球法是指利用钢球上升到一定高度,在一定负荷下穿透样品表面时,织物被破坏时的强度;液压/气压薄膜法是指加载样品时,利用加压泵使仪器达到一定压力,同时薄膜被顶起并穿透覆盖在薄膜上的样品。

(四)测试仪器

ASTM D3786 标准：充气薄膜顶破强力机、夹具、薄膜、压力计、增压系统、铝箔等。

ASTM D3787 标准：CRT 拉伸强力机;钢球顶破系统。

ISO13938—1 标准：液压胀破仪,压力计精度为满量程的 $\pm 2\%$,试验结果必须处于满量程的 20% 以上;薄膜最大升起高度为(70±1)mm;实验有效面积为 50 cm^2(推荐针织物等大部分织物使用)或 100 cm^2(工程用纺织品);样品被夹持住时,保证不能滑移或起皱;保护罩。

ISO13938—2 标准：气压胀破仪，压力计精度为满量程的±2%，试验结果必须处于满量程的 20%以上；薄膜最大升起高度为(70±1)mm；实验有效面积为 50 cm²(推荐针织物等大部分织物使用)或 100 cm²(工程用纺织品)；样品被夹持住时，保证不能滑移或起皱；保护罩。

EN12332—1 标准：CRE 拉伸强力机，横梁移动速率(5.0±5)mm/s，试验结果应处于满量程的 10%～90%。自动绘图装置；钢球顶破系统：表面抛光的钢球，钢球表面粗糙度按照 ISO1302 标准应达到 N5 级；夹具：夹具内部环状凹槽间距至少 0.3 mm，深度至少 0.15 mm。

EN12332—2 标准：MULLEN 型胀破仪，环形夹具内径(113±1)mm 或者(37.5±0.5)mm；压力计；可测算样品胀破时上升高度的记录仪；剪样工具。

(五) 样品的准备

1. 样品的准备

ASTM D3786 标准：10 个样品，每个面积为 125 mm²。

ASTM D3787 标准：5 个样品，每个面积至少为 125 mm²。

ISO13938—1/2 标准：5 个样品，每个面积至少为 125 mm²。

EN12332—1 标准：6 个样品，每个直径至少为 65 mm。

EN12332—2 标准：5 个样品，直径足够大到被夹稳。

2. 样品的预调湿与调湿

ASTM D3786/ASTM D3787 标准：原则上按照 ASTMD1776 标准要求调湿。

ISO13938—1/2 标准：原则上按照 ISO139 标准要求调湿。湿态样品处理方法是：按照 ISO3696 标准要求将样品浸入三级水中 1 h，水温(20±2)℃；水溶液中含有不超过 1 g/L 的非阳离子润湿剂，将样品放置在吸水纸上去掉多余的水分。

EN12332—1 标准：原则上按照 ISO2231 标准要求调湿，样品放置的环境温度不高于 50℃；湿态样品处理方法是：将样品浸入脱离于水或蒸馏水中，取出样品去掉表面浮水，立即进行实验。

EN12332—2 标准：原则上按照 ISO2231 标准要求调湿。湿态样品处理方法是：将样品浸入非离子溶剂的水中，放置时间为 1 h±5 min；非离子溶液占溶液总体积不超过 0.1%；水温按照 ISO2231 标准规定的标准温度；然后在同一温度下用去离子水或蒸馏水漂洗；取出样品去掉表面浮水，立即进行实验。

(六) 测试比较

ASTM D3786 标准：

① 液压胀破：将样品夹在夹具中心，然后合上夹具手柄，格测试手柄扳向最左边，压力逐渐增大，最终将样品胀破，此时指示一个压力值。然后迅速松开夹具手柄，此时压力计的第二指示针得到另一个压力值。两个压力之差就是织物胀破强度。

② 气压胀破：将样品夹在夹具中心，然后合上夹具手柄，调整好压力计至零位，合上保护盖开始增压，直至胀破样品，得到一个压力值；然后不夹持样品，开启机器，使薄膜升起至胀破样品时达到的高度，这时得到另一个压力值，两个压力之差就是织物胀破强度。

ASTM D3787 标准：开启拉力机，横梁移动速率为(305±13)mm/s；直至将样品顶破，读取此时的力值。

ISO13938—1 标准：将样品夹入夹具，开启胀破仪直至样品被胀破；迅速使仪器恢复到初始位置,得到胀破强度和薄膜升起高度。然后不夹持样品,开启机器使薄膜升起至胀破样品时达到的高度,此时数值称为"薄膜压力"。两个压力之差就是织物胀破强度。

ISO13938—2 标准:将样品夹入夹具,开启胀破仪直至样品被胀破时,迅速关闭气压阀时得到胀破强度和薄膜升起高度。然后不夹持样品,开启机器使薄膜升起至胀破样品时达到的高度,这时得到另一个压力值。两个压力之差就是织物胀破强度。

EN12332—1 标准:将样品用夹具夹稳,预先施加(5.0 ± 0.5)N 的应力在样品上,然后开启拉力机,使横梁移动速率达到(5 ± 0.5)mm/s,直至钢球将样品顶破。

EN12332—2 标准:将样品用夹具夹稳,将胀破仪的压力和初始位移都设为零,开启机器直至样品破裂,然后释放液压回复到初始状态并取走试样。记录得到的最大胀破强度和样品的位移。然后不使用任何样品,以相同的液压速率直至薄膜上升至相同的位移,记录该位移量下的压力 P_0。最终将样品的平均胀破强力减去无样品情况下测得的强度就是样品的胀破强度。

(七) 结果表述

ASTM D3786 标准:平均胀破强度。

ASTM D3787 标准:平均顶破强度。

ISO13938—1/2 标准:平均顶破强度,顶破时薄膜升起的平均高度。

EN12332—1 标准:平均顶破强度,平均延伸度(顶破时钢球升起的平均高度)。

EN12332—2 标准:平均胀破强度,平均延伸度(胀破时薄膜升起的平均高度)。

任务四　织物耐磨性能检测

服用和家用织物在正常使用中,最主要的破坏和失效是织物的磨损。磨损是指织物间或与其他物质间反复摩擦,织物逐渐磨损破损的现象,而耐磨性则是指织物抵抗磨损的特性。磨损是纺织品损坏的主要原因之一,如服装、床单、沙发布、地毯等,它直接影响织物的耐用性。

一、中国国家检测标准

(一) 试验标准

GB/T21196.1—2007《纺织品马丁代尔法织物耐磨性的测定　第 1 部分:马丁代尔耐磨试验仪》。

GB/T21196.2—2007《纺织品马丁代尔法织物耐磨性的测定　第 2 部分:试样破损的测定》。

GB/T21196.3—2007《纺织品马丁代尔法织物耐磨性的测定　第 3 部分:质量损失的测定》。

GB/T21196.4—2007《纺织品马丁代尔法织物耐磨性的测定　第 4 部分:外观变化的测定》。

(二) 适用范围

GB/T21196.2—2007 及 GB/T21196.3—2007 标准适用于所有纺织织物,包括非织造织物和涂层织物,不适用于特别指出磨损寿命较短的织物。

GB/T21196.4—2007标准适用于磨损寿命较短的纺织织物,包括非织造织物和涂层织物。

(三) 试验方法与原理

1. 圆盘法

先将圆形织物试样固定在工作圆盘上。然后,工作圆盘匀速回转,在一定的压力下砂轮对试样产生摩擦作用,使试样产生环状磨损。根据织物表面的磨损程度或织物物理性能的变化,评定织物的耐磨性能。

2. 马丁代尔法试样破损的测定

安装在马丁代尔耐磨仪试样夹具内的圆形试样,在规定的负荷下,以轨迹为李莎茹(Lissajous)图形的平面运动与磨料(即标准织物)进行摩擦,试样夹具可绕其与试样水平面垂直的轴自由转动。根据试样破损的总摩擦次数,确定织物的耐磨性能。

3. 马丁代尔法质量损失的测定

在以马丁代尔法为操作方法的试验过程中,间隔称取试样的质量,根据试样的质量损失,确定织物的耐磨性能。

4. 马丁代尔法外观变化的测定

在以马丁代尔法为操作方法的试验过程中,间隔称取试样的质量,根据试样的外观变化,确定耐磨性能。具体操作时,可采用以下两种方法中的一种,与同一织物未测试试样进行比较,评定试样的表面变化。

① 进行摩擦试验至协议的表面变化,确定达到规定表面变化所需的总摩擦次数。

② 协议的摩擦次数进行摩擦试验后,评定表面所发生的变化程度。

(四) 检测试验

1. 圆盘法

(1) 试验仪器与工具：Y522型圆盘式织物平磨仪(图8－21)、天平(精度为 0.001 g)、画样板、剪刀、尺。

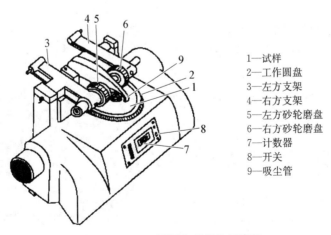

| 1—试样 |
| 2—工作圆盘 |
| 3—左方支架 |
| 4—右方支架 |
| 5—左方砂轮磨盘 |
| 6—右方砂轮磨盘 |
| 7—计数器 |
| 8—开关 |
| 9—吸尘管 |

图 8－21　Y522 型圆盘式织物平磨仪

(2) 试验参数选择：

根据织物类型选取试验参数,见表8－5。

表8-5　不同织物的加压重量和适合砂轮型号的种类

织物类型	砂轮种类(砂轮号数)	加压重量(不含砂轮重量)(g)
粗厚织物	A—100(粗号)	750(或1000)
一般织物	A—150(中号)	500(或750、250)
薄型织物	A—280(细号)	125(或250)

以协议的摩擦次数进行摩擦试验,评定表面所发生的变化程度。

(3)试样准备:

①取样前将实验室样品在松弛状态下置于光滑的、空气流通的平面上,在调湿和试验用大气中放置至少18 h。距布边至少150 mm,在整幅实验室样品上剪取足够数量的试样,一般至少5块。对机织物,所取的每块试样应包含不同的经纱和纬纱。

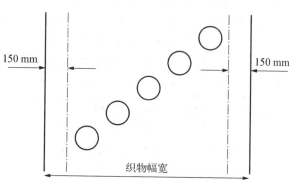

图8-22　试样分布图

②试样分布如图8-22所示。试样为圆形,其直径为125 mm,共有5块,并且在试样中央扎一个小孔。

(4)试验步骤:逐块称重试样并记录试样磨前重量;在工作圆盘上安装试样,并注意试样表面要平整;根据表选择适当的砂轮和加压重量,并在安装好后,放下左右支架;调节吸尘管高度,使之高出试样1~1.5 mm;将计数器拨至协议摩擦次数;开启吸尘管的调压手轮,使吸尘风量适中;启动仪器,进行试验至规定摩擦次数,仪器自动停止,取下试样,清理砂轮;称重试样并记录试样磨后重量;重复以上操作,直至完成规定的试样数。

(5)结果计算:根据每一个试样在试验前后的质量差异,计算其质量损失率;计算相同摩擦次数下各个试样质量损失率的平均值。

2. 马丁代尔法织物耐磨性的测定(试样破损的测定)

(1)器具和材料:马丁代尔耐磨试验仪如图8-23所示,放大镜或显微镜(例如8倍放大镜);标准羊毛磨料;毛毡;泡沫塑料;No.600水砂纸标准磨料(测试涂层织物用)。

(2)试验参数选择:

当试样出现下列情形时作为摩擦终点,即为试样破损:

①机织物中至少两根独立的纱线完全断裂。

②针织物中一根纱线断裂造成外观上的一个破洞。

图8-23　马丁代尔耐磨试验仪

③起绒或割绒织物表面绒毛被磨损至露底或有绒簇脱落。

④非织造布上因摩擦造成的孔洞,其直径至少为0.5 mm。

⑤ 涂层织物的涂层部分被破坏至露出基布或有片状涂层脱落。

磨损试验检查间隔见表 8-6。

表 8-6　磨损试验检查间隔

试 验 系 列	预计试样出现破损的摩擦次数	检查间隔(次)
0	≤2 000	200
a	>2 000 且≤5 000	1 000
b	>5 000 且≤20 000	2 000
c	>20 000 且≤50 000	5 000
d	>40 000	10 000

注① 以确定破损的确切摩擦次数为目的的试验,当试验接近终点时,可减少间隔,直到终点。
　② 选择检查间隔应经有关方面同意。

摩擦负荷参数的选择有三种情况:

① 摩擦负荷有效质量(即试样夹具组件的质量和加载块质量的和)为(795±7)g(名义压力为 12 kPa)时,适合于工作服、家具装饰布、床上亚麻制品产业用织物。

② 摩擦负荷总有效质量为(595±7)g(名义压力为 9 kPa)时,适合于服用和家用纺织品(不包括家具装饰布和床上亚麻制品),也适合非服用的涂层织物。

③ 摩擦负荷总有效质量为(198±2)g(名义压力为 3 kPa)时,适合于服用类涂层织物。

(3) 环境条件:温度(20±2)℃,相对湿度(65±4)%。

(4) 试验步骤:

① 试样制备

a. 取样前将实验室样品在松弛状态下置于光滑的、空气流通的平面上,在调湿和试验用大气中放置至少 18 h。

b. 距布边至少 100 mm,在整幅实验室样品上剪取足够数量的试样,试样为圆形试样,其直径为(38±0.5)mm,一般至少 3 块。对机织物,所取的每块试样应包含不同的经纱和纬纱。对提花织物或花色组织的织物,应注意试样包含图案各部分的所有特征,保证试样小包括有可能对磨损敏感的花型部位。每个部分分别取样。

c. 磨料的直径或边长应至少为 140 mm。

d. 机织羊毛毡底衬的直径应为 140 mm。

e. 试样夹具泡沫塑料衬垫的直径应为 38 mm。

f. 特殊织物(如弹性织物、灯芯绒织物)的试样准备详见 GB/T21196.2—2007 的附录 A。

② 试样安装:将试样夹具压紧螺母放在仪器台的安装装置上,试样摩擦面朝下,居中放在压紧螺母内。

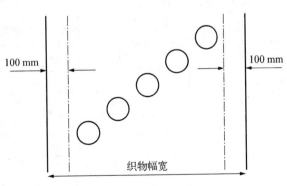

图 8-24　试样分布图

若试样的单位面积质量小于 500 g/m² 时,将泡沫塑料衬垫放在试样上。将试样夹具嵌块放在压紧螺母内,再将试样夹具接套放上后拧紧。在安装试样时,需避免织物弄歪变形,而且要使几个试样耐磨面外露的高度基本一致,形成一个饱满的圆弧面。

③ 磨料安装:移开试样夹具导板,将毛毡放在磨台中央,再把磨料放在毛毡上。放置磨料时,要使磨料织物的经纬向纱线平行于仪器台的边缘。

将质量为(2.5±0.5)kg、直径为(120±10)mm 的重锤压在磨台上的毛毡和磨料上面,拧紧夹持环,固定毛毡和磨料;取下加压重锤。

每次试验需更换新磨料。如在一次磨损试验中,羊毛标准磨料摩擦次数超过 50 000 次,需每50 000 次更换一次磨料;水砂纸标准磨料摩擦次数超过 6 000 次,需每 6 000 次更换一次磨料。

每次磨损试验后,检查毛毡上的污点和磨损情况。如果有污点或可见磨损,需更换毛毡。毛毡的两面均可使用。

对使用泡沫塑料的磨损试验,每次试验使用一块新的泡沫塑料。

④ 测试:启动仪器,对试样进行连续摩擦,直至达到预先设定的摩擦次数。从仪器上小心地取下装有试样的试样夹具,不要损伤或弄歪纱线,检查整个试样摩擦面内的破损迹象。如果还未出现破损,将试样夹具重新放在仪器上,开始进行下一个检查间隔的试验和评定,直到摩擦终点即观察到试样破损。使用放大镜或显微镜查看试样。检查间隔选择见表 8-6。以确定破损的确切摩擦次数为目的的试验,当试验接近终点时,可减小间隔,直到终点。

(5)结果计算:

① 测定每一块试样发生破损时的总摩擦次数,以试样破损前累计的摩擦次数作为耐磨次数。

② 如果需要,计算耐磨次数的平均值及平均值的置信区间。

③ 如果需要,按标准 GB/T250 评定试样摩擦区域的变色。

3. 马丁代尔法质量损失的测定

(1)器具和材料:马丁代尔耐磨试验仪(见图 8-23);放大镜或显微镜(例如 8 倍放大镜);标准羊毛磨料;毛毡;泡沫塑料;对于涂层织物,应选用 No.600 水砂纸作为标准磨料;天平(精度 0.001 g)。

(2)试验参数选择:根据试样预计破损的摩擦次数,在设立的每一档摩擦次数下(表 8-7)测定试样的质量损失。

表 8-7 质量损失试验间隔

试验系列	预计试样破损时的摩擦次数	在以下摩擦次数时测定质量损失
a	≤1 000	100、250、500、750、1 000、(1 250)
b	>1 000 且≤5 000	500、750、1 000、2 500、5 000、(7 500)
c	>5 000 且≤10 000	1 000、2 500、5 000、7 500、10 000、(15 000)
d	>10 000 且≤25 000	5 000、7 500、10 000、15 000、25 000、(40 000)
e	>25 000 且≤50 000	10 000、15 000、25 000、40 000、50 000、(75 000)
f	>50 000 且≤100 000	10 000、25 000、50 000、75 000、100 000、(125 000)
g	>100 000	25 000、50 000、75 000、100 000、(125 000)

注:括弧内的值应经有关双方同意。

摩擦负荷参数的选择有三种情况：① 摩擦负荷总有效质量(即试样夹具组件的质量和加载块质量的和)为(795±7)g(名义压力为12 kPa)时,适合于工作服、家具装饰布、床上亚麻制品产业用织物。② 摩擦负荷总有效质量为(595±7)g(名义压力为9 kPa)时,适合于服用和家用纺织品(不包括家具装饰布和床上亚麻制品),也适合非服用的涂层织物。③ 摩擦负荷总有效质量为(198±2)g(名义压力为3 kPa)时,适合于服用类涂层织物。

(3) 环境条件：调湿和试验用大气采用GB/T6529规定的标准大气,即温度(20±2)℃、相对湿度(65±4)％。

(4) 试验步骤：

① 试样准备：

a. 批量样品的数量按相应产品标准的规定或按有关各方商定抽取,也可按照GB/T2828.1规定抽取;应保证在抽样和试样准备整个过程中的拉伸应力尽可能小,以防止织物被不适当地拉伸。

b. 实验室样品的选取：从批量样品中选取有代表性的样品,取织物的全幅宽作为实验室样品。

c. 从实验室样品中剪取试样：取样前将实验室样品在松弛状态下置于光滑的、空气流通的平面上,在GB/T6529规定的标准大气中放置至少18 h,距布边至少100 mm,在整幅实验室样品上剪取足够数量的试样,一般至少3块。机织物所取的每块试样应包含不同的经纱或纬纱。对提花织物或花式组织的织物,应注意试样包含图案各部分的所有特征,保证试样中包括有可能对磨损敏感的花型部位。每个部分分别取样。

d. 试样和辅助材料的尺寸：

试样尺寸：直径应为(38.0±0.5)mm。

磨料的尺寸：磨料的直径或边长应至少为140 mm。

磨料毛毡底衬的尺寸：机织羊毛毡底衬的直径应为(140±0.5)mm。

试样夹具泡沫塑料衬垫的尺寸：试样夹具泡沫塑料衬垫的直径应为(38.0±0.5)mm。

② 试样及辅料的准备和安装

a. 准备：从实验室样品上模压或剪切试样。要特别注意切边的整齐状况,以避免在下一步处理时发生不必要的材料损失;以相同的方式准备磨料织物、毛毡和泡沫塑料辅助材料。在某些情况下,可以得到已备好尺寸的辅助材料。

b. 试样的安装：

将试样夹具压紧螺母放在仪器台的安装装置上,试样摩擦面朝下,居中放在压紧螺母内。当试样的单位面积质量小于500 g/m²时,将泡沫塑料衬垫放在试样上。将试样夹具嵌块放在压紧螺母内,再将试样夹具接套放上后拧紧。

对装有试样的试样夹具称重,精确至1 mg。安装试样时,需避免织物弄歪变形。

c. 磨料的安装：

移开试样夹具导板,将毛毡放在磨台上,再把磨料放在毛毡上。放置磨料时,要使磨料织物的经纬向纱线平行于仪器台的边缘。

将质量为(2.5±0.5)kg、直径为(120±10)mm的重锤压在磨台上的毛毡和磨料上面,拧紧夹持环,固定毛毡和磨料,取下加压重锤。

③ 辅料的有效寿命：每次试验需更换新磨料。如在一次磨损试验中，羊毛标准磨料摩擦次数超过 50 000 次，每 50 000 次更换一次磨料；水砂纸标准磨料摩擦次数超过 6 000 次，每 6 000 次更换一次磨料。每次磨损试验后，检查毛毡上的污点和磨损情况。如果有污点或可见磨损，更换毛毡。毛毡的两面均可使用。对使用泡沫塑料的磨损试验，每次试验使用一块新的泡沫塑料。

④ 耐磨仪的准备：安装试样和辅助材料后，将试样夹具导板放在适当的位置，准确地将试样夹具及销轴放在相应的工作台上，将耐磨试验规定的加载块放在每个试样夹具的销轴上。

⑤ 磨损试验步骤：根据试样预计破损的摩擦次数，按表 8-7 中给定的相关试验系列，预先选择摩擦次数，如果有必要进行试样预处理。启动耐磨试验仪，摩擦已知质量的试样直到所选择的表 8-7 试验系列中规定的摩擦次数，例如，试验系列 a，试样的摩擦次数分别为 100，250，500 等一组。

从试样上取下加载块，然后小心地从仪器上取下试样夹具，检查试样表面的异常变化（例如，起毛或起球，起皱，起绒织物掉绒）。如果出现这样的异常现象，舍弃该试样。如果所有试样均出现这种变化，则停止试验。如果仅有个别试样有异常，重新取样试验，直至达到要求的试样数量。在试验报告中记录观察到的异常现象及异常试样的数量。

为了测量试样的质量损失，小心地从仪器上取下试样夹具，用软刷除去两面的磨损材料（纤维碎屑），不要用手触摸试样。测量每个试样组件的质量，精确至 1 mg。

（5）结果计算：

根据每一个试样在试验前后的质量差异，求出其质量损失。

计算相同摩擦次数下各个试样的质量损失平均值，修约至整数。如果需要，计算平均值的置信区间、标准偏差和变异系数（CV），修约至小数点后一位。

当按照表的摩擦次数完成试验后，根据各摩擦次数对应的平均质量损失（如果需要，指出平均值的置信区间）作图，按式（1）计算耐磨指数。

$$A_i = n/\Delta m \tag{1}$$

式中：

A_i——耐磨指数（次/mg）；

n——总摩擦次数，单位为次；

Δm——试样在总摩擦次数下的质量损失（mg）。

如果需要，按 GB/T250 评定试样摩擦区域的变色。

4. 马丁代尔法外观变化的测定

（1）器具和材料：马丁代尔耐磨试验仪（见图 8-24）；放大镜或显微镜（例如 8 倍放大镜）；标准羊毛磨料；毛毡；泡沫塑料；对于涂层织物，应选用 No. 600 水砂纸作为标准磨料。

（2）试验参数选择：在试样夹具及其销轴的质量为（198±2）g 的负荷下进行试验。

采用以下两种方法中的一种，与同一织物的未测试试样进行比较，评定试样的表面变化。

① 进行摩擦试验至协议的表面变化，确定达到规定表面变化所需的总摩擦次数（耐磨次数）。

② 以协议的摩擦次数进行摩擦试验，评定所发生的表面变化程度。

（3）环境条件：

调湿和试验用大气采用 GB/T 6529 规定的标准大气，即温度(20±2)℃、相对湿度(65±4)％。

（4）试验步骤：

① 试样准备：

批量样品的抽取、实验室样品的选取及从实验室样品中剪取试样等同上述第 3 部分。

试样尺寸：试样的直径或边长应至少为 140 mm。

标准磨料的尺寸：磨料的直径应为 38.0±0.5 mm。

磨料毛毡底衬的尺寸：机织羊毛毡底衬的直径应为 140±0.5 mm。

试样夹具泡沫塑料衬垫的尺寸：试样夹具泡沫塑料衬垫的直径应为 38.0±0.5 mm。

② 试样及辅料的准备和安装：

a. 准备：从实验室样品上模切或剪切试样。要特别注意切边的整齐状况，以避免在下一步处理时发生不必要的材料损失，以相同的方式准备磨料织物、毛毡和泡沫塑料辅助材料。在某些情况下，可以得到已备好尺寸的辅助材料。

b. 试样的安装：移开试样夹具导板，将毛毡放在磨台上，再把试样测试面朝上放在毛毡上。

将质量为(2.5±0.5)kg、直径为(120±10)mm 的重锤压在磨台上的毛毡和试样上面。拧紧夹持环，固定毛毡和试样，取下加压重锤。

c. 磨料的安装：将试样夹具压紧螺母放在仪器台的安装装置上，磨料摩擦面朝下，小心且居中地放在压紧螺母内。将泡沫塑料放在磨料上。将试样夹具嵌块放在压紧螺母内，再将试样夹具接套套上后拧紧。

③ 辅料的有效寿命：每次试验更换新磨料和泡沫塑料。每次磨损试验后，检查毛毡上的污点和磨损情况。如果有污点或可见磨损，更换毛毡。毛毡的两面均可使用。

④ 耐磨仪的准备：安装试样和辅助材料后，将试样夹具导板放在适当的位置，准确地将试样夹具及销轴放在相应的工作台上。

（5）磨损试验步骤：

① 耐磨次数的测定：根据达到规定的试样外观变化而期望的摩擦次数，选用表 8-8 中所列的检查间隔。预先设定摩擦次数，启动耐磨试验仪，连续进行磨损试验，直至达到预先设定的摩擦次数。在每个间隔评定试样的外观变化。

表 8-8　表面外观试验的检查间隔

试验系列	达到规定的表面外观期望的摩擦次数	检查间隔（摩擦次数）
a	≤48	16，以后为 8
b	>48 且≤200	48，以后为 16
c	>200	100，以后为 50

为了评定试样的外观，小心地取下装有磨料的试验夹具。从仪器的磨台上取下试样，评定表面变化。如果还未达到规定的表面变化，重新安装试样和试样夹具，继续试验直到下一个检查间隔。保证试样和试样夹具放在取下前的原位置。继续试验和评定，直至试样达到规定的表面状况。分别记录每个试样的结果，以还未达到规定的表面变化时的总摩擦次数作为试验

结果,即耐磨次数。

由于不同织物的表面状况可能不同,应在试验前就观察条件和表面外观达成协议,并在试验报告中记录。

② 外观变化的评定:以协议的摩擦次数进行磨损试验,评定试样摩擦区域表面变化状况,例如试样表面变色、起毛、起球等。

(6) 结果:确定每一个试样达到规定的表面变化时的摩擦次数,或评定经协议摩擦次数摩擦后试样的外观变化。根据单值计算平均值,如果需要,计算平均值置信区间。

如果需要,按 GB/T250 评定变色。关于纺织品的统计评估或纺织品的感官检验见 GB/T6379。

二、国外检测标准

(一) 双头法

1. 试验标准

ASTM D3884—2009 纺织品耐磨性指南(旋转平台双头法)。

该标准就是通过采用旋转摩擦对纺织品进行磨损,按残留断裂负荷、断裂负荷损失百分比评价耐磨性能。

2. 适用范围

该标准适用于包括所有利用旋转平台、双头法(RPDH)对织物纤维耐磨性能的判定。

3. 测试原理

在控制压力和磨损运动的条件下,采用旋转摩擦对样品进行磨损。按残留断裂负荷、断裂负荷损失百分比评价耐磨性能。

4. 测试设备

主要测试设备为双头耐磨仪(图 8 - 25)。

5. 样品准备

(1) 按照应用材料规格或买卖双方的协议取一个批样;在没有规定或其他协议的情况下,从批样纺织品的轴卷和片取一个全宽的纺织品作为实验室样品;实验室样品长至少为 50 mm,样品不能在距织物的轴卷和片末端 1 m 的范围内取。

(2) 如果样品的数量没有在应用材料规格和买卖双方的协议中提到,就测试五个样品。

(3) 对于宽度不小于 125 mm 的纺织品,不能在距布边 25 mm 的范围内取样。

图 8 - 25 双头耐磨仪

(4) 对于宽度不足 125 mm 的纺织品,将整个宽度作为样品。

(5) 确保样品没有折叠、折痕或折皱。

(6) 如果样品有式样,要确保样品的式样有代表性。

(7) 将样品放在温度为 $(21\pm1)℃$、相对湿度为 $(65\pm2)\%$ 的环境中进行调湿。

6. 测试程序

(1) 在温度为(21±1)℃、相对湿度为(65±2)%的环境下测试样品。

(2) 检查并确保轮子表面清洁、均匀。

(3) 将样品表面朝上,装在样品支架的橡胶垫上。

(4) 根据测试材料的类型、所用研磨品的类型、应用测试的类型和彼此的协议定旋转次数。

(5) 可以用真空吸尘器或吸尘管调节真空的吸力,使其能够吸起磨损碎片,但不要吸起柔软的样品。

7. 结果表述

样品在指定磨损周期或到达其他特定终点完成磨损之后,按下述方法对织物作近似的评估。

(1) 磨后残余强力:如果要求残余强力,那么计算每个磨损和未磨损样品的强力,有效数字精确到 0.5 kg。夹具之间的距离为 25 mm,测试一般可采用 ASTM D5034 标准和 ASTM D5035 标准。

(2) 平均磨后强力:如果要求平均磨后强力,那么分别计算磨损样品和未磨损样品的强力点,有效数字精确到 0.5 kg。

(3) 磨后强力的损失百分比:利用公式分别计算样品经向和纬向磨后强力损失百分比,精确到 1%。

$$AR = \frac{A-B}{A} \times 100(\%)$$

式中:AR——磨后断裂强力损失率(%);

A——未磨损样品平均强力(N);

B——磨损样品强力(N)。

(4) 指定终点的周期:当材料规格或合同协议中指出了磨损测试的终点能包括通过或不通过标准,包括破碎强度的损失、纱线破损量、覆盖物的损失起绒、起球、颜色变化及外观的其他变化。

(二)马丁代尔摩擦法

1. 试验标准

(1) 试样损坏测试法:

ASTM D4966—1998(2004)—option.1 纺织品的耐磨性试验方法(马丁代尔耐磨测试仪法)。

ISO12947—2:1998/COR1—2002 织物用马丁代尔法测定织物平面结构的耐磨性第 2 部分:试样损坏测定。

(2) 质量损耗测定法:

ASTM D4966—1998(2004)—option.3 纺织品的耐磨性试验方法(马丁代尔耐磨测试仪法)。

ISO12947—3:1998/COR1—2002 织物用马丁代尔法测定织物平面结构的耐磨性第 3 部

分:质量损失测定。

（3）外观变化评定法：

ASTM D4966—1998(2004)—option.2 纺织品的耐磨性试验方法（马丁代尔耐磨测试仪法）。

ISO12947—4:1998/COR1—2002 织物用马丁代尔法测定织物平面结构的耐磨性第4部分:表面变化的评定。

2. 测试原理

（1）试样损坏测试法：将一个圆形试样固定在试样夹持器上并加载一定的负荷,使之与磨料（即标准织物）相摩擦,试样夹持器沿其轴自由旋转并与试样平面相互垂直。根据试样破损到一定程度时所需的摩擦次数,确定织物的耐磨性能。

（2）质量损耗测定法：将一个圆形试样固定在试样夹持器上并加载一定的负荷,使之与磨料（标准织物）相摩擦,试样夹持器沿其轴自由旋转并与试样平面相互垂直。在试验的过程中,间隔一定时间称取试样的质量,根据试样的质量损失确定织物的耐磨性能。

（3）外观变化评定法：将一个圆形磨料固定在试样夹持器上并加载一定的负荷,使之按照李莎如图形运动轨迹与试样相摩擦。试样夹持品沿其轴自由旋转并与试样平面相互垂直。根据试样外观的变化确定织物的耐磨性能。

（4）测试设备

主要测试仪器为马丁代尔耐磨测试仪（图8-23）。

3. 样品准备

（1）试样损坏测试法：本法需准备三套样品。每套样品包括直径为(38±0.5)mm 的样品,直径为(38±0.5)mm 的泡沫垫衬（若样品重量小于 500 g/m²,需使用泡沫垫衬）;直径为 140 mm 的羊毛摩擦布;直径为(140±0.5)mm 的羊毛毡[欧标和美标使用不同的羊毛毡垫,欧标所用厚度为(25±0.5)mm 的机织毡;美标所用厚度为(3±0.3)mm 的非织造毡]。在温度(20±2)℃、相对湿度(65±4)％的标准大气进行平衡。

（2）质量损耗测定法：样品准备与试样损坏测定法相同。

（3）外观变化评定法：本法需准备三套样品。每套样品包括直径为(140±0.5)mm 的样品,直径为(38±0.5)mm 的泡沫垫衬（若样品重量小于 500 g/m²,需使用泡沫垫衬）;直径为(38±0.5)mm 的羊毛摩擦布;直径为 140 mm 的羊毛毡[欧标和美标使用不同的羊毛毡垫,欧标所用厚度为(25±0.5)mm 的机织毡;美标所用厚度为(3±0.3)mm 的非织造毡]。在温度(20±2)℃、相对湿度(65±4)％的标准大气进行平衡。

4. 测试程序

参照 GB/T21196 标准的测试操作。

5. 结果表述

（1）样品磨破圈数：报告每块样品磨破时对应圈数以及其平均数。

（2）样品重量损失：按客户要求测试一定圈数,测试前后分别称量样品重量,计算样品重量损失百分比。

（3）样品外观变化：按客户要求测试一定圈数后,在灯箱下评定样品颜色等外观变化。

项目九 纺织品色牢度检测

一、织物色牢度的定义与概念

所谓色牢度是指染色产品在使用过程中或以后的加工处理过程中,纺织品上的染料经受各种因素的作用而在不同程度上能保持其原来色泽的性能(或不褪色的能力)。保持原来色泽能力低,即容易褪色,则染色牢度低,不容易褪色的染色牢度高,染色牢度是衡量染色产品质量的重要指标之一。

染色印花的织物在使用过程中因光、汗、摩擦、洗涤、熨烫等原因会发生褪色或变色现象。染色状态变异的性质或程度可用色牢度来表示。色牢度包括耐水、耐皂洗、耐日晒、耐摩擦、耐汗渍、耐唾液、耐熨烫、耐刷洗、耐海水、耐氯化水等项目。比较常用的项目有耐皂洗、耐汗渍、耐唾液、耐日晒、耐摩擦等。

不同纤维织物用不同的染料染色,其染色牢度是不同的,有时差距非常大;而相同的纤维织物用相同的染料进行染色,其不同染色浓度的色牢度也不一样。印染织物的用途不同,对染色牢度的要求也不同。例如:窗帘布经常接受日晒,对印染织物的耐日晒色牢度要求高,其他色牢度是次要的;而作为夏季的衣服面料,除了要求有较高的耐日晒色牢度外,还需要有好的耐皂洗色牢度和耐汗渍色牢度。

对于外衣,色牢度主要影响服装的外观。对于内衣和婴幼儿服装,色牢度关系到服装的安全卫生性能。GB18401—2010《国家纺织产品基本安全技术规范》及GB/T18885—2009《生态纺织品技术要求》都把与人体穿着或使用纺织品安全性直接有关的耐皂洗、耐水、耐汗渍、耐摩擦、耐唾液色牢度指标纳入标准要求范围。

纺织品各种色牢度的好坏用不同的级数表示,级数越高表示染色牢度越好。变色牢度使用GB/T250—2008评定变色用灰色样卡来评定,沾色牢度使用GB/T251—2008评定沾色用灰色样卡来评定。在评价纺织品的色牢度时,耐日晒色牢度和耐气候色牢度分为8级,1级为最差,8级为最好;其他色牢度均分为5级,1级为最差,5级为最好,耐摩擦仅评沾色等级,耐日晒、耐氯化水色牢度仅评变色等级。

按照标准规定的条件处理被测织物,然后与处理前织物作比较,用标准灰色样卡(也称褪色样卡)评定变色等级。对有些色牢度则同时评价变色和沾色两方面,如耐皂洗色牢度、耐汗渍色牢度等。测定时,先将一块标准贴衬织物与被测织物缝合在一起,然后按照标准规定的条件处理缝合后的组合织物,最后用标准灰色样卡评定被测织物的变色等级,用标准沾色色卡评定标准贴衬织物的沾色等级。

二、染色牢度评定用灰色样卡

染色牢度是根据试样的变色和贴衬织物的沾色分别评定的。变色牢度是使用 GB/T250—2008《评定变色用灰色样卡》来评定;沾色牢度是使用 GB/T251—2008《评定沾色用灰色样卡》来评定。评定色牢度级别时,是以试后样与原样之间以目测对比色差的大小为依据,以样卡色差程度与试样相近的一级作为试样的牢度等级。

1. 评定变色用灰色样卡

评定变色用灰色样卡亦称变色样卡,如图 9 – 1 所示,它是对印染纺织品染色牢度进行评定时,用作试样变色程度对比标准的灰色样卡。变色样卡由五对无光的灰色小片(纸片或布片)组成,根据可分辨的色差分为五个牢度等级,即 5、4、3、2、1,在每两个级别中再补充半级,即4~5、3~4、2~3、1~2,合称为五级九档灰卡。每对的第一组成均是中性灰色,其中仅 5 级的第二组成或与第一组成一致,其他各对的第二组成依次变浅,色差逐级增大。5 级为变色牢度最好,表示试后样和原样间无色差。1 级为变色牢度最差。

GB/T250—2008《评定变色用灰色样卡》

GB/T251—2008《评定变色用灰色样卡》

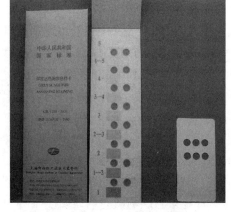

GB/T251—2008《评定沾色用灰色样卡》

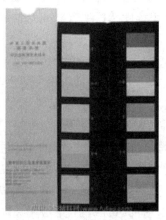

GB/T251—2008《评定沾色用灰色样卡》

图 9 – 1　灰色样卡

各级色差在规定条件下均经过色度计测定,每对第二组成与第一组成的色差规定如表 9-1 所示。表中色度数据以 CIE1964 补充标准色度系统(10°视场)和 D_{65} 光源加以计算,每对第一组成的三刺激值 Y 应为 12 ± 1。

表 9-1　变色样卡每对第二组成与第一组成的色差规定

色牢度级别	CIELAB 色差	容　差	色牢度级别	CIELAB 色差	容　差
5	0	0.2	2~3	4.8	±0.5
4~5	0.8	±0.2	2	6.8	±0.6
4	1.7	±0.3	1~2	9.6	±0.7
3~4	2.5	±0.35	1	13.6	±1.0
3	3.4	±0.4			

2. 评定沾色用灰色样卡

评定沾色用灰色样卡亦称沾色样卡,如图 9-1 所示,它是对印染纺织品染色牢度进行评定时,用作贴衬织物沾色程度对比标准的灰色样卡。沾色样卡由五对无光的灰色或白色小片(纸片或布片)组成,根据可分辨的色差分为五个牢度等级,即 5、4、3、2、1,在每两个级别中再补充半级,即 4~5、3~4、2~3、1~2,合称为五级九档灰卡。每对的第一组成均是白色,其中仅 5 级的第二组成与第一组成一致,其他各对的第二组成依次变深,色差逐级增大。5 级表示无沾色,1 级表示沾色最严重。

各级色差均经色度计测定,每对第二组成与第一组成的色差规定如表 9-2 所示。表中色度数据以 CIE1964 补充标准色度系统(10°视场)和 D_{65} 光源加以计算,每对第一组成的三刺激值 Y 不应低于 85。

表 9-2　沾色色卡每对第二组成与第一组成的色差规定

色牢度级别	CIELAB 色差	容　差	色牢度级别	CIELAB 色差	容　差
5	0	0.2	2~3	12.3	±0.7
4~5	0.2	±0.3	2	18.1	±1.0
4	4.5	±0.4	1~2	25.6	±1.5
3~4	6.8	±0.5	1	36.2	±2.0
3	9.0	±0.6			

3. 蓝色羊毛标样

耐光色牢度蓝色羊毛标样是以规定深度的 8 种染料染于羊毛织物上制成,共分 8 级,即 8、7、6、5、4、3、2 和 1 级,代表八种耐光色牢度等级。当八级标准同时在天然日光或人工光源中暴晒时,能形成 8 种不同褪色程度,1 级褪色最严重,表示耐光色牢度最差,8 级不褪色,表示耐光色牢度最好。如果 4 级在光的照射下需要一定时间以达到某种程度褪色,则在同样条件下产生同等程度的褪色,3 级约需要一半的时间,而 5 级约需要增加一倍的时间。根据试样暴晒前后的褪色程度与同时暴晒的 8 块蓝色羊毛标准的褪色程度比较,以评定试样耐光色牢度等级(图 9-2)。

蓝色羊毛标样是将羊毛织物用下列染料按规定浓度染成的,所用染料名称列于表 9-3 中。

图 9-2
蓝色羊毛标准卡

表9-3 蓝色羊毛标准选用染料

级 别	染 料 名 称	染料索引(C.I.)编号
1级	酸性艳蓝 FFR	C. I. Acid Blue 104
2级	酸性艳蓝 FFB	C. I. Acid Blue 109
3级	酸性纯蓝 6B	C. I. Acid Blue 83
4级	酸性蓝 BG	C. I. Acid Blue 121
5级	酸性蓝 RX	C. I. Acid Blue 47
6级	酸性淡蓝 4GL	C. I. Acid Blue 23
7级	可溶性还原蓝 O_4B	C. I. Vat Blue 5
8级	可溶性还原蓝 AGG	C. I. Vat Blue 8

4. 标准贴衬织物

贴衬织物是指一小块由单种纤维或多种纤维制成的未染色织物,在试验中用以评定沾色。单纤维贴衬织物一般是指单位面积具有中等质量的平纹织物,不含化学损伤的纤维、整理剂、残留化学品、染料或荧光增白剂。国家标准规定,单纤维标准贴衬织物主要有毛贴衬(GB/T7568.1)、棉贴衬及黏纤贴衬(GB/T7568.2)、聚酯贴衬(GB/T7568.4)、聚丙烯腈贴衬(GB/T7568.5)、丝贴衬(GB/T7568.6)、聚酰胺贴衬(GB/T7568.3)、亚麻贴衬和苎麻贴衬(GB/T13765)及多纤维贴衬织物(GB/T7568.7)。

多纤维贴衬织物是由各种不同纤维的纱线制成,每种纤维形成一条宽度至少为 15 mm、厚度均匀的织条;每一织条均应和相应种类的单纤维标准贴衬具有相似的沾色性能。标准GB/T7568.7 规定有两种不同的标准多纤维贴衬织物,一种是 DW 型:醋酯纤维、漂白棉、聚酰胺、聚酯、聚丙烯腈、毛,用于 40℃和 50℃的试验,如用于 60℃的试验,需在实验报告中注明;另一种是 TV 型:三醋酯纤维、漂白棉、聚酰胺、聚酯、聚丙烯腈、黏胶纤维,用于 60℃的试验和95℃的试验。分别根据需要选用(图 9-3 与表 9-4)。

GB/T7568.7 及 ISO 标准多纤维贴衬织物　　　　AATCC 标准多纤维贴衬织物

图 9-3 贴衬织物

表 9 - 4　多纤维贴衬织物

多纤维 DW	多纤维 TV
醋酯纤维	三醋酯纤维
漂白棉	漂白棉
聚酰胺纤维	聚酰胺纤维
聚酯纤维	聚酯纤维
聚丙烯腈纤维	聚丙烯腈纤维
羊毛	黏胶纤维

使用两块单纤维贴衬织物时,第一块贴衬织物与所测试纺织品应属同类纤维,如为混纺品,则应与其中主要纤维同类属。第二块贴衬织物应按各个试验方法中指定的类别选用。贴衬织物应与试样尺寸相同,按一般原则,试样两面各用贴衬织物完全覆盖。

使用一块多纤维贴衬织物时,不可同时有其他的贴衬织物,否则会影响多纤维贴衬织物的沾色程度。贴衬织物应与试样尺寸相同,按一般原则,只覆盖试样正面。

任务一　纺织品耐皂洗色牢度检测

在人们的日常生活中,基本上所有纺织品都要进行洗涤,纺织品在一定温度的洗涤液的作用下,染料会从纺织品上脱落,最终使纺织品原本的颜色发生变化,称为变色。同时进入洗涤液的染料又会沾染其他纺织品,亦会使其他纺织品的颜色产生变化,称为沾色。纺织品耐皂洗色牢度指印染品的色泽抵抗肥皂溶液洗涤的牢度,通过纺织品自身的变色和其他织物的沾色程度来反映纺织品耐皂洗色牢度质量的优劣,是评价纺织品染色牢度的重要指标。

一、中国国家标准

(一)试验标准
GB/T3921—2008《纺织品色牢度试验耐皂洗色牢度》。

(二)适用范围
此标准规定了测定常规家庭用所有类型的纺织品耐洗涤色牢度的方法,包括从缓和到剧烈不同洗涤程序的 5 种试验。

此标准仅用于测定洗涤对纺织品色牢度的影响,并不反映综合洗熨程序的结果。

(三)试验方法与原理
测定常规家庭用所有类型的纺织品耐洗涤色牢度的方法,包括从缓和到剧烈的不同洗涤程序的 5 种试验。将纺织品试样与一块或者两块规定的标准贴衬织物缝合在一起,置于皂液或肥皂和无水碳酸钠混合液中,在规定时间和温度条件下进行机械搅动,再经清洗和干燥。以原样作为参照样,用灰色样卡或仪器评定试样变色和贴衬织物沾色。

(四) 检测仪器与材料

(1) 试验设备:

① 耐洗色牢度试验机:具有多只容量为(550±50)mL 的不锈钢容器,直径为(75±5)mm,高为(125±10)mm,轴及容器的转速为(40±2)r/min,水浴温度由恒温器控制,使试验溶液保持在规定温度±2℃内(图 9-4)。

② 耐腐蚀的不锈钢珠:直径约为 6 mm。

③ 天平:精确至±0.01 g。

④ 机械搅拌器:确保容器内物质充分散开,防止沉淀。

⑤ 加热皂液装置。

(2) 肥皂:以干重计,所含水分不超过 5%,并符合下列要求:

游离碱(以 Na_2CO_3 计)≤0.3%

游离碱(以 NaOH 计)≤0.1%

总脂肪物≥850 g/kg

制备肥皂混合脂肪酸冻点≤30℃

碘值≤50

肥皂不应含荧光增白剂。

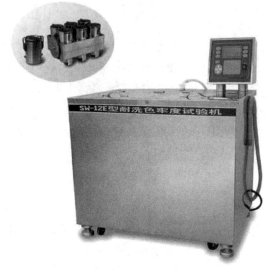

图 9-4 SW-12E/SW-24E 型耐洗色牢度试验机

(3) 无水碳酸钠(Na_2CO_3)。

(4) 皂液:

① 方法 A 和 B:肥皂 5 g/L

② 方法 C、D、E:肥皂 5 g/L

　　　　　　　无水碳酸钠 2 g/L

(5) 三级水:符合 GB/T6682 规定。

(6) 贴衬织物:符合 GB/T6151 规定。

① 多纤维贴衬织物(符合 GB/T7568.7、ISO105-F07 规定):DW 型(含有醋酯纤维、漂白棉、聚酰胺纤维、聚酯纤维、聚丙烯腈纤维及羊毛六种纤维成分)用于 40℃和 50℃的试验,如用于 60℃的试验,需在实验报告中注明;TV 型(含有三醋纤维、漂白棉、聚酰胺纤维、聚酯纤维、聚丙烯腈纤维及黏胶六种纤维成分)用于 60℃的试验和 95℃的试验。

② 单纤维贴衬织物(符合 GB/T7568.1~7568.6、GB/T13765、ISO105-F01~F06):第一块由与试样同类的纤维制成,第二块单纤维贴衬织物的选择如表 9-5 所示。如试样为混纺或交织品,则第一块由主要含量的纤维制成,第二块由次要含量的纤维制成。

表 9-5 单纤维贴衬织物选择

第一块	第二块	
	40℃和50℃的试验	60℃和95℃的试验
棉	羊毛	黏胶纤维
羊毛	棉	—

续　表

第一块	第二块	
	40℃和50℃的试验	60℃和95℃的试验
丝	棉	—
黏胶纤维	羊毛	棉
醋酯纤维	黏胶纤维	黏胶纤维
聚酰胺纤维	羊毛或棉	棉
聚酯纤维	羊毛或棉	棉
聚丙烯腈纤维	羊毛或棉	棉

（7）一块染不上色的织物（如聚丙烯），需要时用。

（8）灰色样卡：用于评定变色和沾色，符合 GB/T250 和 GB/T251；或光谱测色仪，依据 GB/T8424.1、FZ/T01023 和 FZ/T01024 评定变色和沾色。

（五）试样准备

1. 织物

试样为织物，按下列方法之一制备组合试样。取 100 mm×40 mm 试样一块：

（1）正面与一块同尺寸的多纤维贴衬织物相贴合，并沿一短边缝合。

（2）夹于两块同尺寸的单纤维贴衬织物之间，并沿一短边缝合。

2. 纱线或散纤维

（1）可以将纱线编织成织物，按照织物的方式进行试验。

（2）取纱线或散纤维约等于贴衬织物总质量的 1/2：① 夹于一块 100 mm×40 mm 多纤维贴衬织物及一块同尺寸染不上色的织物之间，沿四边缝合。② 夹于两块 100 mm×40 mm 规定的单纤维贴衬织物之间，沿四边缝合。

3. 浴比

测定组合试样的质量，以便于精确浴比。

（六）试验步骤

（1）根据所采用的试验方法制备皂液，见表 9－6。

表 9－6　试验条件

试验方法编号	温度（℃）	时　间	钢珠数量	碳酸钠
A(1)	40	30 min	0	—
B(2)	50	45 min	0	—
C(3)	60	30 min	0	+
D(4)	95	30 min	10	+
E(5)	95	4 h	10	+

（2）将组合试样及规定数量的不锈钢珠放在容器内，按表注入预热至试验温度±2℃的需要量的皂液，使浴比为 50：1，盖上容器，在规定的试验条件下进行洗涤，并开始计时。

（3）洗涤结束后，取出组合试样，分别放在三级水中清洗两次，然后在流动水中冲洗至干净。

（4）用手挤去组合试样上过量的水分，如果需要，留一个短边上的缝线，展开组合试样。

（5）将试样放在两张滤纸之间并挤压除去多余水分，再悬挂在不超过60℃的空气中干燥，试样与贴衬仅由一条缝线连接。

（七）试验结果

用灰色样卡或仪器，对比原始试样，评定试样的变色和贴衬织物的沾色。

（八）注意事项

（1）将含荧光增白剂和不含荧光增白剂的试验所用容器清楚分开。

（2）严格按照50：1的浴比进行试验。

（3）结合产品标准确定相应耐皂洗测试方法。

二、国外检测标准

（一）耐皂液或肥皂和苏打液洗涤色牢度

1. 试验标准

ISO105—C10：2006 纺织品色牢度试验第 C10 部分：耐皂液或肥皂和苏打液洗涤色牢度。

EN ISO105—C10：2007 纺织品色牢度试验第 C10 部分：耐肥皂或肥皂和苏打洗涤的色牢度。

2. 适用范围

标准适用于常规家庭用所有类型的纺织品，但仅用于测定洗涤对纺织品色牢度的影响，并不反映综合洗烫程序的结果。

3. 检测原理

纺织品试样与一块或两块规定的贴衬织物缝合在一起，置于皂液或肥皂和无水碳酸钠混合液中，在规定时间和温度条件下进行机械搅动，再经清洗和干燥。以原样作为参照样，用灰色样卡或仪器评定试样变色和贴衬织物沾色。

4. 检测仪器与材料

所用检测仪器及材料与 GB/T3921—2008《纺织品色牢度试验耐皂洗色牢度》所使用设备及材料相同。

所用评定变色用和沾色用灰色样卡：样卡评定时使用 ISO105—A02 标准和 ISO105—A03 标准；仪器评定时使用 ISO105—J01 标准和 ISO105—A04 标准。

5. 测试程序与操作

测试程序与操作与 GB/T3921—2008《纺织品色牢度试验耐皂洗色牢度》所规定的相同。

但对所有试验，需洗涤结束后取出组合试样，分别放在三级水中轻轻地搅动，漂洗 1 min，然后用冷水冲洗 1 min；挤去组合试样中过量的水分；留一短边缝线，展开组合试样。

将试样放在两张滤纸之间并挤压，除去多余水分，再将其悬挂在不超过 60℃ 的空气中干燥。试样与贴衬织物仅由一条缝线连接。

6. 结果评级

参照见 ISO105—A02～A05 标准及 ISO105—J03 标准。使用灰色样卡或仪器，对比原始试样,评定试样的变色和贴衬织物的沾色。

(二)耐家庭和商业洗涤色牢度

1. 试验标准

AATCC Test Method 61—2009 耐洗色牢度:快速法。

EN ISO105—C06:2010 纺织品色牢度试验第 C06 部分:耐家庭和商业洗涤色牢度。

ISO105—C06:2010(E)纺织品色牢度试验第 C06 部分:耐家庭和商业洗涤色牢度。

耐家庭和商业洗涤色牢度是指各类纺织品的颜色耐家庭和商业洗涤操作的能力,考核洗涤操作对常规家用纺织品色牢度的影响。

ISO105—C06 标准由于试验温度、溶液体积、有效氯含量、过硼酸钠质量浓度、试验时间、钢珠数量和 pH 值等方面的不同要求而形成 16 个试验条件供选择使用。试验过程中的解吸和摩擦作用对于一次单个试验而言,对试样所造成的变色和沾色非常接近于一次家庭和商业洗涤;对于一次复合试验而言,则接近五次以上温度不超过 70℃的家庭和商业洗涤的效果。

AATCC Test Method 61 标准则有 5 个实验条件可供选择,织物用典型的手洗、家庭或商业洗、添加或不添加含氯洗涤剂和摩擦作用等五种方法处理后,其颜色的变化很接近一次 45 min 的试验。由于织物纤维含量、颜色向贴衬物的转移等客观原因,使得五种典型洗涤方法的沾色效果不能完全符合 45 min 的试验效果。AATCC61 标准部分内容也等同于 ISO105—C06 标准。

2. 适用范围

AATCC Test Method 61 标准适用于评价纺织品耐频繁洗涤的色牢度。

ISO105—C06 标准适用于测定各种类型的常规家庭用纺织品耐家庭和商业洗涤色牢度,不适用于在洗涤操作某些方面要求更严的工业及医用纺织品。不反映商业洗涤程序中的荧光增白剂的效应。

3. 检测原理

将纺织品试样与规定的标准贴衬织物或其他织物贴合在一起,经洗涤、清洗与干燥。试样在规定的温度、剂量和机械作用等条件下进行洗涤。以便在较短时间内获得结果。机械作用是通过试样与容器的摩擦、低浴比和适当数量的不锈钢珠来完成的。用灰色样卡评定试样的变色和标准贴衬织物或其他织物的沾色。

4. 检测仪器与材料

(1)检测仪器及设备:

① ISO105—C06 标准:

a. 合适的机械装置:由装有一根旋转轴的水浴锅构成。旋转轴呈放射形支承着多只不锈钢容器,其直径为(75±5)mm,高为(125±10)mm,容量为(550±50)mL,从轴中心到容器底部的距离为(45±10)mm。轴/容器组件的转速为(40±2)r/min。水浴锅温度由恒温器控制,使试验溶液保持在规定温度±2℃内。能获得同样结果的其他机械装置也可用于本试验。

b. 不锈钢球:直径为 6 mm。

② AATCC61 标准：

a. 变速洗衣机：配备可固定在仪器上在恒温控制的水浴中以(40±2)r/min 的转速旋转密封的不锈钢杯。分别为：型号 I，500 mL，75 mm×125 mm，适用于测试项 1A；型号 II，1200 mL，90 mm×200 mm，适用于测试项 1B、2A、3A、4A 和 5A(图 9－5)；

图 9－5　DZ－307 型耐洗色牢度试验机

b. 能获得同样结果的其他机械装置也可用于本试验，但要考虑污染的可能性。

不锈钢球，直径为 6 mm；供测项目 1B 使用的白色合成橡胶球，直径为 9～10 mm，硬度为 70；聚四氟乙烯垫圈；预热器或加热板。

c. 评级灰卡，包括 AATCC 彩色样卡、AATCC 变色灰卡和沾色灰卡(图 9－6)。

 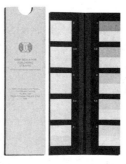 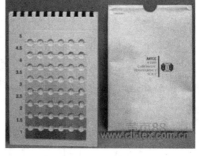

AATCC 变色灰卡和沾色灰卡　　　　　　AATCC 彩色样卡

图 9－6　评级样卡

(2) 试剂和材料：

① ISO105—C06 标准：

a. 贴衬织物：符合 ISO105—A01：2010 标准规定。

一块标准多纤维织物：符合 ISO105—F10 标准，根据不同温度选用。

DW 型多种纤维织物条中含有羊毛、醋酯纤维(用于 40℃和 50℃的试验，在某些情况下也可用于 60℃的试验，但需在试验报告中注明)；TV 型多种纤维织物条中不含有羊毛、醋酯纤维(用于某些 60℃的试验和所有 95℃的试验)。

b. 两块单纤维贴衬织物(符合 ISO105—F；1985 标准中 F0～F7)：第一块用与试样同类纤维制成，第二块用规定的纤维制成。如试样为混纺或交织品，则第一块用主要含量的纤维制成，第二块用次要含量的纤维制成，或另作规定(表 9－7)。

表 9－7　ISO105—C06：1994(E)标准使用的单纤维贴衬织物的选择

第一块	第二块	
	40℃和 50℃的试验	60℃和 95℃的试验
棉	羊毛	黏胶纤维
羊毛	棉	—

第一块	第二块	
	40℃和50℃的试验	60℃和95℃的试验
丝	棉	—
黏胶纤维	羊毛	棉
醋酯纤维	黏胶纤维	黏胶纤维
聚酰胺纤维	羊毛或棉	棉
聚酯纤维	羊毛或棉	棉
聚丙烯腈纤维	羊毛或棉	棉

c. 如需要,用一块不上染的织物(如聚丙烯类)。

d. 不含荧光增白剂的洗涤剂:至少应准备1升的洗涤剂,须保证溶液的均匀性。可用以下两种洗涤剂中的任一种,AATCC标准洗涤剂WOB(低泡型);某些国家洗涤时使用过硼酸钠,则可采用不含荧光增白剂的色牢度试验用ECE标准洗涤剂。

e. 无水碳酸钠(Na_2CO_3):需要时使用。

f. 次氯酸钠或次氯酸锂:现货的次氯酸钠(NaClO)的pH值和有效氯含量大多不同,pH值一般为9.8~12.8,有效氯含量为40~160 g/L。使用前,应测定有效氯的实际含量。

g. 过硼酸钠四水合物($NaBO_3 \cdot 4H_2O$):需要时使用。

h. 三级水:符合ISO3696标准要求。

i. 评定变色用和沾色用灰色样卡:符合ISO105—A02标准和ISO105—A03标准要求。

j. 如需酸洗处理,用0.2 g/L冰乙酸的溶液。

② AATCC 61标准:

a. 纤维条宽为8 mm的多种纤维贴衬织物,由醋酯纤维、棉、锦纶、真丝、黏胶纤维和羊毛组成;纤维条宽分别为15 mm和8 mm的多种纤维贴衬织物,由醋酯纤维、棉、锦纶、涤纶、腈纶和羊毛组成。

b. 漂白棉织物:密度为32根/cm×32根/cm,质量为(100±3)g/m²,不含荧光增白剂。

c. AATCC1993标准洗涤剂WOB(不含荧光增白剂、无磷)或AATCC2003标准液体洗涤剂WOB。

d. AATCC1993标准洗涤剂(含荧光增白剂)。

e. 蒸馏水或去离子水。

f. 氯酸钠NaClO,浓度为10%的H_2SO_4、10%的KI、0.05 mol/L的$Na_2S_2O_3$,50 mm的方形摩擦布、贴样卡(白度应在三原色立体图中的Y值至少为85%)。

5. 测试程序与操作

(1) 样品准备:

① ISO105—C06标准:

a. 织物样品:取一块100 mm×40 mm试样,正面与一块同尺寸的多纤维织物贴合在一起,沿一短边缝合;或将两块单纤维织物与一块试样缝合在一起,三块的大小均为100 mm×

40 mm。

b. 纱线或散纤维样品：取其量约等于贴衬织物总质量的一半，将其夹于一块 100 mm×40 mm 多纤维织物和一块同尺寸不上染的织物之间，沿四边缝合；或将其夹于两块 100 mm×40 mm 规定的标准单纤维织物之间，沿四边缝合。

② AATCC61 标准：

a. 不同测试项所需试样规格如下：

测试项 1A：100 mm×50 mm。

测试项 1B、2A、3A、4A 和 5A：150 mm×50 mm。

每个样品只测试一个试样，为提高测试的精确度，可测试多块试样。每一钢杯只容纳一个试样。

测试 1A 和 2A 中的沾色用多纤维布；测试 3A 中的沾色可用多纤维布或漂白棉布。对于 3A，可使用多纤维布，但不考核醋酸纤维、锦纶、聚酯及丙烯酸纤维的沾色，除非试样中有上述其中一种纤维。在 4A 及 5A 中不考核沾色。

b. 由于 AATCC 标准采用多种纤维贴衬织物或漂白棉织物来评定沾色，所以还需按照以下要求准备样品。

使用纤维条宽为 8 mm 的多纤维贴衬织物或漂白棉布。准备长度为 50 mm 的方形样多纤维贴衬织物或漂白棉织物与试样正面贴合，沿试样的短边缝合。当使用多种纤维贴衬织物时，将纤维贴衬织物置于试样短边的一端，羊毛置于试样右边缝制。六种纤维条的方向应与试样的长边平行。

使用纤维条为 15 mm 宽的多纤维贴衬织物。多纤维贴衬织物的大小为 50 mm×100 mm，与试样正面相贴，沿试样长边放置，多纤维条平行于试样的短边，将羊毛条置于最顶端位置以防羊毛的损失。

c. 测试样品为针织布。为避免布边卷起，获得一个完整、均等的测试结果，用同尺寸的漂白棉织物与针织试样沿四边缝在一起后，再将多纤维贴衬织物与针织试样的正面相贴缝在一起。

d. 对于绒类产品试样，将多纤维织物与试样绒毛的顺向末端缝合在一起。

e. 准备纱线试样。可选用以下方法来制备试样。

将纱线编织成针织布，按织物及多纤维贴衬织物用法处理，每一试样都要保留末洗的针织布作对比样。

每一样品取 2 束 110 m 长的纱样，将每束折成宽为 50 mm（长度为 100 mm 或 150 mm）。纱样要紧密均匀卷绕，并保留一块未洗的纱样，移去模板，将纱样和一块同等质量的漂白棉经制在一起，再选择纤维条宽为 8 mm 或 15 mm 的多纤维布并缝合。

（2）测试程序：

① ISO105—C06 标准：

称取 4 g 洗涤剂溶解在 1 L 的水中，制备成洗涤溶液。用 C、D、E 试验方法时，每升溶液中加入约 1 g 碳酸钠调节 pH 值（表 9-8）。温度冷却到 20℃后方可测定。用 A、B 试验方法时不需调节 pH 值。

表 9-8 ISO105—C06：1994(E)标准试验条件

试验编号	温度 (℃)	溶液体积 (mL)	有效氯含量 (%)	过硼酸钠质量 浓度(g/L)	时间 (min)	钢珠 数目	调节 pH 值
A1S	40	150	—	—	30	10①	不用调节
A1M	40	150	—	—	45	10	不用调节
A2S	40	150	—	1	30	10①	不用调节
B1S	50	150	—	—	30	25①	不用调节
B1M	50	150	—	—	45	50	不用调节
B2S	50	150	—	1	30	25①	不用调节
C1S	60	50	—	—	30	25	10.5±0.1
C1M	60	50	—	—	45	50	10.5±0.1
C2S	60	50	—	1	30	25	10.5±0.1
D1S	70	50	—	—	30	25	10.5±0.1
D1M	70	50	—	—	45	100	10.5±0.1
D2S	70	50	—	1	30	25	10.5±0.1
D3S	70	50	0.015	—	30	25	10.5±0.1
D3M	70	50	0.015	—	45	100	10.5±0.1
E1S	95	50	—	—	30	25	10.5±0.1
E2S	95	50	—	1	30	25	10.5±0.1

注：对于含有羊毛、丝的精细织物，试验时不使用钢珠。在试验报告中要说明钢珠的使用情况。

在需使用过硼酸盐试验中，现配含有过硼酸钠的溶液，将溶液加热到不超过 60℃，时间不超过 30 min。

对于试验 D3S 和试验 D3M，洗液中应放入次氯酸钠或次氯酸锂，以达到 0.015% 的有效氯浓度。

按表在不锈钢杯中加入规定量溶液（除试验 D2S 和试验 E2S 外），将溶液预热到规定温度±2℃，然后将试样和规定数量的钢珠放入钢杯中，盖紧钢杯，按表规定时间和温度运转设备。

对于试验 D6S 和试验 E2S，将试样放入已预热大约在 60℃ 的钢杯中，盖紧钢杯并在 10 min 内将温度升到规定±2℃。按表规定的温度和时间运转设备。

洗涤结束后取出组合试样，分别在 100 mL、40℃ 温水中清洗 1 min，清洗 2 次。

洗涤后需经酸洗的，每块组合试样用 100 mL 30℃ 乙酸溶液处理 1 min，然后在 100 mL 30℃ 水中清洗 1 min。

挤去组合试样上多余的水分，将试样放在不超过 60℃ 的空气中干燥。

② AATCC61 标准：

将设备升温到所需的温度，准备所需的洗涤溶液并预热到所需的温度。

1A、1B、2A 和 3A 钢珠和洗涤液用量等项的选用见表 9-9。

表 9－9　AATCC61—2009 标准试验条件

测试编号	温度		溶液体积 (mL)	洗涤粉剂浓度(%)	洗涤液剂浓度(%)	有效氯含量(%)	钢珠数量	胶球数量	洗涤时间(min)
	℃	℉							
1A	40±2	105±4	200	0.37		—	10		45
1B	31±2	88±4	150	0.37	0.56		—	10	20
2A	49±2	120±4	150	0.15		—	50		45
3A	71±2	160±4	50	0.15		—	100		45
4A	71±2	160±4	50	0.15		0.015	100		45
5A	49±2	120±4	150	0.15		0.027	50		45

对于方法 4A，须制备一含 1 500 mg/L 有效氯的溶液。先测定次氯酸钠漂白原液的含量，然后再按如下所述方法将其稀释配成 1 升溶液：

$$159.4/\%NaClO = 加入量(g)$$

称取一定量的漂液(按上式所算)，放入 1 L 容量瓶中，稀释至 1 L。量取 5 mL(1 500 mg/L)有效氯的次氯酸钠溶液，加入 45 mL 的洗涤剂，配成总体积 50 mL，加入钢杯。

对于方法 5A，测定次氯酸钠漂白原液的含量，再按如下所述将其稀释：

$$4.54/\%NaClO = 加入量(g)$$

称取一定量的漂液(按上式所算)，再加入洗涤剂，分别配成总体积 150 mL 加入钢杯。

关于预热，可在设备中将钢杯预热，也可采用加热板预热。

将钢杯装入设备中。为了防止洗涤液渗透造成污染，可用特氟龙密封圈将钢杯密封。注意钢杯应对称夹于轴的两边。运转至少 2 min 以预热钢杯。

将试样装入试样杯，装入设备中。启动设备，以(40±2)r/min 的转速运转 45 min。清洗、脱水和干燥。每一试样采用(40±3)℃的三级水清洗 3 次，每次 1 min 清洗时应不停地搅拌，并用手挤干水分，也可采用离心分离机或绞扭机。在温度不超过 71℃的烘箱中干燥试样，也可将试样置于锦纶布袋中后采用滚筒烘干，注意其排气温度应介于 60～70℃之间；另外，还可以在空气中晾干。评级前，应将试样置于温度为(21±1)℃，相对湿度为(65±2)％的环境中调湿 1 h。

评级前，还要将洗后试样及相邻多纤维布修整，如散纱或试样表面的松纤维、长毛羽等。对于绒类试样，用毛刷将其毛的倒向梳成与原样一致。如果试样由于洗涤和干燥而起皱，应先将试样平整。为了便于评级，可将试样用卡纸订起，以不影响评级为原则。使用的白色卡片，其白度在三原色立体图中的 Y 值至少为 85％。对于纱线试样、纱线原样及测试样应先梳齐，使评级具有可比性。

6. 结果评级

在评级方面原理相同，但 ISO 标准和 AATCC 标准各采用自己的一套评级系统。

(1) ISO105—C06 标准：

① 评定试样的变色：ISO105—A02 灰色样卡。

② 评定贴衬织物的沾色：ISO105—A03 灰色样卡。

(2) AATCC61 标准：

① 用变色灰卡评定试样变色程度时，按 AATCC 评价程序 1 进行评级；用仪器评定试样

的变色程度时,根据 AATCC 评定程序 7 进行评级。

② 用沾色灰卡评定贴衬织物沾色程度时,按照 AATCC 评价程序 2 进行评级;用 AATCC 彩色样卡,按照 AATCC 评价程序 8 进行评级;用仪器评定贴衬织物沾色程度的,按照 AATCC 评价程序 6 进行评级。

任务二　纺织品耐摩擦色牢度检测

纺织品在使用过程中经常要与其他物体进行摩擦,有时这种摩擦还是在湿态情况下进行的,若染料的色牢度不好,在摩擦过程中就会沾染其他物品,所以应对纺织品的耐摩擦色牢度进行要求。纺织品耐摩擦色牢度试验方法是颜色对摩擦的耐抗力及其他材料的沾色,通过沾色色差评级来反映纺织品耐摩擦色牢度质量的优劣,是纺织品染色牢度的重要指标,分为干摩擦牢度检测和湿摩擦牢度检测。有色材料的耐摩擦色牢度主要取决于浮色的多少和染料与纤维结合情况等因素。

一、中国国家检测标准

(一)纺织品色牢度试验耐摩擦色牢度测试

1. 试验标准

GB/T3920—2008《纺织品色牢度试验耐摩擦色牢度》。

2. 适用范围

本标准规定了各类纺织品耐摩擦沾色牢度的试验方法。

本标准适用于由各类纤维制成的,经染色或印花的纱线、织物和纺织制品,包括纺织地毯和其他绒类织物。

每一样品可做两个试验,一个使用干摩擦布,另一个使用湿摩擦布。

3. 试验方法与原理

将试样分别用一块干摩擦布和一块湿摩擦布摩擦,用灰色样卡评定摩擦布的沾色程度。绒类织物采用方形摩擦头,其他纺织品采用圆形摩擦头。

4. 检测仪器与材料

(1)耐摩擦色牢度试验仪:具有两种可选尺寸的摩擦头。

① 长方形摩擦头:尺寸为 19 mm×25.4 mm。用于绒类织物(包括纺织地毯)。

② 圆形摩擦头:直径为(16±0.1)mm。用于其他纺织品。

③ 摩擦头施以向下的压力为(9±0.2)N,直线往复动程为(104±3)mm。

(2)棉摩擦布:符合 GB/T7568.2 的规定,剪成如下规格。

① 正方形用于圆形摩擦头:(50±2)mm×(50±2)mm。

② 长方形用于长方形摩擦头:(25±2)mm×(100±2)mm。

(3)耐水细砂纸:选择 600 目氧化铝耐水细砂纸。

图 9 - 7　Y571 耐摩擦色牢度试验仪

（4）评定沾色用灰色样卡：符合 GB/T251。

5. 试样准备

（1）试样为织物或地毯：

① 试样规格：准备两组尺寸不小于 50 mm×140 mm 的试样，分别用于干摩擦试验和湿摩擦试验。每组各两块试样，其中一块试样的长度方向平行于经纱（或纵向），另一块试样的长度方向平行于纬纱（或横向）。当测试有多种颜色的纺织品时，宜注意取样的位置。如果颜色的面积足够大，可制备多个试样，对单个颜色分别评定；如果颜色面积小且聚集在一起，可参照本条款规定，也可选用 ISO105—X16 中旋转式装置的试验仪进行试验。

② 可以选择使试样的长度方向与织物的经向和纬向成一定角度。

③ 若地毯试样的绒毛层易于辨别，试样绒毛的顺向与试样长度方向一致。

（2）试样为纱线：将其编织成织物，尺寸不小于 50 mm×140 mm，或沿纸板长度方向，将纱线平行缠绕于与试样尺寸相同的纸板上。

（3）调湿与试验用大气：

试验前将试样和摩擦布放置在 GB/T6529 规定的标准大气下调湿至少 4 h。对于棉或羊毛等织物可能需要更长的调湿时间。为得到最佳的试验结果，宜在 GB/T6529 规定的标准大气下进行试验。

6. 试验步骤

（1）在试验仪平台和试样之间，放置 1 块砂纸，以助于减少试样在摩擦过程中的移动。

（2）用夹紧装置将试样固定在试验仪平台上，使试样的长度方向与摩擦头的运行方向一致。

（3）选择合适的摩擦头，将调湿后的摩擦布（或湿摩擦布）固定在摩擦头上，使其经（纵）向与摩擦头运动方向一致。

① 干摩擦

将调湿后的摩擦布平放在摩擦头上，使摩擦布的经向与摩擦头的运行方向一致，摩擦头在试样上沿规定轨迹做往复直线摩擦共 10 次后取下摩擦布。

② 湿摩擦

称量调湿后的摩擦布，然后将其完全浸入蒸馏水中，调节好轧液装置的压力调整螺钉，将摩擦布通过轧液装置，然后再次称量，使摩擦布的含水率为 95%～100%，然后用与干摩擦一样的方法进行操作，试验后将摩擦布晾干。

（4）取下摩擦布，对其调湿（或在室温下晾干、调湿），并去除摩擦布上可能影响评级的任何多余纤维。

7. 试验结果

在适宜的光源下,用评定沾色用灰色样卡评定摩擦布的沾色级数。

8. 注意事项

(1) 当测试有多种颜色的纺织品时,选择试样的位置,应使所有颜色都被摩擦到。若各种颜色的面积足够大时,可制备多个试样,对单个颜色分别评定。

(2) 评定时,在每个被评摩擦布的背面放置 3 层摩擦布。

(二) 纺织品色牢度试验耐摩擦色牢度小面积法

1. 试验标准

GB/T29865—2013《纺织品色牢度试验耐摩擦色牢度小面积法》。

2. 适用范围

本标准规定了纺织品耐摩擦色牢度的试验方法,其被测试面积小于 GB/T3920 的试验面积。本标准包括两种试验,一种使用干摩擦布,另一种使用湿摩擦布。

3. 试验方法与原理

将纺织试样分别与一块干摩擦布和一块湿摩擦布作旋转式摩擦,用沾色用灰色样卡评定摩擦布沾色程度。该方法专用于小面积印花或染色的纺织品耐摩擦色牢度试验,其被测试面积小于 GB/T3920 的试验面积。

4. 检测仪器与材料

(1) 耐摩擦色牢度试验仪,有一直径为(25±0.1)mm 的摩擦头,作正反方向交替旋转运动。摩擦头安装在可垂直加压的杆上,向下施加的压力为(11.1±0.5)N,旋转角度为(405±3)°。摩擦头的另一可选直径为(16±0.1)mm,具有同样的压力。

注:也可使用与 4.1 中仪器测得结果相同的其他仪器。本方法与 GB/T3920 结果之间的相关性是未知的。

(2) 摩擦布,符合 GB/T7568.2 中规定的棉标准贴衬织物,剪取边长为(50±2)mm 的正方形,用于上述(1)中规定的摩擦头。

图 9 - 8　Y571M - Ⅱ旋转式摩擦仪

(3) 耐水细砂纸,或不锈钢丝直径为 1 mm、网孔宽约为 20 mm 的金属网。

注:宜注意到使用的金属网或砂纸的特性,在其上放置纺织试样试验时,可能会在试样上留下印迹,这会造成错误评级。对纺织织物优先选用砂纸进行试验,可参考使用 600 目氧化铝耐水细砂纸。

(4) 评定沾色用灰色样卡,符合 GB/T251。

注:需定期对试验操作和设备进行核查,并作好记录。一般使用内部已知试样,做 3 次干摩擦试验。

5. 试样准备

(1) 对于织物样品,需准备尺寸不小于 25 mm×25 mm 的试样。若试验精度要求更高,可增加试样数量。

（2）对于纱线样品，将其编织成织物，所取试样尺寸不小于 25 mm×25 mm，或将纱线平行缠绕在适宜尺寸的纸板上，并使纱线在纸板上均匀地铺成一层。

（3）在试验前，将试样和摩擦布放置在 GB/T6529 规定的标准大气下进行调湿。

（4）为得到最佳的试验结果，宜在 GB/T6529 规定的标准大气下进行试验。

6. 程序

（1）通则

移开试验仪的垂直加压杆，将试样夹持在试验仪的底板上，在底板和试样之间放一块金属网或耐水细砂纸，以减少试样在摩擦过程中发生移动。摩擦布被固定在垂直加压杆末端的摩擦头上，将垂直加压杆复原到操作位置上，使试样的摩擦区域与摩擦头上的摩擦布相接触，垂直加压杆向下的压力为(11.1±0.5)N。

取 2 块试样，分别用于干摩擦试验和湿摩擦试验。

（2）干摩擦

将调湿后的摩擦布平整地固定在摩擦头上，使垂直加压杆作正向和反向转动摩擦共 40 次，摩擦 20 个循环，转速为每秒 1 个循环。取下摩擦布。

（3）湿摩擦

称量调湿后的摩擦布，将其完全浸入蒸馏水中，取出并去除多余水分后，重新称量，以确保摩擦布的带液率为 95%～100%，然后按上述(2)中操作。

注1：当摩擦布的常液率会严重影响评级时，可以采用其他带液率。例如常采用的带液率为(65±5)%。

注2：用可调节的轧液装置或其他适宜装置调节摩擦布的带液率。

（4）干燥

湿摩擦布晾干。

7. 评定

（1）去除摩擦布表面上可能影响评级的多余纤维。

（2）评定时，在每个被评摩擦布的背面放置三层摩擦布。

（3）在适宜的光源下，用评定沾色用灰色样卡评定摩擦布的沾色级数。

注：旋转摩擦试验仪通常会使摩擦布沾色部位的边缘附近比中心部位沾色严重，可能会使评定摩擦布沾色级数为困难。

二、国外检测标准

（一）纺织品色牢度试验耐摩擦色牢度测试

1. 试验标准

AATCC8—2007 耐摩擦色牢度摩擦测试仪法。

ISO105—X12：2001 纺织品色牢度试验第 X12 部分：耐摩擦色牢度。

2. 适用范围

按照测试标准，分别可做干摩擦和湿摩擦两个试验。

（1）ISO105—X12 标准适用于各种类型的染色或印花的纺织品（包括纺织地毯及其他绒

类织物)耐摩擦色牢度的试验方法。但对于织物印花面积太小的试样,则要选择类似 Y571M-Ⅱ旋转式摩擦仪的旋转设备进行测试。

（2）AATCC8 标准适用于各种类型的染色或印花的纺织品。但对地毯或印花面积太小的织物,则不推荐使用该测试方法。鉴于洗涤、干洗、皱缩、熨烫等会影响纺织材料的颜色转移,本标准允许测试可按需要选择在洗涤等操作之前、之后或前后进行。但对于织物印花面积太小的试样,则要按照 AATCC 116 标准,选用仪器如图 9-9 所示旋转式摩擦牢度仪的旋转设备进行测试。

图 9-9　旋转式摩擦仪

3. 检测原理

在指定的条件下,分别用一块干摩擦布和一块湿摩擦相对试样进行摩擦,用沾色样卡来评定摩擦布的沾色等级。

（1）ISO105—X12 标准通过改变摩接测试仪摩擦头的两个尺寸,可以提供两种测试条件:方形的摩接头用于绒类织物,圆形的摩接头用于染色或印花类织物。用灰色样卡评级。

（2）AATCC8 标准用圆形的摩擦头测试染色或印花类织物的色牢度。用 AATCC 沾色灰色样卡或彩色样卡评定摩擦布的沾色等级。

4. 检测仪器与材料

（1）检测仪器及设备:

① ISO105—X12 标准:与 GB/T3920—2008《纺织品色牢度试验耐摩擦色牢度》所使用的检测设备相同。

② AATCC8 标准:AATCC 耐摩擦色牢度试验仪:Atlas 电气公司产品,摩擦头的直径为(16±0.3)mm,垂直压力为 9 N,直线往复动程为(104±3)mm。

（2）试剂和材料:

① ISO105—X12 标准:

a. 棉摩擦布:退浆、漂白、不含任何整理剂的棉织物,剪成(50±2)mm×(50±2)mm 的正方形用于圆形摩擦头,或剪成(25±2)mm×(100±2)mm 的长方形用于长方形摩擦头。

b. 耐水砂纸,或用不锈钢丝直径为 1 mm、网孔宽约为 20 mm 的金属网。为避免在织物上留下印迹影响最终的评级,测试纺织品时最好使用砂纸。

c. 评定沾色用灰卡:应符合 ISO105—A03 标准。定期确认测试的操作和校准设备,保证结果的正确。用一块内部试样或已确定的摩擦试样,进行三次干摩擦试验。

② AATCC8 标准：

a. 棉摩擦布：退浆,漂白,不含任何整理剂,剪成 50 mm×50 mm 的形状。

b. 沾色灰色样卡或 AATCC 彩色沾色样卡、纺织用吸湿纸、试样夹持器等。

5. 测试程序与操作

(1) 样品准备：

在样品的准备方面,两个标准在样品适应范围、尺寸、制备等方面都基本相同。当测试多种颜色的纺织品时,应细心选择取样的位置,使所有颜色在测试当中都能被摩擦到。

如果被测纺织品是织物,取两组不小于 50 mm×140 mm 的样品(ISO 标准要求每组两块,AATCC 标准要求两块试样),一组试样长度方向平行于经纱用于经向的干摩擦或湿摩擦;另一组其长度方向平行于纬纱用于纬向的于摩擦或湿摩擦。也可以沿与经向或纬向成对角线的方向取样(ISO 标准要求地毯类试样的取样要使绒毛层的指向沿长度方向)。如果测试的纺织品是纱线,将其织成织物,并保证试样的尺寸不小于 50 mm×140 mm,或将纱线平行缠绕于与试样尺寸相同的纸板上形成一层,纱线应沿摩擦方向绷紧。如果要提高测试的精确度,可以多取试样进行测试。

测试前,将试样和摩擦布放在温度为(20±2)℃、相对湿度为(65±2)％的大气中调湿至少4 h。AATCC 标准对于调湿的要求是温度为(21±1)℃、相对湿度为(65±2)％。调湿时将试样和摩擦布分别放在平网或有孔的架子上。某些织物(如棉或毛)调湿的时间要长一些。测试最好也在纺织品试验用标准大气条件下进行。

(2) 测试程序：

① ISO105—X12 标准：与 GB/T3920—2008《纺织品色牢度试验耐摩擦色牢度》所规定的测试过程相同。

② AATCC8 标准：

a. 干摩擦测试过程与 ISO 标准相同。

b. 湿摩擦测试对摩擦布的含水率有明确的规定。首先称量干摩摆布的量,然后用一个注射器或带刻度的移液管或自动移液管吸取 0.65 倍的摩擦布重量的水(1 mL 水的重量约为 1 g),如干摩擦布的重量为 0.24 g,那么吸取的水的毫升数为 0.16 mL(0.24×0.65)。将干摩擦布展开放在盘中的白色塑料网架上,然后将吸取的水均匀地润湿摩擦布,最后称重。按照 AATCC8 标准或 AATCC16 标准中规定的方法计算湿摩擦布的含水量,如果需要,调整润湿摩擦布的用水量或更换一块新的摩擦布。当含水量达到干重的(65±5)％以后,记录所用的水量。在当次的湿摩擦测试过程中,用注射器或带刻度的移液管或自动移液管吸取记录的用水量。在每次的测试过程中,都必须重复上述步骤。在试验以前,应避免湿摩擦布水分的过分蒸发。其余试验步骤与干摩擦过程相同。使摩擦布自然风干,按调湿程序进行调湿,然后评级。毛绒的、拉绒的或沙地的织物在摩擦布上留下的纤维会影响评级,应在评级前用玻璃胶纸的黏性一面轻轻粘贴去除摩擦布圆形印迹上外来的纤维性物质。

6. 结果评级

在 ISO 标准评级时,在测试后的摩擦布后面放上三层未摩擦的小白棉布。在标准光源(ISO105—A01：1994 标准要求)下,用灰色沾色样卡评定棉摩擦布的沾色情况。

在 AATCC8 标准评级时,使用沾色灰色样卡或 AATCC 彩色沾色样卡的评级结果,平均的评级结果,精确到 0.1 级,注明在评定沾色时应用沾色灰色样卡或 AATCC 彩色沾色样卡的类别。

任务三　纺织品耐汗渍色牢度检测

一、中国国家检测标准

(一)试验标准
GB/T3922—2013《纺织品色牢度试验耐汗渍色牢度》。

(二)适用范围
适用于各种纺织品。

(三)试验方法与原理
将纺织品试样与标准贴衬织物缝合在一起,置于含有 L-组氨酸的酸性、碱性两种试液中分别处理,去除试液后,放在试验装置中的两块平板间,使之受到规定的压强。再分别干燥试样和贴衬织物。用灰色样卡或仪器评定试样的变色和贴衬织物的沾色。

(四)检测仪器与材料

1. 试验设备
(1) 每组试验装置由一个不锈钢架和质量约 5 kg、底部面积为 60 mm×115 mm 的重锤配套组成;并附有尺寸约 60 mm×115 mm×1.5 mm 的玻璃板或丙烯酸树脂板。当(40±2)mm×(100±2)mm 的组合试样夹于板间时,可使组合试样受压强(12.5±0.9)kPa。试验装置的结构应保证试验中移开重锤后,试样所受压强保持不变。

如果组合试样的尺寸不是(40±2)mm×(100±2)mm,所用重锤对试样施加的名义压强应为(12.5±0.9)kPa。可以使用能获得相同结果的其他装置。

(2) 烘箱:温度保持在(37±2)℃(图 9-10)。

(a) 耐汗渍色牢度测试仪　　　　　　(b) Y902-Ⅱ汗渍色牢度烘箱

图 9-10　汗渍色牢度检测仪器

2. 试验材料

(1) 人造汗液,配方如下:

① 酸汗液 2(见 GB/T3922),每升含:

L—组氨酸盐酸盐一水合物($C_6H_9O_2N_3 \cdot HCl \cdot H_2O$)0.5 g

氯化钠(NaCl)5.0 g

磷酸二氢钠二水合物($NaH_2PO_4 \cdot 2H_2O$)2.2 g

用 0.1 mol/L 氢氧化钠调节 pH 值至 5.5±0.2。

所用试剂为化学纯,用符合 GB/T6682 的三级水配制试液,现配现用。

② 碱汗液(见 GB/T3922),每升含:

L—组氨酸盐酸盐一水合物($C_6H_9O_2N_3 \cdot HCl \cdot H_2O$)0.5 g

氯化钠(NaCl)5.0 g

磷酸氢二钠十二水合物($Na_2HPO_4 \cdot 12H_2O$)5.0 g 或磷酸氢二钠二水合物($Na_2HPO_4 \cdot 2H_2O$)2.5 g

用 0.1 mol/L 氢氧化钠调节 pH 值至 8.0±0.2。

所用试剂为化学纯,用符合 GB/T6682 的三级水配制试液,现配现用。

(2) 贴衬布:

对多纤维贴衬和单纤维贴衬织物任选其一。

① 一块多纤维贴衬,符合 GB/T7568.7。

② 两块单纤维贴衬织物,符合 GB/T7568.1~7568.6、GB/T13765。

第一块贴衬应由试样的同类纤维制成,第二块贴衬由表 9-10 规定的纤维制成。

如试样为混纺或交织品,则第一块贴衬由主要含量的纤维制成,第二块贴衬由次要含量的纤维制成,或另作规定。

表 9-10　单纤维贴衬织物选择

第一块	第二块
棉	羊毛
羊毛	棉
丝	棉
麻	羊毛
黏胶纤维	羊毛
聚酰胺纤维	羊毛或棉
聚酯纤维	羊毛或棉
聚丙烯腈纤维	羊毛或棉

③ 一块染不上色的织物(如聚丙烯纤维织物),需要时使用。

(3) 其他材料:

① 评定变色用灰色样卡,符合 GB/T250 标准;评定沾色用灰色样卡,符合 GB/T251 标准。

② 分光光度测色仪或色度计。

③ 评定变色和沾色,符合 FZ/T01023 标准和 FZ/T01024 标准。

④ 一套 11 块的玻璃或丙烯酸树脂板。

⑤ 耐腐蚀平底容器。

⑥ 天平(精确至 0.01 g)。

⑦ 三级水(符合 GB/T6682)。

⑧ pH 计(精确至 0.1)。

(五) 试样准备

(1) 对于织物,按以下方法之一制备组合试样:

① 取(40±2)mm×(100±2)mm 试样一块,正面与一块(40±2)mm×(100±2)mm 多纤维贴衬织物相接触,沿一短边缝合。

② 取(40±2)mm×(100±2)mm 试样一块,夹于两块(40±2)mm×(100±2)mm 单纤维贴衬织物之间,沿一短边缝合。对印花织物试验时,正面与两贴衬织物每块的一半相接触,剪下其余一半,交叉覆于背面,缝合二短边。如一块试样不能包含全部颜色,需取多个组合试样以包含全部颜色。

(2) 对于纱线或散纤维,取纱线或散纤维的质量约等于贴衬织物总质量的一半,并按下述方法之一制备组合试样:

① 夹于一块(40±2)mm×(100±2)mm 多纤维贴衬织物及一块(40±2)mm×(100±2)mm 染不上色的织物之间,沿四边缝合(见 GB/T6151)。

② 夹于两块(40±2)mm×(100±2)mm 单纤维贴衬织物之间,沿四边缝合。

(六) 试验步骤

1. 浸泡

将一块组合试样平放在平底容器内,注入碱性试液使之完全润湿,试液 pH 值为 8.0±0.2,浴比约为 50:1。在室温下放置 30 min,不时揿压和拨动,以保证试液充分且均匀地渗透到试样中。倒去残液,用两根玻璃棒夹去组合试样上过多的试液。

采用相同的程序将另一组合试样置于 pH 值为 5.5±0.2 的酸性试液中浸湿,然后放入另一个已预热的试验装置中进行试验。

2. 试验

(1) 将组合试样放在两块玻璃板或丙烯酸树脂板之间,然后放入已预热到试验温度的试验装置中,使其所受名义压强为(12.5±0.9)kPa。

注:每台试验装置最多可同时放置 10 块组合试样进行试验,每块试样间用一块板隔开(共 11 块)。如少于 10 个试样,仍使用 11 块板,以保持名义压强不变。

(2) 把带有组合试样的试验装置放入恒温箱内,在(37±2)℃下保持 4 h。

根据所用试验装置类型,将组合试样呈水平状态或垂直状态(图 9-11)放置。

3. 干燥

取出带有组合试样的试验装置,展开每个组合试样,使试样和贴衬间仅由一条缝线连接(需要时,拆去除一短边外的所有缝线),悬挂在不超过 60℃ 的空气中干燥。

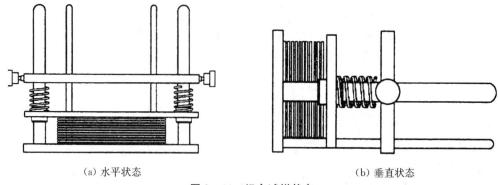

（a）水平状态　　　　　　　　　　　　（b）垂直状态

图9‑11　组合试样状态

（七）试验结果

用灰色样卡或仪器评定每块试样的变色和贴衬织物的沾色。

对许多使用含铜直接染料染色的或经铜盐后处理的纤维素纤维,特定试验和自然出汗会引起铜从染色织物上转移。这可能会引起耐光、耐汗渍或耐洗涤色牢度的显著改变,建议评级时考虑到这种可能性。

（八）注意事项

1. 发现有风干的试样,必须弃去重做。

2. 耐汗渍色牢度测试时,酸和碱试验使用的仪器要分开。

3. 尽量保证试样的含水率为100%,以确保结果的稳定性、可靠性。

4. 试验后无须进行水洗,直接烘干评定即可。

二、国外检测标准

（一）试验标准

AATCC15—2009 耐汗色牢度。

ENISO 105—E04：2009 纺织品色牢度试验第 E04 部分：耐汗渍色牢度。

ISO105—E04：2013 纺织品染色牢度试验第 E04 部分：耐汗渍色牢度。

（二）适用范围

适用于各种印染纺织品的耐汗渍色牢度试验。

（三）测试原理

纺织品试样与规定的贴衬织物贴合成为组合试样,浸入试液中处理,然后去除试液,置于试验装置的两块平板中间,承受规定压力,在指定温度里放置一段时间。干燥试样和贴衬织物,评定试样的变色和贴衬织物的沾色。

（四）设备与材料

1. 试验设备

（1）ISO105—E04 标准：

与 GB/T3922—2013《纺织品色牢度试验耐汗渍色牢度》所用试验设备相同。

（2）AATCC15 标准：

① 耐汗渍牢度测试仪器(水平式和垂直式两种),配有玻璃或丙烯酸树脂夹板。

② 烘箱：对流式烘箱。

2. 试剂

L—组氨酸盐酸盐一水合物($C_6H_9O_2N_3 \cdot HCl \cdot H_2O$)，化学纯；

氯化钠($NaCl$)，化学纯；

无水磷酸氢二钠(Na_2HPO_4)，化学纯；

磷酸二氢钠二水合物($NaH_2PO_4 \cdot 2H_2O$)，化学纯；

氢氧化钠($NaOH$)；

乳酸(USP85%)。

3. 贴衬织物

(1) ISO105—E04 标准：一块符合 ISO105—F10 标准的多纤维贴衬织物，或者两块符合 ISO105—F01～F07 标准的单纤维贴衬物。

(2) AATCC15 标准：纤维条宽为 8 mm 的多种纤维贴衬织物，由醋酯纤维、棉、锦纶、真丝、黏胶纤维和羊毛组成，和纤维条宽为 8 mm 的多种纤维贴衬织物，由醋酯纤维、棉、锦纶、涤纶、腈纶和羊毛组成。

4. 其他用具

样卡、天平、pH 计、轧液机、吸水纸等。

5. 试液配制

(1) ISO105—E04 标准：与 GB/T3922—2013《纺织品色牢度试验耐汗渍色牢度》所用试液相同。

(2) AATCC15 标准：使用的试液只有酸性一种，规定试液储存不能超过 3 天。

每升溶液含：

氯化钠($NaCl$)10 g

乳酸(USP85%)1±0.01 g

磷酸氢二钠十二水合物($Na_2HPO_4 \cdot 2H_2O$)1 g

L—组氨酸盐酸盐一水合物($C_6H_9O_2N_3 \cdot HCl \cdot H_2O$)0.25±0.001 g

用 pH 值计测定，试液 pH 值为 4.3±0.2。

(五)样品准备

1. ISO105—E04 标准

贴衬织物的选择及组合试样制备与 GB/T3922—2013《纺织品色牢度试验耐汗渍色牢度》所规定的相同。

2. AATCC 15 标准

规定试样的尺寸为(60±2)mm×(60±2)mm，每块试样贴上一块同样大小的多纤维贴衬织物，如果染色织物里的纤维没有出现在多纤维测试织物上，测试中也应加入一块没有染色的与试样同一纤维的原材料。

(六)试验程序

把测试样品放入刚准备好的溶液中，使其完全浸润后，取出试样，去除组合试样上的过多试液，再将组合试样夹在两块板中间使其承受一定的压力，再放入烘箱中。

1. ISO105—E04 标准

先将组合试样称重,按浴比 50∶1 加入试液,室温下,试样在试液中的放置时间为 30 min,试样湿重是原来干重的 2～2.5 倍,同一试验装置只可装 10 块试样,受压 12.5 kPa。烘箱温度为(37±2)℃,放置 4 h。酸、碱液试样必须分开各放置于一试验装置中,并保持试验装置垂直。取出、拆开,在不超过 60℃的空气中干燥。

2. AATCC 15 标准

规定试样在测试液中的放置时间为(30±2)min,可由轧液机协助使试样完全浸透,试样湿重是原来干重的(2.25±0.05)倍,使组合试样在 21 块夹板间均匀分布,同一试验装置试样数量不限。将所有 21 块夹板放入汗渍牢度测试架中,加上重锤,使试样负重4.54 kg。烘箱温度为(38±1)℃,放置 6 h。取出、拆开,在温度为(21±1)℃和相对湿度为(65±5)%的条件中放置过夜干燥。

(七)结果评级

使用各自的样卡评级系统,用灰色样卡或仪器法评定试样的变色和贴衬织物的沾色。

任务四　纺织品耐水浸/耐唾液/耐海水色牢度检测

一、试验标准

(1) GB/T18886—2002《纺织品色牢度试验耐唾液色牢度》。
(2) GB/T5713—2013《纺织品色牢度试验耐水色牢度》。
(3) GB/T5714—1997《纺织品色牢度试验耐海水色牢度》。

二、适用范围

适用于各种纺织品。

三、试验方法与原理

为了测定纺织材料和纺织品的耐水色牢度、耐海水色牢度、耐唾液色牢度,可以将纺织品试样与规定的贴衬织物缝合在一起,放在不同试剂中,浸渍一定时间后,去除多余试液,放在试验装置内两块具有规定压力的平板之间,达到规定时间后干燥试样和贴衬织物,用灰色样卡评定试样的变色和贴衬织物的沾色。

四、检测仪器与材料

1. 试验设备(同耐汗渍牢度测试的设备)

(1) 每组试验装置由一个不锈钢架和质量约 5 kg、底部面积为 60 mm×115 mm 的重锤配套组成；并附有尺寸约 60 mm×115 mm×1.5 mm 的玻璃板或丙烯酸树脂板。当(40±2)mm×(100±2)mm 的组合试样夹于板间时，可使组合试样受压强(12.5±0.9)kPa。试验装置的结构应保证试验中移开重锤后，试样所受压强保持不变。

如果组合试样的尺寸不是(40±2)mm×(100±2)mm，所用重锤对试样施加的名义压强应为(12.5±0.9)kPa。可以使用能获得相同结果的其他装置。

(2) 烘箱：温度保持在(37±2)℃。

2. 试验材料

(1) 试液：不同试验方法的试液不同：

耐水色牢度：三级水。

耐海水色牢度：30 g/L 的氯化钠溶液。

耐唾液色牢度：人造唾液，具体配方见表 9-11。

表 9-11 唾液配方

试 剂	浓度(g/L)
乳 酸	3.0
尿 素	0.2
氯化钠	4.5
氯化钾	0.3
硫酸钠	0.3
氯化铵	0.4

(2) 贴衬布：

对多纤维贴衬和单纤维贴衬织物任选其一。

① 一块多纤维贴衬，符合 GB/T7568.7。

② 两块单纤维贴衬织物，符合 GB/T7568.1～7568.6、GB/T13765。

第一块贴衬应由试样的同类纤维制成，第二块贴衬由表 9-12 规定的纤维制成。

如试样为混纺或交织品，则第一块贴衬由主要含量的纤维制成，第二块贴衬由次要含量的纤维制成，或另作规定。

表 9-12 单纤维贴衬织物选择

第一块	第二块	
	耐水/海水色牢度试验	耐汗渍/唾液色牢度试验
棉	羊毛	
羊毛	棉	
丝	棉	
麻	羊毛	
黏纤	羊毛	
醋纤	黏纤	
聚酰胺	羊毛或棉	羊毛或黏纤
聚酯	羊毛或棉	
聚丙烯腈	羊毛或棉	

③ 一块染不上色的织物(如聚丙烯纤维织物),需要时使用。

（3）其他材料：

① 评定变色用灰色样卡,符合 GB/T250 标准；评定沾色用灰色样卡,符合 GB/T251 标准。

② 分光光度测色仪或色度计。

评定变色和沾色,符合 FZ/T01023 标准和 FZ/T01024 标准。

③ 一套 11 块的玻璃或丙烯酸树脂板。

④ 耐腐蚀平底容器。

⑤ 天平(精确至 0.01 g)。

⑥ 三级水(符合 GB/T6682)。

⑦ pH 计(精确至 0.1)。

五、试样准备

1. 试样制备

（1）对于织物,按以下方法之一制备组合试样：

① 取(40±2)mm×(100±2)mm 试样一块,正面与一块(40±2)mm×(100±2)mm 多纤维贴衬织物相接触,沿一短边缝合。

② 取(40±2)mm×(100±2)mm 试样一块,夹于两块(40±2)mm×(100±2)mm 单纤维贴衬织物之间,沿一短边缝合。对印花织物试验时,正面与两贴衬织物每块的一半相接触,剪下其余一半,交叉覆于背面,缝合二短边。如一块试样不能包含全部颜色,需取多个组合试样以包含全部颜色。

（2）对于纱线或散纤维,取纱线或散纤维的质量约等于贴衬织物总质量的一半,并按下述方法之一制备组合试样：

① 夹于一块(40±2)mm×(100±2)mm 多纤维贴衬织物及一块(40±2)mm×(100±2)mm 染不上色的织物之间,沿四边缝合(见 GB/T6151)。

② 夹于两块(40±2)mm×(100±2)mm 单纤维贴衬织物之间,沿四边缝合。

六、试验步骤

1. 浸泡

组合试样在室温下置于相应试液中(耐水色牢度和耐海水色牢度无浴比规定耐唾液色牢度规定浴比为 50∶1),使其完全润湿,必要时稍加揿压和拨动,以保证试液能良好而均匀地渗透,浸泡一定时间(耐水色牢度和耐海水色牢度无时间规定,耐汗渍色牢度和耐唾液色牢度规定时间为 30 min)。

2. 试验

取出试样,去除组合试样上过多的试液,将试样夹在两块试样板中间,用同样的操作步骤放好其他组合试样,并使试样受压 12.5 kPa。

带有组合试样的装置,放入 37℃±2℃的烘箱中处理 4 h。

3. 干燥

取出试样,拆去所有缝线,展开试样并悬挂在温度不超过 60℃的空气中干燥。

七、试验结果

用灰色样卡评定试样的变色和贴衬织物的沾色。

八、注意事项

(1) 发现有风干的试样,必须弃去重做。

(2) 尽量保证试样的含水率为 100%,以确保结果的稳定性、可靠性。

(3) 试验后无须进行水洗,直接烘干评定即可。

(4) 测试织物为聚酰胺织物不同测试方法中第二块的选择需留意。

任务五 纺织品耐热压色牢度检测

为保持织物平整挺括,在纺织品加工和日常维护过程中往往对织物采取熨烫(热压)整理。耐热压(熨烫)色牢度是指染色织物在熨烫时颜色的坚牢程度。有的纺织品是要进行熨烫的,人们在日常生活中主要用下面三种熨烫方式:其一,纺织品干燥后用熨斗将其烫平;其二,干燥的纺织品上放块湿布或用蒸汽熨斗给其定型;其三,将湿的纺织品用熨斗烫干。在熨烫过程中要对纺织品施加高温或高温高湿,其温度多远远超过纺织品染色时的温度,对某些染料亦会产生很大的影响。故需熨烫的纺织品应该进行耐热压色牢度的检测。纺织品耐热压色牢度反映了颜色对热压和耐热滚筒加工过程中各种作用的抵抗力,通过纺织品自身的变色和贴衬织物的沾色程度来反映纺织品耐热压色牢度质量的优劣。

一、试验标准

GB/T6152—1997 纺织品色牢度试验耐热压色牢度。

二、适用范围

(1) 本标准规定了测定各类纺织材料和纺织品的颜色耐热压和耐热滚筒加工能力的试验方法。

(2) 纺织品可在干态、湿态和潮态进行热压试验,通常由纺织品的最终用途来确定。

三、试验方法与原理

对于纺织材料和纺织品的颜色耐热压和耐热滚筒加工能力,可根据最终用途的要求,在干、潮、湿的状态下进行热压试验。

(1)干压:将干试样在规定温度和规定压力的加热装置下受压一定时间(15 s)。

(2)湿压:在湿试样的上面覆盖一块湿的棉贴衬,在规定温度和规定压力的加热装置下受压一定时间(15 s)。

(3)潮压:在干试样的上面覆盖一块湿的棉贴衬,在规定温度和规定压力的加热装置下受压一定时间(15 s)。

热压后,立即用评定变色用灰色样卡评定试样的变色,并在试验用标准大气中调整 4 h 后再作一次评定;用评定沾色用灰色样卡评定棉贴衬织物的沾色(要用棉贴衬织物沾色较重的一面作评定)。耐熨烫色牢度分 5 个等级,5 级最好,1 级最差。

四、检测仪器与材料

(1)加热装置:由一对光滑的平行板组成,装有能精确控制的电加热系统,并赋予试样 $4\ kPa\pm1\ kPa$ 压力。

(2)羊毛法兰绒衬垫($3\ mm$,单位面积质量 $260\ g/m^2$),$3\sim6\ mm$ 平滑石棉板、棉贴衬织物。

(3)平滑石棉板。

(4)未染色未丝光的漂白棉布:单位面积质量 $100\ g/m^2\sim130\ g/m^2$,表面光滑。

(5)棉贴衬布:符合 GB/T7568.2,尺寸为 $100\ mm\times40\ mm$。

(6)评定变色用灰色样卡,符合 GB/T250;评定沾色用灰卡,符合 GB/T251。

(7)三级水:符合 GB/T6151。

五、试样准备

若试样是织物,取 $100\ mm\times40\ mm$ 试样一块。

若试样是纱线,将纱线编成织物,按织物试样制备;或将纱线紧密地绕在一块 $100\ mm\times40\ mm$ 薄的热惰性材料上,形成一个仅及纱线厚度的薄层。

若试样是散纤维,取足够量,梳压成 $100\ mm\times40\ mm$ 的薄层,并缝在一块棉贴衬织物上,以作支撑。

六、试验步骤

热压测试:试验加压温度可根据纤维类型、织物或服装的组织结构选择(110 ± 2)℃、(150 ± 2)℃、(200 ± 2)℃,必要时可以使用其他温度。

干压：把干试样置于覆盖在羊毛法兰绒衬垫的棉布上，放下加热装置的上平板，使试样在规定温度受压 15 s。

潮压：把干试样置于覆盖在羊毛法兰绒衬垫的棉布上，取一块 100 mm×40 mm 含水量为 100％的棉贴衬，放在干试样上面，放下加热装置的上平板，使试样在规定温度受压 15 s。

湿压：把含水量为 100％湿试样覆盖在羊毛法兰绒衬垫的棉布上，取一块 100 mm×40 mm 含水量为 100％的棉贴衬，放在湿试样上面，放下加热装置的上平板，使试样在规定温度受压 15 s。

七、试验结果

立即用相应的灰色样卡评定试样的变色，并在标准大气中调湿 4 h 后再作一次评定。用评定沾色用灰色样卡评定棉贴衬织物的沾色（要用棉贴衬织物沾色较重的一面评定）。

八、注意事项

（1）湿的试样和贴衬布须浸渍均匀，以获得较好的测试结果。

（2）测试顺序应为干压→潮压→湿压，在两次试验过程中，石棉板必须冷却，湿的羊毛衬垫必须烘干。

（3）评定棉布沾色时，应评定沾色较重的一面，而不一定是与织物接触面。

九、国外标准链接

AATCC 133—2009 耐热压色牢度，与国标的耐热压色牢度试验方法相同。

任务六　纺织品耐氯水(游泳池水)色牢度检测

目前绝大多数的自来水都是用氯气和含氯化合物消毒，并且游泳池中含有较高浓度的氯化水。为评价纺织品的颜色对氯化水作用的抵抗力，通过纺织品自身颜色变色程度来反映纺织品耐氯化水牢度质量的优劣，是纺织品性能评价的有效指标。

游泳池水一般用含氯的消毒剂进行消毒，所以泳池水中含有一定量的氯化物，泳衣、浴巾、毛巾等与泳池水接触的印染纺织品颜色需具备一定的耐氯化水能力。

针对测试品种的不同，ISO105 —E03 标准中规定了三种氯化水浓度，用次氯酸钠溶液模拟游泳池水，并用硫代硫酸钠溶液滴定其浓度。AATCC 162 标准虽然与 ISO105 —E03 标准相关，但技术条件差别较大，它只规定了一种浓度氯化水工作液，而且在制备工作液时，除了需要次氯酸钠溶液外，还需要氯化钙和六水合氯化镁共同组成水硬度浓缩液。

一、中国国家检测标准

(一)试验标准

GB/T8433—2013 纺织品 色牢度试验 耐氯化水色牢度(游泳池水)。

(二)适用范围

标准适用于测试各类纺织品的颜色耐消毒游泳池水所用浓度的有效氯作用的方法。本标准规定了三种不同测试条件:有效氯浓度 50 mg/L 和 100 mg/L 用于游泳衣,有效氯浓度 20 mg/L 用于浴衣、毛巾等辅料。

(三)试验方法与原理

为了测定纺织材料和纺织品的颜色耐游泳池水中有效氯作用的方法。纺织品经一定浓度的有效氯溶液处理,然后干燥,评定试样变色。

(四)检测仪器与材料

1. 试验设备

由装有一根旋转轴杆的水浴锅构成。旋转轴呈放射形支承着多只容量为 (550 ± 50) mL 的不锈钢容器,直径为 (75 ± 5) mm,高为 (125 ± 10) mm,从轴中心到容器底部的距离为 (45 ± 10) mm,轴及容器的转速为 (40 ± 2) r/min。

2. 试验材料

次氯酸钠;磷酸二氢钾;磷酸氢二钠二水合物/磷酸氢二钠十二水合物。

一定浓度有效氯溶液配制(现配现用):

溶液 1:20.0 mL/L 次氯酸钠;

溶液 2:14.35 g/L 磷酸二氢钾;

溶液 3:20.05 g/L 磷酸氢二钠二水合物或 40.35 g/L 磷酸氢十二钠二水合物。

将过量碘化钾和盐酸加至 25.0 mL 溶液 1 中,以淀粉作指示剂,用 $c(Na_2S_2O_3)=0.1$ mol/L 硫代硫酸钠溶液滴定游离碘。

设所需硫代硫酸钠溶液为 V mL,则 pH7.50$\pm$ 0.05 的每升工作液需要(使用前,用已校正的 pH 计校正 pH 值):

100 mg/L 有效氯的次氯酸钠水溶液:

705.0/V mL 溶液 1,100 mL 溶液 2,500 mL 溶液 3,稀释至 1 L。

50 mg/L 有效氯的次氯酸钠水溶液:

705.0/2V mL 溶液 1,100 mL 溶液 2,500 mL 溶液 3,稀释至 1 L。

20 mg/L 有效氯的次氯酸钠水溶液:

705.0/5V mL 溶液 1,100 mL 溶液 2,500 mL 溶液 3,稀释至 1 L。

评定变色用灰色样卡,符合 GB/T250。

(五)试样准备

若试样是织物,取 (40 ± 2) mm$\times$ (100 ± 2) mm 试样一块。

若试样是纱线,将它编织成织物,取 (40 ± 2) mm$\times$ (100 ± 2) mm 试样一块,或制成平行长度(100±2)mm、直径(5±2)mm 的纱线束,两端扎紧。

若试样是散纤维,梳压成(40±2)mm×(100±2)mm 的薄层。称量后缝于一块聚酯或聚丙烯织物上以作支撑。浴比仅以纤维质量为基础计算。

(六) 试验步骤

每块试样在机械装置中试验,必须分开容器。将试样浸入次氯酸钠溶液中,浴比 100∶1,确保试样完全浸透,关闭容器,在(27± 2)℃温度下搅拌 1 h。

取出试样,挤压或脱水,悬挂在室温柔光下干燥。

(七) 试验结果评定

用灰色样卡评定试样的变色。

(八) 注意事项

1. 试剂现配现用。
2. 室温柔光干燥。

二、国外检测标准

(一) 检测标准

AATCC 162—2011 耐水色牢度:含氯水池。

EN ISO105—E03:1996 纺织品　色牢度试验　第 E03 部分:耐氯水色牢度(游泳池水)。

ISO105—E03:2010 纺织品　色牢度试验　第 E03 部分:耐氯水色牢度(游泳池水)。

针对测试品种的不同,ISO105—E03 标准中规定了三种氯化水浓度,用次氯酸钠溶液模拟游泳池水,并用硫代硫酸钠溶液滴定其浓度。

AATCC 162 标准虽然与 ISO105—E03 标准相关,但技术条件差别较大,它只规定了一种浓度氯化水工作液,而且在制备工作液时,除了得要次氯酸钠溶液外,还需要氯化钙和六水合氯化镁共同组成水硬度浓缩液。

我国现行的 GB/T8433—2013 标准是根据原 ISO105—E03 标准进行修改采用的。

(二) 适用范围

ISO105—E03 标准规定了三种不同测试条件:有效氯浓度 50 mg/L 和 100 mg/L 用于游泳衣,有效氯浓度 20 mg/L 用于浴衣、毛巾等辅料。

(三) 测试原理

纺织品试样在给定浓度的含氯溶液中处理,然后干燥,评定试样的变色。

(四) 设备与材料

1. 试验设备

(1) ISO105—E03 标准:

与 GB/T8433—2013 纺织品 色牢度试验 耐氯化水色牢度(游泳池水)所使用的试验设备相同。

评定变色用灰色样卡(符合 ISO105—A02 标准)以及测色仪、分析天平等。

（2）AATCC 162 标准：

① 指定 SGS 干洗及水洗机 6523。

② ATLAS 轧液机：测试控制织物 162。

③ AATCC 评定变色用灰色样卡。

2. 测试试剂

（1）ISO105—E03 标准：

与 GB/T8433—2013 纺织品 色牢度试验 耐氯化水色牢度（游泳池水）所用测试试剂相同。

（2）AATCC 162 标准：

① 家用次氯酸钠（NaClO），有效氯约为 5%。

② 无水氯化钙 $CaCl_2$、六水氯化镁（$MgCl_2 \cdot 6H_2O$）、硫酸（H_2SO_4，3 mol/L）、碘化钾 （KI，12%）、淀粉溶液（1%）、硫代硫酸钠（$Na_2S_2O_3$，0.05 mol/L）、碳酸钠、乙酸 （CH_3COOH）、去离子水。

3. 检测液的配制

（1）ISO105—E03 标准：

与 GB/T8433—2013 纺织品 色牢度试验 耐氯化水色牢度（游泳池水）所用检测液配制方法相同。

（2）AATCC 162 标准：

加入 800 mL 蒸馏水或去离子水到 1 L 的容量瓶中，边搅拌边加入 8.24 g 无水氯化钙，5.07 g 六水合氯化镁，用水将体积补充至 1 L，制成硬水溶液，可保留 30 天。再用蒸馏水或去离子水将 51 mL 硬水溶液稀释至 5 100 mL。加入 0.5 mL 保存不超过 60 天的次氯酸钠或等效物。用滴定法准确测量有效氯值，精确至 5 mg/L。如果有必要，用碳酸钠或乙酸将溶液 pH 值调节至 7.0。

（五）样品准备

（1）ISO105—E03 标准：

与 GB/T8433—2013 纺织品 色牢度试验 耐氯化水色牢度（游泳池水）所规定的样品准备相同。

（2）AATCC l62 标准：

试样尺寸约为 60 mm×60 mm，总重为（5.0±0.25）g。如果试样不足 5.0 g，加入多块试样，使包括测试控制织物在内的总重为 5.0 g。不同颜色的试样可以混合。

（六）测试程序

（1）ISO105—E03 标准：

每块试样在设备中试验，必须分开装入容器。将试样加入次氯酸钠溶液中，浴比 100∶1，确保试样完全浸透。紧闭容器，在（27±2）℃温度下在避光处搅拌 1 h。从容器中取出试样，挤压或脱水，悬挂在室温柔光下干燥。用灰色样卡或测色仪评定试样的变色。

（2）AATCC 162 标准：

将 5 000 mL 制备溶液加入测试机筒中，将温度调为 21℃。放入测试控制织物和试样，关闭机筒，运转 60 min。取出试样，用轧液机除去多余溶液，用蒸馏水或去离子水彻底冲洗。再次挤干，彻底干燥，在室温下用白纸擦干。

（七）结果评级

ISO105—E03 标准用灰色样卡或测色仪评定试样的变色等级。

AATCC 162标准用灰色样卡评定测试控制织物的变色。如果评级不等于2～3级或3级,则认为测试结果无效。如果分类等于2～3级或3级,则用灰色样卡评定试样的变色。

任务七　纺织品耐日晒色牢度检测

耐光色牢度又称为耐晒牢度或日晒牢度。耐光褪色的机理至今没有统一的理论解释,一般认为有色纺织品在日晒时,其中的染料吸收光能,并对染料产生一定的光氧化作用,破坏了染料的发色体系,使染料颜色变浅甚至失去颜色。影响日晒褪色的主要因素,包括光照强度(光照强度越强,染料褪色越严重)、光照时间(光照时间越长,褪色越严重)、染料本身的结构(一般分子中含有金属原子的染料耐光牢度好)及染料在纤维上的状态(如聚集态染料比单分子状态染料的耐光色牢度高)四项。除此之外,纤维性质、织物上整理剂等也会对耐光牢度产生不同程度的影响。

耐光色牢度的检测是把试样与一组牢度为1～8级的蓝包羊毛标准同时放在相当于日光的人造光源下,并按规定条件进行暴晒,然后比较试样与蓝色羊毛标准的变色情况,从而评定出试样的耐光牢度等级。

一、试验标准

GB/T8427—2008《纺织品 色牢度试验 耐人造光色牢度:氙弧》。

二、适用范围

本标准规定了一种测定各类纺织品的颜色耐相当于日光(D_{65})的人造光作用色牢度的方法。本标准亦可用于白色(漂白或荧光增白)纺织品。

三、试验方法与原理

纺织品试样与一组蓝色羊毛标准一起在人造光源下按规定条件暴晒,然后将试样与蓝色羊毛标准进行变色对比,从而评定其色牢度。对于白色纺织品试样,是将其白度变化与蓝色羊毛标准对比,从而评定其色牢度。

四、检测仪器与材料

(1)试验设备:耐光色牢度测试仪(氙弧灯)(图9-12)、评级用标准光源箱。

(2)试验材料:变色灰色样卡、蓝色羊毛标准卡及待测纺　**图9-12　耐光色牢度测试仪(风冷)**

织品试样等。

五、试样准备

（1）使用空冷式设备测试时，试样的尺寸不小于 45 mm×10 mm，在同一块试样进行逐段分期暴晒，每一期的暴晒面积应不小于 10 mm × 8 mm 。将待测试样紧附于硬卡上，若为纱线，应将纱线紧密卷绕在硬卡上或平行排列固定于硬卡上；若为散纤维，则应将其梳压整理成均匀薄层固定于硬卡上。为了便于操作，可将一块或几块试样和相同尺寸的蓝色羊毛标准进行排列，并置于一块或多块硬卡上，如图 9‑13 所示。

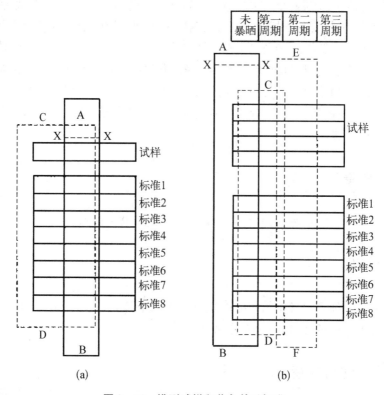

图 9‑13　排列试样和蓝色羊毛标准

（2）采用水冷式设备测试时，试样夹宜放置尺寸约为 70 mm×120 mm 的试样，并且不同尺寸的试样可选用与试样相配的试样夹。如果测试需要，试样也可以放在白卡纸上，而蓝色羊毛标准则必须放在白卡纸背衬上进行暴晒。遮板必须与试样和蓝色羊毛标准卡的未暴晒部分紧密接触，使暴晒和未暴晒部分界限分明，但不可过分紧压。试样的尺寸和形状应与蓝色羊毛标准相同，以免对暴晒与未暴晒部分目测评级时，面积较大的试样对照面积较小的蓝色羊毛标准，会因颜色的面积不同引起视觉误差，从而导致耐光牢度等级的评定误差。

（3）测试绒毛织物时，可在蓝色羊毛标准卡下垫衬硬卡，以使光源至蓝色羊毛标准卡的距离与光源至绒毛织物表面的距离相同。但是，必须避免遮盖物将试样未暴晒部分的表面压平。绒毛织物的暴晒面积应不小于 50 mm×40 mm。

（4）试验方法的选择：

① 方法一：其特点是通过检查试样来控制暴晒周期，每块试样需配备一套蓝色羊毛标准卡。该方法检测结果准确，一般用于对评级有争议时使用。

按图（a）排列试样和蓝色羊毛标准，在试样和蓝色羊毛标准的中段 1/3 处放置遮盖物 AB。在规定条件下暴晒，暴晒过程中，不时提起遮盖物 AB，检查试样的光照效果。当试样的暴晒和未暴晒部分之间的色差达灰色样卡 4 级时，用遮盖物 CD 遮盖试样和蓝色羊毛标准的左侧 1/3 处，继续暴晒，至试样的暴晒和未暴晒部分之间的色差达灰色样卡 3 级时为止。

如果蓝色羊毛标准 7 的褪色比试样先达到灰卡 4 级，此时即可停止暴晒。这是因为，当试样的耐光色牢度达 7 级以上时，需要很长的时间暴晒才能达到灰色样卡 3 级的色差。而且，当耐光色牢度为 8 级时，这样的色差就不可能测到。所以，当蓝色羊毛标准 7 以上产生的色差等于灰色样卡 4 级时，即可在蓝色羊毛标准 7～8 级进行评定。

② 方法二：其基本特点是只需用一套蓝色羊毛标准对一批具有不同耐光色牢度的试样进行试验，可以节省蓝色羊毛标准的用料。以蓝色羊毛标准的变色情况来控制暴晒周期。此方法适用于大量试样同时进行测试。

在测试时，按图（b）排列试样和蓝色羊毛标准，用遮盖物 AB 将试样和蓝色羊毛标准总长的 1/5 遮盖，按规定条件进行暴晒。暴晒过程中，不时提起遮盖物检查蓝色羊毛标准的光照效果。当能观察出蓝色羊毛标准 2 的变色达到灰色样卡 3 级时，对照在蓝色羊毛标准 1、标准 2、标准 3 上所呈现的变色情况，初评试样的耐光色牢度。

将遮盖物 AB 重新准确地放在原先位置上继续暴晒，当暴晒至蓝色羊毛标准 3 上的变色与灰色样卡 4 级相同时，再按图（b）所示位置放上另一遮盖物 CD，叠盖在第一个遮盖物 AB 上继续暴晒，至蓝色羊毛标准 4 的变色达到灰色样卡 4 级时为止。然后，保留其他遮盖物在原处不动，再按图（b）所示位置放遮盖物上继续暴晒，直至在蓝色羊毛标准 7 上产生的色差达到灰色样卡 4 级，或者在最耐光的试样上产生的色差达到灰色样卡 3 级。

③ 方法三：该方法是将试样只与两块蓝色羊毛标准一起暴晒，一块按规定为最低允许牢度的蓝色羊毛标准，另一块为更低牢度的蓝色羊毛标准。连续暴晒，直到在最低允许牢度的蓝色羊毛标准的分段面上达到灰色样卡 4 级（第一阶段）或 3 级（第二阶段）的色差。该法用于核对与某种性能规格是否一致，是最常用的方法。

④ 方法四：该方法是将试样只与指定的参比样一起连续暴晒，直到参比样上达到灰色样卡 4 级或 3 级的色差。该法常用于检验是否符合某一商定的参比样。

⑤ 方法五：在实际应用中，常将染色织物置于规定条件下暴晒一定时间后，用变色灰色样卡评定其日晒变（褪）色牢度。

六、试验步骤

（1）根据所选检测方法，将装好的试样夹垂直排列于设备的试样架上，用没有试样而装着硬卡的试样夹填满所有试样架上的空当。

（2）开启氙弧灯，在预定的条件下，对试样和蓝色羊毛标准同时进行暴晒。

（3）在试样的暴晒和未暴晒部分之间的色差达到灰色样卡 3 级后，停止试验。

（4）移开所有遮盖物,露出试样和蓝色羊毛标准试验后的两个或三个分段面,其中有的已暴晒多次,与至少一处未受到暴晒的部分一起,在标准光源箱中比较,并根据试样和蓝色羊毛标准的相应变色,进行耐光色牢度的评定。

七、试验结果评定

目测试样暴晒和未暴晒部分间的色差,显示相似变色蓝色羊毛标准的号数即为试样的耐光色牢度等级。如果试样所显示的变色在两个相邻蓝色羊毛标准的中间,则应评判为中间级数,如 4～5 级;如果试样颜色比蓝色羊毛标准 1 更易褪色,则评为 1 级;如果不同阶段的色差上得出了不同的评定,则可取其算术平均值作为试样耐光色牢度,以最接近的半级或整级来表示。当级数的算术平均值为 1/4 或 3/4 时,则评定应取其邻近的高半级或一级。

检测结果记录:检测结果应记录检测所采用的标准编号;试样的详细描述;检测项目指标及检测结果等级;以及任何可能影响试验结果的因素等其他情况说明。

八、注意事项

（1）在评定耐光色牢度前,将试样放在暗处,室温条件下平衡 24 h。以防止光致变色引起的对耐光色牢度的评价误差。

（2）若测试白色(漂白或荧光增白)纺织品时,应将试样的变化与蓝色羊毛标准对比,从而来评定色牢度。

任务八 纺织品耐光、汗复合色牢度检测

在炎热的夏季,消费者穿着某些棉服装不久后,会发现接触人体易出汗部位如衣服后背、领子等处经阳光照射后会发生颜色变化,使得该部位颜色明显比其他部位浅,有的甚至发生严重的色光变化,这就是由于服装耐光、汗复合色牢度不佳造成的现象。随着消费者对产品质量要求的不断提高,许多国内外服装销售商逐渐意识到棉、涤棉、涤黏类 T 恤衫、运动裤等染色服装由于直接接触皮肤,往往容易因光、汗复合作用而产生色变造成产品质量不合格,影响服用外观效果,并且脱离纺织品的染料及其光褪色反应的副产物还会对人体的服用安全性造成严重隐患,可见耐光、汗复合色牢度的测定具有极其重要的作用。耐光、汗复合色牢度是纺织品的颜色对它在服用过程中所受人体汗液和日光共同作用影响的抵抗力。以下介绍耐光、汗复合色牢度测定的常用方法。

一、中国国家检测标准

（一）试验标准

GB/T14576—2009 纺织品 色牢度试验 耐光、汗复合色牢度。

（二）适用范围

本标准规定了一种测定在人工汗液作用下纺织品试样耐人造光作用色牢度的试验方法。本标准适用于各种纺织品。

（三）试验方法与原理

将经过人工汗液处理后的试样与4级蓝色羊毛标样同时放在耐光试验机中，并在规定条件下暴晒。当4级蓝色羊毛标样的褪色达到评定变色用灰色样卡的4~5级时，取出试样并清洗，干燥后用灰色样卡或仪器评定其变色级数。

（四）检测仪器与材料

1. 试验设备

（1）天平：精度为 0.01 g。

（2）pH 计：精确到 0.01。

（3）分光光度计或色差计：符合 FZ/T01024 的规定。

（4）耐光试验机：符合 GB/T8427 或 FZ/T01096 的规定。

（5）防水白板：不含荧光增白。

2. 试验材料

（1）人造汗液，配方如下：

① 酸汗液 1（见 AATCC TM15），每升含：

L—组氨酸盐酸盐一水合物（$C_6H_9N_3O_2 \cdot HCl \cdot H_2O$）	0.25 g
氯化钠（NaCl）	10 g
无水磷酸氢二钠（Na_2HPO_4）	1 g
85％乳酸（$CH_3CHOHCOOH$）	1 g

溶液的 pH 值应为 4.3±0.2，否则需重新配制。

② 酸汗液 2（见 GB/T3922），每升含：

L—组氨酸盐酸盐一水合物（$C_6H_9N_3O_2 \cdot HCl \cdot H_2O$）	0.5 g
氯化钠（NaCl）	5 g
磷酸二氢钠二水合物（$NaH_2PO_4 \cdot 2H_2O$）	2.2 g

用 0.1 mol/L 氢氧化钠调节 pH 值至 5.5± 0.2。

③ 碱汗液（见 GB/T3922），每升含：

L—组氨酸盐酸盐一水合物（$C_6H_9N_3O_2 \cdot HCl \cdot H_2O$）	0.5 g
氯化钠（NaCl）	5 g
磷酸氢二钠十二水合物（$Na_2HPO_4 \cdot 12H_2O$）	5 g
或 磷酸氢二钠二水合物（$Na_2HPO_4 \cdot 2H_2O$）	2.5 g

用 0.1 mol/L 氢氧化钠调节 pH 值至 8.0± 0.2。

（2）蓝色羊毛标样：符合 GB/T730 的规定。

（3）评定变色用灰色样卡：符合 GB/T250 的规定。

（4）三级水：符合 GB/T6682 的规定。

（五）试样准备

试样尺寸取决于试样数量及所用耐光试验机试样架的形状和尺寸,保证暴晒面积不小于 45 mm×10 mm;称取试样质量,精确至 0.01 g。

（六）试验步骤

1. 浸泡汗液

将试样放入汗渍盒里,加入 50 mL 新配制的汗液（所用汗液的种类由有关各方协商确定）。将试样完全浸没于汗液中,室温下浸泡约 30 min,期间应对试样稍加揿压和搅动,以保证试样完全润湿。从汗液中取出试样,去除试样上多余的汗液,称取试样的质量,使其带液率为（100±5）%。

2. 暴晒

将浸泡过汗液的试样固定在防水白板上,不遮盖试样。把 4 级蓝色羊毛标样固定在另一块白板上,注意不要被汗液浸湿,用二分之一挡板进行遮盖。将固定好试样和蓝色羊毛标样的试样架置于耐光试验机的暴晒仓内,按照 GB/T8427—2008 中规定的欧洲温带暴晒条件（中等有效湿度,湿度控制标样 5 级,最高黑标温度 50℃）进行暴晒。连续暴晒,直到 4 级蓝色羊毛标样的变色达到灰卡 4～5 级,暴晒即可终止,由于此暴晒终点直接关系到试样耐光、汗复合色牢度的试验结果,所以试验过程中需要特别注意此暴晒终点的控制。

（七）试验结果

取出试样,用室温的三级水清洗 1 min,然后悬挂在不超过 60℃ 的空气中晾干。待试样干燥后,将试样与原样进行对比,用灰色样卡或仪器评定其变色级数。

（八）注意事项

（1）保持耐光试验机的辐照量（单位面积辐照能）为 42 W/m²（波长在 300～400 nm）或 1.1 W/m²（波长在 420 nm）。

（2）保证试样润湿均匀,其带液率为（100±5）%。

（3）试样须放置在防水白板上暴晒。

（4）准确控制试验终点 4 级蓝色羊毛标样变色达到灰卡 4～5 级。

（5）评定变色用原样部位不经过浸泡等处理。

（6）用灰色样卡或仪器评定其变色级数。

二、国外检测标准

（一）检测标准

AATCC 125—2009 耐光汗复合色牢度。

ISO105—B07：2009　纺织品 色牢度试验 第 B07 部分：人造汗浸湿的织物的耐光色牢度。

ENISO105—B07：2009　纺织品 色牢度试验 第 B07 部分：人造汗浸湿的织物的耐光色牢度。

（二）适用范围

耐光汗复合色牢度规定了在人工汗液作用下的纺织品耐光的作用的测试方法,适用于各种纺织品。

(三)试验方法与原理

将试样(未处理或用人工汗液进行处理)与一组蓝色羊毛标样一起在规定的条件下进行人造光暴晒,然后将试样与蓝色羊毛标样进行变色比较,评定色牢度。

(四)检测仪器与材料

1. 试验器具

(1) 耐光色牢度试验机:与耐日光色牢度测试设备要求相同。

(2) 烘箱:对流风。

(3) 天平:精确至±0.01 g。

(4) pH 计:精确至±0.01。

(5) 纸板:41 kg(91 磅),白色,Bristol index(有色试样的暴晒区域无需背衬材料)。

2. 试验材料

(1) 蓝色羊毛标样:可以使用两组蓝色羊毛标样,即欧洲研制生产的蓝色羊毛标样 1~8 和美国研制生产的蓝色羊毛标样 12~19。较高编号的羊毛标样的耐光色牢度比前一编号约高一倍。两组蓝色羊毛标样的褪色性能可能不同,所得的结果不可互换。

(2) 温度控制标样:用红色偶氮染料染色的棉织物,需要定期校准,耐光色牢度为 5 级。

(3) 试剂:

① ISO105—B07 标准:

a. 酸性汗液三级水新鲜配置,每升含:

L—组氨酸盐酸盐一水合物	0.5 g
氯化钠	5 g
二水磷酸二氢钠	2.2 g

用 0.1 mol/L 的氢氧化钠调整 pH 值至 5.5。

b. 碱性汗液 3 三级水新鲜配置,每升含:

L—组氨酸盐酸盐一水合物	0.5 g
氯化钠	5 g
磷酸氢二钠十二水合物	5 g
或 磷酸氢二钠二水合物	2.5 g

用 0.1 mol/L 氢氧化钠调节 pH 值至 8.0。

② AATCC 125 标准:

酸性汗液:三级水新鲜配置,每升含:

L—组氨酸盐酸盐一水合物	0.25 g±0.001 g
氯化钠	10 g±0.01 g
无水磷酸氢二钠	1 g±0.01 g
乳酸,USP85%	1 g±0.01 g

调整 pH 值至 4.3±0.2。

注意:使用的汗渍溶液不能超过 3 天。

（五）试样准备

1. ISO105—B07 标准

耐光汗复合色牢度：试样最小尺寸为 40 mm× 10 mm，可根据试样夹大小确定具体的试样尺寸。每一种人工汗液使用一块试样。

2. AATCC 125 标准

耐光汗复合色牢度：试样尺寸为 51 mm × 70 mm。

（六）试验步骤

1. ISO105—B07 标准

与 GB/T14576—2009《纺织品 色牢度试验 耐光、汗复合色牢度》所规定的相同。

2. AATCC 125 标准

（1）称量试样，允差为±0.01 g。

（2）将每个试样放入直径为 9 cm、高度为 2 cm 的培养皿中，加入新配置的汗渍溶液至 1.5 cm。试样在汗渍液中浸泡 30 min±2 min，偶尔搅动挤压，使其完全浸湿。对于不易润湿的试样，可反复将润湿的试样在实验室小轧车浸轧，直到试样倍汗渍溶液完全浸透。

（3）从汗液中取出试样，去掉试样上多余的溶液，使其含液率为 100％±5％。

（4）将浸透的、无背衬的试样装在暴晒架上，或装在防水背衬和白纸板上。

（5）按照 AATCC 16 的方法 3，在耐光色牢度测试仪暴晒试样至 20 AFUS 。

（6）暴晒后，取出试样。试验终点暴晒至 20AFU（AATCC 蓝色羊毛标准 L4 的色差达到灰卡 4 级）。

（七）试验结果

1. ISO105—B07 标准

取出试样，用室温的三级水清洗 1 min，然后悬挂在不超过 60℃ 的空气中晾干。待试样干燥后，将试样与原样进行对比，用灰色样卡或仪器评定其变色级数。

2. AATCC 125 标准

（1）评定试样的颜色变化。

（2）变色程度也可定量地测定。采用合适的、装有软件的比色计或分光光度计（见 AATCC EP 7《仪器评定试样变色》）测定原样和试样之间的色差。

（3）按照 AATCC EP 1《变色灰卡》通过目光评定试样的颜色变化。为了提高结果的精确性和准确性，评定试样的人员应至少为 2 人。

任务九　纺织品耐升华(干热)色牢度检测

1. 检测标准

GB/T5718—1997《纺织品色牢度试验耐升华(干热)色牢度》。

2. 适用范围

（1）测试标准规定了一种方法，以测定各类用于尺寸及形状稳定的纺织品的颜色耐干热

（热压除外）能力。

（2）本方法提供三种不同温度的试验,根据需要和纤维的稳定性,可采用一种或几种温度。

（3）本方法不作为评定染色或防皱工艺的变色用。

3. 试验方法与原理

纺织品试样与一块或二块规定的贴衬织物相贴,紧密接触一个加热至所需温度的中间体而受热,用灰色样卡评定试样的变色和贴衬织物的沾色。

4. 检测仪器与材料

（1）试验设备:加热装置,由精确控制电加热系统的两块金属加热板组成,可使组合试样平坦地放置,在选定的均匀的温度下受压 4 kPa±1 kPa。

图 9-14　YG605-3A 熨烫/升华色牢度测试仪

（2）试验材料:贴衬织物按①或②,任选其一。

① 一块符合 GB/T7568.7 的多纤维贴衬织物。

② 两块符合 GB/T7568.1～7568.6、GB/T13765 相应章节的单纤维贴衬织物。每块尺寸要适合加热装置的要求。第一块由试样同类纤维制成,如试样为混纺品,则由其中主要的纤维制成;第二块由聚酯纤维制成或另作规定。

（3）如需要,用一块染不上色的织物。

（4）评定变色用灰色样卡,符合 GB/T250;评定沾色用灰色样卡,符合 GB/T251。

5. 试样准备

（1）如样品是织物,按下述方法之一制备试样:

① 取适合加热装置尺寸的试样一块,正面与一块同尺寸的多纤维贴衬织物相接触,沿一短边缝合,形成一个组合试样。

② 取适合加热装置尺寸的试样一块,夹于两块同尺寸单纤维贴衬织物之间,沿一短边缝合,形成一个组合试样。

（2）如样品是纱线或散纤维,取其量约等于贴衬织物总质量之半,按下述方法之一准备试样:

① 放于一块适合加热装置尺寸的多纤维贴衬织物和一块同尺寸染不上色的织物之间,沿四边缝合,形成一个组合试样。

② 夹于两块适合加热装置尺寸的单纤维贴衬织物之间,沿四边缝合,形成一个组合试样。

6. 试验步骤

(1) 将组合试样放于加热装置中,按下列温度之一处理 30 s。

150℃±2℃

180℃±2℃

210℃±2℃

如需要,亦可使用其他温度,试验报告中应注明。试样所受压力必须达到 4 kPa±1 kPa。

(2) 取出组合试样,在 GB/T6529 规定的温带标准大气中放置 4 h;即温度 20℃±2℃,相对湿度(65±2)%。

(3) 用灰色样卡评定试样的变色,以及对照未放试样而作同样处理的贴衬织物,评定贴衬织物的沾色。

7. 试验报告

试验报告应包括以下部分:

① 标准编号,即 GB/T5718—1997;

② 试样所需的具体规格;

③ 所用试验温度;

④ 试样变色级数;

⑤ 如用单纤维贴衬织物,报告每种使用单纤维贴衬织物的沾色级数;

⑥ 如用多纤维贴衬织物,报告多纤维贴衬织物型号及其中每种纤维的沾色级数。

项目十 纺织面料外观保持性检测

纺织面料的消费者、经销商以及服装设计师对于织物的检查和选择，通常是以直观的织物外观为基础的，包括织物的色彩、光泽、手感、悬垂、外观疵点等。除了这些视觉外观性外，织物在使用过程中还会表现出表面形态的变化。外观保持性是服装材料在使用或加工过程中能保持其外观形态稳定的性能，如刚柔性、悬垂性、起毛起球性、勾丝性、折皱回复性、尺寸稳定性、外观稳定性、染色牢度等。外观保持性直接影响纺织品的使用寿命和美观，是消费者十分关心和重视的质量特性。

任务一　织物抗皱性能检测

棉、黏胶等织物具有许多优良性能，但在印染加工和服用洗涤过程中，因不断经受外力的作用而容易产生变形、收缩等现象，同时缺少弹性，防皱性差。为了克服以上缺点，可以对棉、黏胶及其与合成纤维的混纺织物进行防皱整理。

织物抵抗由于搓揉而引起的弯曲变形的能力称为防折皱性。

织物被搓揉挤压时发生塑性变形而形成折皱的性能，称为折皱性。织物抵抗此类折皱的能力，称为抗皱性。有时，抗折皱性也理解为当卸去引起织物折痕的外力后，由于织物的急、缓弹性而使织物逐渐回复到起始状态的能力。织物的防皱性能主要由折皱回复性决定。折皱回复性是指去除外力后，织物从形变中回复原状的能力。因而，通过测定织物的折皱回复性，可以判断织物的防皱性能。如，羊毛织物有较高的折皱回复性，因此防皱性能很好；而棉织物的折皱回复性较差，所以防皱性能较差，可以通过防皱整理加以改善。

由折痕回复性差的织物做成的衣服，在穿着过程中容易起皱，不仅严重影响织物的外观，而且因为沿着折痕与皱纹方向产生剧烈的磨损，加速衣服的损坏。因此，折皱和回复性能是考核织物性能的重要指标之一。

(1) 折痕回复性：织物在规定条件下折叠加压，卸除负荷后，织物折痕处能回复到原来状态至一定程度的性能。

(2) 折痕回复角：在规定条件下，受力折叠的试样卸除负荷后，经一定时间后，两个对折面形成的角度。织物的折痕回复性通常用折痕回复角表示。折痕回复角大，则织物的抗皱性好。

一、试验标准

GB/T3819—1997《纺织品织物折痕回复性的测定回复角法》。

二、适用范围

适用于各种纺织织物。不适用于特别柔软或极易起卷的织物。

三、试验方法与原理

1. 试验方法

织物折痕回复角的测定有两种方法,即折痕水平回复法(简称水平法)和折痕垂直回复法(简称垂直法)。

(1)折痕水平回复法:测定试样折痕回复角时,折痕线与水平面平行的回复角度的测量方法,见图(a)。

(2)折痕垂直回复法:测定试样折痕回复角时,折痕线与水平面垂直的回复角度的测量方法,见图(b)。

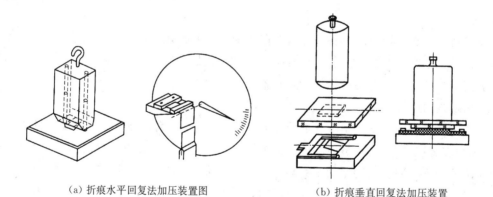

(a)折痕水平回复法加压装置图　　　　(b)折痕垂直回复法加压装置

图 10-1　折痕回复法加压装置

2. 测试原理

一定形状和尺寸的试样,在规定条件下折叠加压保持一定时间。卸除负荷后,让试样经过一定的回复时间,然后测量折痕回复角,以测得的角度来表示织物的折痕回复能力。

四、检测仪器

织物折皱弹性测试仪:如图 10-2 所示。

(1)压力负荷:10 N。

图 10-2　织物折皱弹性测试仪

（2）承受压力负荷的面积：水平法为 15 mm×15 mm，垂直法为 18 mm×15 mm。

（3）承受压力时间：5 min±5 s。

（4）回复角测量器刻度盘的分度值：±1°。

五、调湿与试验用大气

在标准大气条件下调湿。

六、试样准备

（1）每个样品至少 20 个试样，其中经向与纬向各 10 个，每个方向的正面对折和反面对折各 5 个。

日常试验可只测样品的正面，即经向和纬向各 5 个。试样规格见图 10-3。

① 水平法：试样尺寸为 40 mm×15 mm 的长方形。

② 垂直法：回复翼的长为 20 mm，宽为 15 mm。

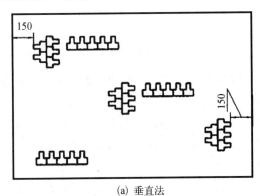

(a) 垂直法

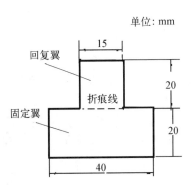

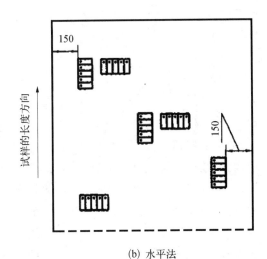

(b) 水平法

图 10-3　测样品取样（正面）

(2) 如需要,测定高湿度条件下[温度为(35±2)℃,相对湿度为(90±2%)]的回复角,试样可不进行预调湿。

七、试验步骤

(1) 垂直法:

① 打开电源开关,仪器左侧的指示灯亮,按工作键开关,试样夹推倒贴在电磁铁上。

② 按5经5纬的顺序,将试样的固定翼装入试样夹内,使试样的折痕线与试样夹的折叠标记线重合。

③ 按下工作按钮,仪器进入自动工作程序,迅速把第1个试样用手柄沿折痕线对折。

不要在折叠处施加任何压力,然后在对折好的试样上放上有机玻璃压板,每隔15 s按程序依次在10个试样有机玻璃压板上再加上压力重锤。

④ 试样承受压力负荷接近规定的时间,仪器发出报警声,鸣示做好读取试样回复角度的准备,加压时间一到,投影灯亮,试样承受压力负荷达到规定的时间后,迅速卸除压力负荷,并将试样夹连同有机玻璃压板一起翻转90°,随即卸去有机玻璃压板,同时试样回复翼打开。

⑤ 试样卸除负荷后达到5 min时,用测角装置依次读得折痕回复角,读至最临近1°。

(2) 水平法:

① 将试样在长度方向两端对齐折叠,然后用宽口钳夹住,夹住位置距布端不超过5 mm,移至标有15 mm×20 mm标记的平板上,使试样正确定位,随即轻轻地加上压力重锤。

② 试样在规定负荷下,保证规定时间后,卸除负荷。将夹有试样的宽口钳转移至回复角测量装置的试样夹上,使试样的一翼被夹住,而另一翼自由悬垂,并连续调整试样夹。

使悬垂下来的回复自由翼始终保持垂直位置。

③ 试样从压力负荷装置上卸除负荷后5 min读得折痕回复角,读至最临近1°。

八、试验结果

分别计算下列各向的平均值,修约保留整数位。

(1) 经向(纵向)折痕回复角:正面对折,反面对折。

(2) 纬向(横向)折痕回复角:正面对折,反面对折。

(3) 总折痕回复角:经、纬向折痕回复角平均值之和。

注:① 试样经调湿后,在操作过程中,只能用镊子或橡胶指套接触。

② 垂直法:回复织物有轻微的卷曲或扭转,以其根部挺直部位的中心线为基准。试样如有黏附倾向,在两翼之间距折痕线2 mm处放置一张厚度小于0.02 mm的纸片或塑料薄片。

③ 水平法:回复织物有轻微的卷曲或扭转,以通过该翼中心和刻度盘轴心的垂直平面作为折痕回复角读数的基准。

任务二　织物的尺寸稳定性能检测

织物的尺寸稳定性,是指织物在受到浸渍或洗涤后以及受较高温度作用时抵抗尺寸变化的性能。它直接关系到衣片尺寸的准确、服装尺寸的稳定和服装的造型及稳定性。其主要表现为缩水性与热收缩性。织物在常温水中浸渍或洗涤干燥后,长度和宽度方向发生的尺寸收缩程度称为缩水性;织物在受到较高温度作用时发生的尺寸收缩程度称为热收缩性,热收缩主要发生在合成纤维织物中。

织物缩水性的测试方法有浸渍法和洗衣机法两种。浸渍法织物所受的作用是静态的,有温水浸渍法、沸水浸渍法、碱液浸渍法及浸透浸渍法等。主要适用于使用过程中不经剧烈洗涤的纺织品,如毛、丝及篷盖布等。检测时,将准备好的试样放入洗涤液中处理规定时间,取出后在规定的方式下进行干燥。然后在不施加任何张力的情况下,用缩水尺直接量其缩水率,也可以用钢尺,量取试样缩水前后三对经、纬向的长度(精确到毫米),分别取经、纬向的平均值,求得该织物的缩水率值。

洗衣机法是动态的,一般采用家用洗衣机,选择一定条件进行洗涤试验。洗涤次数增加,织物的缩水率也增大,并趋向某一极限,称为织物的最大(极限)缩水率。服装的裁剪与缝制应依据最大缩水率来确定。

织物热收缩性的测试是将试样放置在不同的热介质中或进行熨烫,测量作用前后的尺寸变化。

一、国内标准

(一)试验标准

GB/T8628—2013《纺织品测定尺寸变化的试验中织物试样和服装的准备、标记及测量》。

GB/T8629—2001《纺织品试验用家庭洗涤和干燥程序》。

GB/T8630—2013《纺织品洗涤和干燥后尺寸变化的测定》。

(二)适用范围

GB/T8628—2013《纺织品测定尺寸变化的试验中织物试样和服装的准备、标记及测量》标准适用于机织物、针织物及纺织制品,不适用于某些装饰覆盖物。

GB/T8629—2001《纺织品试验用家庭洗涤和干燥程序》标准规定了纺织品试验用家庭洗涤和干燥程序。本标准适用于纺织织物、服装或其他纺织制品的家庭洗涤和干燥。

GB/T8630—2013《纺织品洗涤和干燥后尺寸变化的测定》标准规定了纺织品经洗涤和干燥后尺寸变化的测定方法。本标准适用于纺织织物、服装及其他纺织制品。在纺织制品和易变形材料的情况下,对于试验结果的解释需考虑各种因素。

(三)检测仪器及测试原理

1. 测试原理

试样在洗涤和干燥前,在规定的标准大气中调湿并测量标记间距离;按规定的条件洗涤和干燥后,再次调湿并测量其标记间距离,并计算试样的尺寸变化率。

2. 试验设备和洗涤剂

（1）全自动洗衣机（图 10 - 4、图 10 - 5）：国标规定可选用两类洗衣机，两种洗衣机的试验结果不可比。

① A 型洗衣机：前门加料、水平滚筒型洗衣机。

② B 型洗衣机：顶部加料、搅拌型洗衣机。

图 10 - 4　Y089D 全自动缩水率试验机

图 10 - 5　AATCC 洗衣机 & 干衣机

（2）干燥设施：根据不同的干燥程序选择不同的设施。

① 悬挂晾干或滴干设施：如绳、塑料杆等。

② 摊平晾干用筛网干燥架：约 16 目，不锈钢或塑料制成。

③ 旋转翻滚型烘干机：与 A 型洗衣机配用。

④ 电热（干热）平板压烫机。

⑤ 烘箱：烘燥温度为（60±5）℃。

（3）陪洗物：可采用其中之一。

① 用于 A 型洗衣机的陪洗物：

a. 纯聚酯变形长丝针织物，单位面积质量（310±20）g/m²，由四片织物叠合而成，沿四边缝合，角上缝加固线。形状呈方形，尺寸为（20±4）cm×（20±4）cm，每片缝合后的陪洗物重（50±5）g。

b. 折边的纯棉漂白机织物或 50/50 涤棉平纹漂白机织物，尺寸为（92±5）cm×（92±5）cm，单位面积质量为（155±5）g/m²。

② 用于 B 型洗衣机的陪洗物：纯棉或 50/50 涤棉机织物，单位面积质量（155±5）g/m²，尺寸为 92 cm×（92±2）cm。每片陪洗物重（130±10）g。

（4）测量与标记工具：

① 量尺或钢卷尺或玻璃纤维卷尺：以 mm 为刻度。

② 能精确标记基准点的用具：不褪色墨水或织物标记打印器；或缝进织物做标记的细线，其颜色与织物颜色应能形成强烈对比；或热金属丝，用于制作小孔，在热塑材料上做标记。

③ 平滑测量台。

（5）洗涤剂：

① 无磷 ECE 标准洗涤剂（不含荧光增白剂），用于 A 型洗衣机和 B 型洗衣机。

② 无磷 IEC 标准洗涤剂(含荧光增白剂),用于 A 型洗衣机和 B 型洗衣机。

③ AATCC1993 标准洗涤剂 WOB(不含荧光增白剂),用于 B 型洗衣机。

(四) 试样准备

不要在距布端 1 m 内裁样。如果织物边缘在试验中可能脱散,应使用尺寸稳定的缝线对试样锁边。筒状纬编织物为双层,其边缘需用尺寸稳定的缝线以疏松的针迹缝合(图 10-7)。

(1) 试验规格:至少 500 mm×500 mm,4 块试样。如果幅宽小于 650 mm,经有关当事方协商,可采取全幅试样进行试验。

(2) 标记:在试样的长度和宽度方向上,至少各做 3 对标记。每对标记间距≥350 mm,距离试样边缘≥50 mm,标记在试样上的分布应均匀。

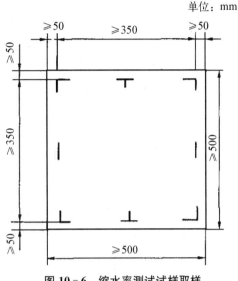

单位:mm

图 10-6　缩水率测试试样取样

(五) 调湿与试验用大气

将试样放置在调湿大气中,在自然松弛状态下,调湿至少 4 h 或达到恒重。

注:当以 1 h 的间隔称重,质量的变化不大于 0.25% 时,即认为达到了恒重。

(六) 试验步骤

(1) 试样洗涤干燥前尺寸测量:将试样放置在标准大气条件下调湿,并在该大气中进行所有测量。将试样平放在测量台上,轻轻抚平折皱,避免扭曲试样。测量每对标记点间的距离,精确至 1 mm。

(2) 洗涤干燥:每次完整的试验包括洗涤程序和干燥程序两部分。标准规定了 A 型洗衣机的 10 种洗涤程序,即 1A～10A,见表 10-1;B 型洗衣机的 11 种洗涤程序,即 1B～11B;6 种干燥程序,即 A～F。每种洗涤程序代表一种家庭洗涤方式,其中 1A～6A 为正常洗涤,7A～10A 为柔和洗涤;8B、11B 为柔和洗涤,其他为正常洗涤,见表 10-2。

① 洗液配制:对于 A 型洗衣机和 B 型洗衣机均可选用 IEC 和 ECE 标准洗涤剂。洗涤液的配制方法如下:按所需量以 77:20:3 的比例分别称取洗涤剂基干粉、过硼酸钠和漂白活化剂,各自预先溶解:先用约 40℃ 的自来水溶解基干粉末和过硼酸钠,将溶液冷却至 30℃,在将最后溶液注入洗衣机之前加入漂白活化剂并充分混合。

② 洗涤:分两次洗涤,每次洗涤两个试样。确定一种洗涤程序,称量待洗试样,并加足量的陪洗物,使所有待洗载荷的空气中的干质量达到所选洗涤程序规定的总载荷值,一般为 2 kg,且试样的量不应超过总载荷量的 1/2。将待洗物装入洗衣机,在添加剂盒中加入适量的洗涤液后,开启电源,选择所需洗涤程序,开始自动洗涤。

③ 干燥:在完成洗涤程序的最后一次脱水后取出试样,试样滴干时,在进行最后一次脱水之前停机并取出试样,不要拉伸或绞拧。按照所选干燥程序在挂杆、筛网或烘箱等上干燥。对于悬挂晾干或滴干,悬挂时试样应充分展开,同时应使试样按制品的使用方向悬挂,即经向(纵向)处于垂直方向。

表10-1 A型洗衣机的洗涤程序

程序编号	加热、洗涤及冲洗中的搅拌	总负荷(干重重量)(kg)	洗涤			冷却⑥	冲洗1		冲洗2			冲洗3			冲洗4		
			温度②(℃)	水位④(cm)	洗涤时间(min)		水位④(cm)	冲洗时间(min)	水位④(cm)	冲洗时间(min)	脱水时间(min)	水位④(cm)	冲洗时间(min)	脱水时间(min)	水位④(cm)	冲洗时间(min)	脱水时间(min)
1A⑧	正常	2±0.1	92±3	10	15	要	13	3	13	3	—	13	2	—	13	2	5
2A⑧	正常	2±0.1	60±3	10	15	不要	13	3	13	3	—	13	2	—	13	2	5
3A⑧	正常	2±0.1	60±3	10	15	不要	13	3	13	3	—	13	2	2⑦	—	—	—
4A⑧	正常	2±0.1	50±3	10	15	不要	13	3	13	3	—	13	2	2⑦	—	—	—
5A	正常	2±0.1	40±3	10	15	不要	13	3	13	3	—	13	2	—	13	2	5
6A	正常	2±0.1	40±3	13	15	不要	13	3	13	3	—	13	2	2⑦	—	—	—
7A	柔和	2±0.1	40±3	13	3	不要	13	3	13	3	1	13	2	6	—	—	—
8A	柔和	2±0.1	30±3	13	3	不要	13	3	13	3	—	13	2	2⑦	—	—	—
9A	柔和	2	92±3	10	12	要	13	3	13	3	—	13	2	2⑦	—	—	—
仿手洗	柔和	2	40±3	13	1	不要	13	2	13	2	2	—	2	2	—	—	—

注:① 程序1A,2A和5A,也可用5 kg总负荷,为提高洗涤效率,降低磨损敏感程度或类似效应,程序7A也可使用1 kg总负荷;
② 洗涤和冲洗注水水温均为20±5℃;
③ 机器运转1 min,停顿30 s,子滚筒底部测量液位;
④ 与水位相对应的液体容积应使用带刻度容器由另外一次试验来确定;
⑤ 时间允差为20 s;
⑥ 冷却:加注冷水至13 cm液位,搅拌2 min;
⑦ 冲洗时间自达到规定液位时计;
⑧ 先加热至40℃,保持该温度15 min,再进一步加热至洗涤温度;
⑨ 仅适用于安全脱水或试验;
⑩ 短时间用于脱水或搅拌;
⑪ 加热时无搅拌。

表 10‑2　搅拌型洗衣机—B 型洗衣机的洗涤程序

程序编号	洗涤和冲洗中的搅拌	总负荷(干质量)(kg)	洗涤			冲洗	脱水
			温度(℃)	液 位	洗涤时间(min)	液 位	脱水时间(min)
1B	正常	2±1	70±3	满水位	12	满水位	正常
2B	正常	2±1	60±3	满水位	12	满水位	正常
3B	正常	2±1	60±3	满水位	10	满水位	柔和
4B	正常	2±1	50±3	满水位	12	满水位	正常
5B	正常	2±1	50±3	满水位	10	满水位	柔和
6B	正常	2±1	40±3	满水位	12	满水位	正常
7B	正常	2±1	40±3	满水位	10	满水位	柔和
8B	柔和	2±1	40±3	满水位	8	满水位	柔和
9B	正常	2±1	30±3	满水位	12	满水位	正常
10B	正常	2±1	30±3	满水位	10	满水位	柔和
11B	柔和	2±1	30±3	满水位	8	满水位	柔和
使用冷水冲洗							

每种干燥程序代表一种家庭干燥方式,即:

A——悬挂晾干;

B——滴干;

C——摊平晾干;

D——平板压烫;

E——翻滚烘干;

F——烘箱干燥。

常用的为 A、C、F 三种干燥方式。

(3) 试样洗涤干燥后尺寸测量:将试样放置在标准大气条件下调湿,并在该大气中进行所有测量。将试样平放在测量台上,轻轻抚平折皱,避免扭曲试样。测量每对标记点间的距离,精确至 1 mm。

(七) 试验结果

计算试样长度方向和宽度方向上的各对标记点间的尺寸变化率,以负号(—)表示尺寸减小(收缩),以正号(＋)表示尺寸增大(伸长)。以 4 块试样的平均尺寸变化率作为试验结果,修约至 0.1%。

$$长度变化率 = \frac{最终长度 - 初始长度}{初始长度} \times 100(\%)$$

$$宽度变化率 = \frac{最终宽度 - 初始宽度}{初始宽度} \times 100(\%)$$

注:① 如果洗后还需评定外观或色牢度,则洗涤剂不宜采用含荧光增白剂的无磷 IEC 标

准洗涤剂。

② 洗涤剂的加入量应以获得良好的搅拌泡沫,泡沫高度在洗涤周期结束时不超过(3±0.5)cm 为宜。

③ 织物幅宽不足 500 mm 时试样的准备、标记和测量,见图 10 - 7。

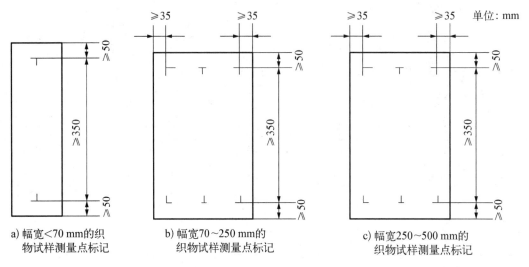

a) 幅宽<70 mm的织 物试样测量点标记

b) 幅宽70~250 mm的 织物试样测量点标记

c) 幅宽250~500 mm的 织物试样测量点标记

图 10 - 7　窄幅织物的测量点标记

二、国外检测标准

(一) 试验标准

AATCC Test Method 150—2003《家庭洗涤后衣物的尺寸变化》。

ISO3759—2008《纺织品测定尺寸变化试验用服装和纺织物样品和服装的制备、标记和测量》。

ENISO3759—2008《纺织品测定尺寸变化试验用纺织物样品和服装的制备、标记和测量》。

ISO5077—2008《纺织品洗涤干燥后尺寸变化的测定》。

ENISO5077—2008《纺织品洗涤干燥后尺寸变化的测定》。

ISO6330—2000/Amd. 1—2008《纺织品试验用家庭洗涤和干燥程序》。

ENISO6330—2000《纺织品织物的家庭洗涤和干燥试验程序》。

(二) 适用范围

以上标准均适用于机织物、针织物和用纺织材料制成的其他纺织制品,但 ISO 标准适用于织物和服装,而 AATCC 标准是专门用于服装在家庭洗涤后的尺寸变化的测定。

ISO3759 标准中注明不适用于某些室内装饰用的覆盖物;ISO5077 标准要求在测定其他纺织品或易变形材料的时候,应考虑各种影响结果的因素。AATCC 150 标准不适用于由具有伸展性织物制成的衣物。

(三) 试验方法与原理

选择具有代表性的样品,在规定的标准大气中调湿后,做好标记并测量尺寸。在试样洗涤和干燥后再次调湿,测量原标记的尺寸,最后计算试样的尺寸变化率。

(四) 检测仪器与材料

1. 试验设备

(1) AATCC TM150 标准:

① 全自动洗衣机(AATCC 认可)

表 10-3　洗衣机条件

	普通/厚重棉织物	轻薄织物	耐久压烫织物
水位	18±1 gal	18±1 gal	18±1 gal
搅拌速度	179±2 spm	119±2 spm	179±2 spm
洗涤时间	12 min	8 min	10 min
旋转速度	645±15 rpm	430±15 rpm	430±15 rpm
最终旋转周期	6 min	4 min	4 min

② 转笼烘干机(AATCC 认可)

表 10-4　干燥条件

	普通/厚重棉织物	轻薄织物	耐久压烫织物
尾气温度	高 66±5℃(150±10℉)	低<60℃(140℉)	高 66±5℃(150±10℉)
冷却时间	10 min	10 min	10 min

③ 滴干和挂干设备

(2) ISO3759 标准和 ISO6330 标准:

ISO3759 标准和 ISO6330 标准中列明了相应的测试器具与材料,有全自动洗衣机(A 型、B 型)、翻滚式烘干机、翻滚式干衣机、洗涤剂、陪洗物、晾干设备和测量器具等,标准对所用的测试器具和材料都做了详细规定。

2. 试验材料

(1) AATCC TM150 标准:

① AATCC 标准洗涤剂。

② 陪洗织物,尺寸为 920 mm×920 mm(36 in×36 in),缝边的漂白棉布或 50/50 涤棉平纹织物。

③ 专用持久性记号笔,打印标记装置,也可用缝线来做标记。

④ 毫米(mm)尺或 0.1 英寸的直尺或卷尺;或已经标记好的缩率尺(0.5%)。

⑤ 台秤,至少 5 kg 或 10 lb 的量程。

(2) ISO3759 标准和 ISO6330 标准:

ISO3759 标准和 ISO6330 标准中列明了相应的测试器具与材料,有洗涤剂、陪洗物等,标准对所用的测试器具和材料都做了详细规定。

(五) 试样准备

(1) 织物试样:在平行织物的经向和纬向剪取 500 mm×500 mm 具有代表性的样品。如果幅宽小于 650 mm,经协商可采取全幅试样进行试验。如果织物边缘在试验中可能脱散,应使用尺寸稳定的缝线对试样锁边。

将试样放置在标准大气环境中调湿至少 4 h或达到恒重。在试样的经向和纬向上至少各做 3对标记,每对标记的间距至少 350 mm,标记距离试样的边缘应不小于 50 mm,并且标记在试样上的分布应均匀(图 10 - 8)。

将试样平放在光滑的水平面上,轻轻抚平折皱,避免拉伸试样。将量尺放在试样厂时避免扭曲试样,测量标记之间的距离,精确至 1 mm。

(2)服装:选取具有代表性的服装作为样品,每件服装为一个样品。如果可能,应选 3 个样品进行试验。当没有足够的服装时,可选择一件或者两件服装作为样品。

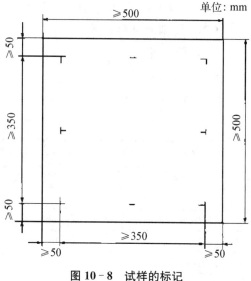

图 10 - 8 试样的标记

将服装用适当的衣架悬挂在标准大气环境中调湿至少 4 h或达到恒重,不使用衣架悬挂的服装,可将每个样品单独平铺在平面上。调湿后,将服装所有应闭合处闭合,平铺在测量台上。在服装样品上,按规定的测量位置进行测量并记录,精确至 1 mm。需要时,在服装上标记测量部位。

(六)测试程序

(1)样品的洗涤和干燥:

① 洗涤:测量好原始尺寸的样品按规定的程序进行洗涤,使测试的样品和陪洗物的总质量达到所选洗涤程序规定的总载荷值,使用规定的水位和水温,加入适量的洗涤剂进行洗涤。

② 干燥:将洗涤后的样品按照所选的干燥方式进行烘干或晾干。

(2)尺寸变化的测定样品经过洗涤和干燥后,应在标准大气环境中至少调湿 4 h,调湿之前样品必须是干燥的。

调湿后,将样品平铺在测量台上,按洗涤前测量的位置进行测量并记录,精确至 1 mm。

(七)试验结果

以百分比的形式表示洗涤后尺寸的变化:

$$尺寸变化率 = \frac{最终尺寸 - 初始尺寸}{初始尺寸} \times 100(\%)$$

取相同位置的尺寸变化率的平均值,精确到 0.1%。以负号(—)表示尺寸减少(收缩),以正号(+)表示尺寸增大(伸长)。

任务三 织物起球性能检测

起毛指纺织品或服装在水洗、干洗、穿着或使用过程中,不断受到揉搓和摩擦等外力作用,织物表面纤维凸出或纤维端伸出形成毛绒而产生明显的表面变化。起球指当毛茸的高度和密度达到一定值时,再进一步摩擦,伸出表面的纤维缠结形成凸出于织物表面、致密且光线不能透过并可产生投影的球。以上现象称为织物的起毛起球。抗起毛起球性指织物抵抗因摩擦而表面起毛起球的能力。

一、中国国家检测标准

(一)试验标准

GB/T4802.1—2008《纺织品织物起毛起球性能的测定第1部分:圆轨迹法》,采用圆轨迹法对织物表面起毛起球性能及表面变化进行测定。

GB/T4802.2—2008《纺织品织物起毛起球性能的测定第2部分:改型马丁代尔法》,采用改型马丁代尔法对织物表面起毛起球性能及表面变化进行测定。

GB/T4802.3—2008《纺织品织物起毛起球性能的测定第3部分:起球箱法》,采用起球箱法对织物表面起毛起球性能及表面变化进行测定。

GB/T4802.4—2009《纺织品织物起毛起球性能的测定第4部分:随机翻滚法》,采用随机翻滚法对纺织品表面起毛起球性能及表面变化进行测定。

(二)试验方法与原理

1. 圆轨迹法

按规定方法和试验参数,利用尼龙刷和织物磨料或仅用织物磨料,使织物摩擦起毛起球。然后在规定光源条件下,对起毛起球性能进行视觉描述评定。

2. 改型马丁代尔法

在规定压力下,圆形试样以李莎茹图形的轨迹与相同织物或羊毛织物、磨料织物进行摩擦。经规定的摩擦阶段后,在规定光源条件下,对起毛和(或)起球性能进行视觉描述评定。

3. 起球箱法

安装在聚氨酯管上的试样,在具有恒定转速、衬有软木的木箱内任意翻转。经过规定次数的翻转后,在规定光源条件下,对起毛和(或)起球性能进行视觉描述评定。

4. 随机翻滚法

采用随机翻滚式起球箱使织物在铺有软木衬垫,并填有少量灰色短棉的圆筒状试验仓中随意翻滚摩擦。在规定光源条件下,对起毛起球性能进行视觉描述评定。

(三)圆轨迹法

1. 试验仪器与工具

(1)圆轨迹起球仪:

试样夹头与磨台作相对垂直运动,其动程均为(40±1)mm;试样夹头与磨台质点相对运动的轨迹为 Φ(40±1)mm 的圆,相对运动速度为(60±1)r/min;试样夹环内径(90±0.5)mm,夹头能对试样施加表1所列的压力,压力误差为±1%。仪器装有自停开关。

(2)磨料:

①尼龙刷:尼龙丝直径 0.3 mm;尼龙丝的刚性应均匀一致,植丝孔径 4.5 mm,每孔尼龙丝 150 根,孔距 7 mm;刷面要求平齐,刷上装有调节板,可调节尼龙丝的有效高度,从而控制尼

龙刷的起毛效果。

② 织物磨料：2201 全毛华达呢,组织为 2/2 右斜纹,线密度为 19.6tex×2,捻度为 Z625—S700,密度为 445 根/10 cm×244 根/10 cm,单位面积质量为 305 g/m²。

（3）沫塑料垫片：单位面积质量约 270 g/m²,厚度约 8 mm,试样垫片直径约 105 mm。

（4）裁样用具：可裁取直径为(113±0.5)mm 的圆形试样。也可用模板、笔、剪刀剪取试样。

（5）评级箱：

用白色荧光管照明,保证在试样的整个宽度上均匀照明。并且应满足观察者不直视光线。光源的位置与

图 10 - 9　YG502 织物起毛起球仪

试样的平面应保持 5°～15°,观察方向与试样平面应保持 90°±10°(见图 10 - 10)。正常校正视力的眼睛与试样的距离应在 30 cm～50 cm。

2. 调湿和试验用大气

调湿和试验用大气采用 GB/T6529 规定的标准大气。

3. 试样准备

（1）预处理：

如需预处理,可采用双方协议的方法水洗或干洗样品。

注：GB/T8629 或 GB/T19981.1 和 GB/T19981.2 中的程序可能是适合的。

如果进行水洗或干洗,按评级程序,对预处理前和处理后试样进行评定。

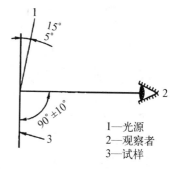

1—光源
2—观察者
3—试样

图 10 - 10　试样的评级

（2）试样：从样品上剪取 5 个圆形试样,每个试样的直径为(113±0.5)mm。在每个试样上标记织物反面。当织物没有明显的正反面时,两面都要进行测试。另剪取 1 块评级所需的对比样,尺寸与试样相同。

注：取样时,各试样不应包括相同的经纱和纬纱(纵列和横行)。

（3）试样的调湿：

在标准大气中调湿平衡,一般至少调湿 16 h,并在同样的大气条件下进行试验。

4. 试验步骤

（1）试验前仪器应保持水平,尼龙刷保持清洁,可用合适的溶剂(如丙酮)清洁刷子。如有凸出的尼龙丝,可用剪刀剪平,如已松动,则可用夹子夹去。

（2）分别将泡沫塑料垫片、试样和织物磨料装在试验夹头和磨台上,试样应正面朝外。

（3）根据织物类型按表 10 - 5 中选取试验参数进行试验。

表 10 - 5　试验参考及适用织物类型实例

参考类型	压力(cN)	起毛次数	起球次数	适用织物类型
A	590	150	150	工作服面料、运动服面料、紧密厚重织物等
B	590	50	50	合成纤维长丝外衣织物等

参考类型	压力(cN)	起毛次数	起球次数	适用织物类型
C	490	30	50	军需服(精梳混纺)面料等
D	490	10	50	化纤混纺、交织织物等
E	780	0	600	精梳毛织物、轻起绒织物、短纤维纬编针织物、内衣面料等
F	490	0	50	粗梳毛织物、绒类织物、松结构织物等

注① 表中未列的其他织物可以参考表中所列类似织物或按照有关方面商定选择参数类别；

② 根据需要或有关方面协商同意，可以适当选择参数类别，但应在报告中说明；

③ 考虑到所有类型织物测试或穿着时的起球情况是不可能的，因此有关各方面可以采用取得一致意见的试验参数，并在报告中说明。

取下试样准备评级，注意不要使试验面受到任何外界影响。

(5)起毛起球的评定：评级箱应放置在暗室中。

沿织物经(纵)向将一块已测试样和未测试样并排放置在评级箱的试样板的中间，如果需要，可采用适当方式固定在适宜的位置，已测试样放置在左边，未测试样放置在右边。如果测试样在测试前未经过预处理，则对比样应为未经过预处理的试样；如果测试样在起球测试前经过预处理，则对比样也应为经过预处理的试样。

为防止直视灯光，在评级箱的边缘，从试样的前方直接观察每一块试样进行评级。

依据表10-6中列出的视觉描述对每一块试样进行评级。如果介于两级之间，记录半级，如3.5。

注① 由于评定的主观性，建议至少2人对试样进行评定。

② 在有关方的同意下可采用样照，以证明最初描述的评定方法。

③ 可采用另一种评级方式，转动试样至一个合适的位置，使观察到的起球较为严重，这种评定可提供极端情况下的数据。如，沿试样表面的平面进行观察的情况。

④ 记录表面外观变化的任何其他状况。

表 10-6　视觉描述评级

级　数	状　态　描　述
5	无变化
4	表面轻微起毛和(或)轻微起球
3	表面中度起毛和(或)中度起球，不同大小和密度的球覆盖试样的部分表面
2	表面明显起毛和(或)起球，不同大小和密度的球覆盖试样的大部分表面
1	表面严重起毛和(或)起球，不同大小和密度的球覆盖试样的整个表面

(6)结果记录：

记录每一块试样的级数，单个人员的评级结果为其对所有试样评定等级的平均值。

样品的试验结果为全部人员评级的平均值，如果平均值不是整数，修约至最近的0.5级，并用"～"表示，如3～4。如单个测试结果与平均值之差超过半级，则应同时报告每一块试样的级数。

(四) 改型马丁代尔法

1. 试验仪器与工具

(1) 计数器：记录起球次数，精确至 1 次。

(2) 起球台装置(图 10-11)：

① 起球台：每个起球台组件包括：起球台、夹持环、固定夹持环的夹持装置。

② 加压重锤：质量为(2.5±0.5)kg，直径为(120±10)mm 的带手柄加压重锤，以确保安装在起球台上的磨料平整。

(3) 试样夹具装置：

① 试样夹具：试样夹具组件包括：试样夹具、试样夹具环、试样夹具导向轴，见图 10-11。试样夹具组件的总质量为(155±1)g。

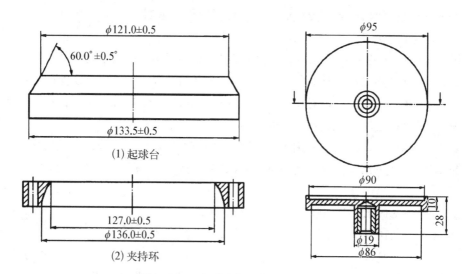

图 10-11 起球台与夹持环试样夹具

② 加载块：每 1 个起球台配备 1 个可供选择的不锈钢的盘状加载块，质量(260±1)g，见图 10-13。试样夹具与加载块的总质量为(415±2)g。

③ 试样安装辅助装置：保证安装在试样夹具内的试样无褶皱所需的设备，见图 10-13。

(4) 评级箱：白色荧光灯照明。

(5) 试验辅料：

① 磨料：一般情况下与试样织物相同。在某些情况下，如装饰织物，采用标准的机织平纹毛织物磨料。每次试验需要更换新磨料。将直径为(140±5)mm 的圆形磨料或边长为(150±2)mm 的方形磨料安装在每个磨台上。

② 毛毡：作为一组试样的支撑材料，有两种尺寸：

ⅰ 顶部(试样夹具)：直径为(90±1)mm。

图 10-12 YG401 马丁代尔平磨仪

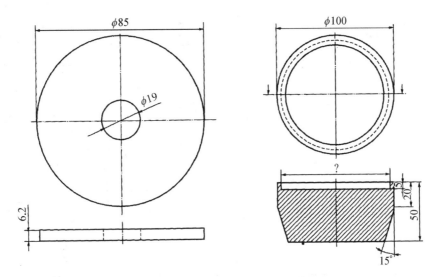

图 10 - 13　加载块试样安装辅助装置

ⅱ 底部(起球台)：直径为 140±5 mm。

2. 试样准备

(1)标记：取样前在需要评级的每块试样反面的同一点作标记,确保评级时沿同一纱线方向评定。

(2)试样规格：直径为 140±5 mm 的圆形,如果起球台上的磨料为试样织物,至少取 3 组试样,每组包括 2 块试样。如果起球台上的磨料为毛织物,至少需要 3 块试样。

另多取 1 块试样用于评级时的对比样。在标准大气条件下调湿和试验。

3. 试验步骤

(1)试样的安装：

① 试样夹具中试样的安装：从试样夹具上移开试样夹具环和导向轴。将试样安装辅助装置小头朝下放置在平台上,将试样夹具环套在其上。翻转试样夹具,在试样夹具内部中央放入直径(90±1)mm 的毡垫。将直径为 140±5 mm 的试样测试面朝上放在毡垫上。小心地将带有毡垫和试样的试样夹具放置在辅助装置的大头端的凹槽处,将试样夹具环拧紧在试样夹具上。根据织物种类,选择负荷质量,决定是否需要在导板上,试样夹具的凹槽上放置加载块,见表 10 - 7。

表 10 - 7　起球试验分类
(除有特别规定外,不同种类的纺织品应按下表进行起球试验)

类别	纺织品种类	磨　料	负荷质量(g)	评定阶段	摩擦次数
1	装饰织物	羊毛织物磨料	415±2	1	500
				2	1 000
				3	2 000
				4	5 000

续 表

类别	纺织品种类	磨 料	负荷质量(g)	评定阶段	摩擦次数
2	机织物 (装饰织物除外)	机织物本身(面/面) 或羊毛织物面料	415±2	1	125
				2	500
				3	1 000
				4	2 000
				5	5 000
				6	7 000
3	针织物 (装饰织物除外)	针织物本身(面/面) 或羊毛织物面料	155±1	1	125
				2	500
				3	1 000
				4	2 000
				5	5 000
				6	7 000

注① 试验表明,通过7 000次的连续摩擦后,试验和穿着之间有较好的相关性,因为2 000次摩擦后还存在的毛球,经过7 000次摩擦后,毛球可能已经被磨掉了。

　② 对于2、3类中的织物,起球摩擦次数不低于2 000次,在协议内评定阶段观察到的起球级数即使为4～5级或以上,也可在7 000次之前终止试验(达到规定摩擦次数后,无论起球好坏均可终止试验)。

② 起球台上试样或磨料的安装:移开试样夹具导板,将一块直径为1 400±5 mm的毛毡放在磨台上,再把试样或羊毛织物磨料(经纬向纱线平行于仪器台边缘)摩擦面向上放置在毛毡上。将质量为(2.5±0.5)kg、直径为(120±10)mm的重锤压在磨台上的毛毡和磨料上,拧紧夹持环,固定毛毡和磨料,取下加压重锤。

③ 将试样夹具导板放在适当的位置,将试样夹具放置在相应的起球台上,将试样夹具导向轴插入固定在导板上的轴套内,并对准每个起球台,最下端插入其对应的试样夹具接套。

(2) 起球测试:

① 试验参数选择:选择试样摩擦阶段、摩擦次数、预置摩擦次数,见表10-8。

② 启动仪器,对试样进行摩擦,达到预置摩擦次数,仪器自动停止。

4. 起毛起球的评定:同圆轨迹法。

(五) 起球箱法

1. 试验仪器与工具

(1) 起球试验箱:立方体箱,未衬软木前内壁每边长为235 mm。箱体的所有内表面应衬有厚度3.2 mm的软木。箱子应绕穿过箱子两对面中心的水平轴转动,转速为(60±2)r/min。箱的一面应是可打开的,用于试样取放(图10-14)。

软木衬垫应定期检查,当出现可见的损伤或影响到其摩擦性能时应更换软木衬垫。

(2) 聚氨酯载样管:每个起球试验箱需要4个,每个管长(140±1)mm,外径(31.5±1)mm,管壁厚度(3.2±0.5)mm,质量为(52.25±1)g。

(3) 装样器,将试样安装到载样管上。

(4) PVC胶带,19 mm宽;缝纫机;评级箱。

用白色荧光管或灯泡照明,保证在试样的整个宽度上均匀照明,并且应满足观察者不直视光线。光源的位置与试样的平面应保持5°～15°,观察方向与试样平面应保持90°±10°。正常校正视力的眼睛与试样的距离应在 30～50 cm(图 10 - 15)。

图 10 - 14　YG511 滚箱式起球仪

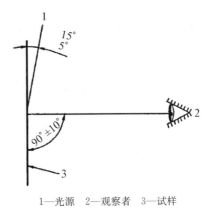

1—光源　2—观察者　3—试样

图 10 - 15　试样评级

2. 调湿和试验用大气

调湿和试验用大气采用 GB/T6529 规定的标准大气。

3. 试样准备

(1) 预处理：如需预处理,可采用双方协议的方法水洗或干洗样品。

注① GB/T8629、GB/T19981.1 和 GB/T19981.2 中的程序可能是适合的。

② 为了保护起球箱的摩擦面和试样管免受可能引起不一致结果的润滑剂或整理剂的影响,推荐使用洗涤和干洗程序。

如果进行水洗或干洗,按项目九规定的评级程序,对预处理前和处理后试样进行评定。

(2) 取样：从样品上剪取 4 个试样,每个试样的尺寸为 125 mm×125 mm。在每个试样上标记织物反面和织物纵向。当织物没有明显的正反面时,两面都要进行测试。另剪取 1 块尺寸为125 mm×125 mm 的试样作为评级所需的对比样。

注：取样时,试样之间不应包括相同的经纱和纬纱。

(3) 试样的数量：取 2 个试样,如可以辨别,每个试样正面向内折叠,距边 12 mm 缝合,其针迹密度应使接缝均衡,形成试样管,折的方向与织物的纵向一致。取另 2 个试样,分别向内折叠,缝合成试样管,折的方向应与织物的横向一致。

(4) 试样的安装：将缝合试样管的里面翻出,使织物正面成为试样管的外面。在试样管的两端各剪 6 mm 端口,以去掉缝纫变形。将准备好的试样管装在聚氨酯载样管上,使试样两端距聚氨酯管边缘的距离相等(图 10 - 16),保证接缝部位尽可能的平整。用 PVC 胶带缠绕每个试样的两端,使试样固定在聚氨酯管上,且聚氨酯管的两端各有 6 mm 裸露。固定试样的每条胶带长度应不超过聚氨酯管周长的 1～5 倍(图 10 - 16)。

(5) 试样的调湿：按标准大气调湿试样至

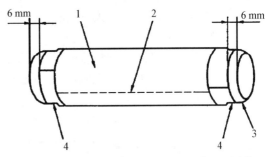

1—测试样　2—缝合线　3—聚氨酯载样管　4—胶带

图 10 - 16　聚氨酯管上的试样

少 16 h,并在同样的大气条件下进行试验。

4. 试验步骤

保证起球箱内干净、无绒毛。

把四个安装好的试样放入同一起球箱内,关紧盖子。启动仪器,转动箱子至协议规定的次数。

注① 预期所有类型织物测试或穿着时的起球情况是不可能的。因此,对于特殊结构的织物,有关方有必要对翻转次数取得一致意见。

② 在没有协议或规定的情况下,建议粗纺织物翻转 7 200 r,精纺织物翻转 14 400 r。

从起球试验箱中取出试样并拆除缝合线。

5. 起毛起球的评定

同圆轨迹法。

(六) 随机翻滚法

1. 仪器和材料

(1) 起球箱:如图 10－17 所示。

① 软木圆筒衬垫:软木圆筒衬垫长 452 mm,宽 146 mm,厚 1.5 mm。

注:软木圆筒衬垫使用一小时后需要更换。

② 空气压缩装置:每个试验仓的空气压力需要达到 14～21 kPa。

(2) 胶粘剂:用来封合试样的边缘。

(3) 真空除尘器:家用除尘器即可,用来清洁试验后的试验仓。

图 10－17 随机翻滚式起球仪

(4) 灰色短棉:灰色短棉用来改善试样的起球性能。

(5) 评级箱:用白色荧光管或灯泡照明,保证在试样的整个宽度上均匀照明,并且应满足观察者不直视光线。光源的位置与试样的平面应保持 5°～15°,观察方向与试样平面应保持 90°±10°。正常校正视力的眼睛与试样的距离应在 30～50 cm。

(6) 实验室内部标准织物:用来校准新安装的起毛起球箱或软木衬垫是否被污染的织物。

2. 调湿和试验用大气

调湿和试验用大气采用 GB/T6529 规定的标准大气。

3. 试样准备

(1) 预处理:如需预处理,可采用双方协议的方法水洗或干洗样品。

注:GB/T8629 或 GB/T19981.1 和 GB/T19981.2 中的程序可能是适合的。

(2) 试样:

①每个样品中各取三个试样,尺寸为(105±2)mm×(105±2)mm。

②整幅实验室样品中均匀取样或从服装样品上三个不同衣片上取试样,避免每两块试样中含有相同的经纱或纬纱,试样应具有代表性,且避开织物的褶皱、疵点部位。

注:如果没有特别的要求,不要从布边附近剪取样品(距布边的距离不小于幅宽 1/10)。

（3）标记与制样：

① 在每个试样的一角分别标注"1"、"2"或"3"以作区分。

② 使用粘合剂将试样的边缘封住，边缘不可超过 3 mm。将试样悬挂在架子上直到试样边缘完全干燥为止，干燥时间至少为 2 h。

4. 试验步骤

（1）同一个样品的试样应分别在不同的试验仓内进行试验。

（2）将取自于同一实验室样品中的三个试样，与重约为 25 mg、长度约为 6 mm 的灰色短棉放入试验仓内，每一个试验仓内放入一个试样，盖好试验仓盖，并将试验时间设置为 30 min。

（3）启动仪器，打开气流阀。

（4）在运行过程中，应经常检查每个试验仓。如果试样缠绕在叶轮上不翻转或卡在试验仓的底部、侧面静止，关闭空气阀，切断气流，停止试验，并将试样移出。记录试验的意外停机或者其他不正常情况。

（5）当试样被叶轮卡住时，停止测试，移出试样，并使用清洁液或水清洗叶轮片。待叶轮干燥后，继续试验。

（6）试验结束后取出试样，并用真空除尘器清除残留的棉絮。

（7）重复②～⑥的过程测试其余试样，并在每次试验时重新分别放入一份重约为 25 mg 的长度约为 6 mm 的灰色短棉。

（8）测试经硅胶处理的试样时，可能会污染软木衬垫从而影响最终的起球结果。实验室处理这类问题时，需要采用实验室内部标准织物在已使用过的衬垫表面（已测试过经硅胶处理的试样）再做一次对比试验。如果软木衬垫被污染，那么此次结果与采用实验室内部标准织物在未被污染的衬垫表面所作的试验结果会不相同，分别记录两次测试的结果，并清洁干净或更换新的软木衬垫对其他试样进行测试。

注：测试含有其他的易变粘材料或者未知整理材料的试样后可能会产生与上述相同的问题，在测试结束后应检测衬垫并做相应的处理。

5. 起毛起球的评定

评级箱应放置在暗室中。

沿织物经（纵）向将一块已测试样和未测试样并排放置在评级箱的试样板的中间，如果需要，可采用适当方式固定在适宜的位置，已测试样放置在左边，未测试样放置在右边。如果测试样在测试前未经过预处理，则对比样应为未经过预处理的试样；如果测试样在起球测试前经过预处理，则对比样也应为经过预处理的试样。

为防止直视灯光，在评级箱的边缘，从试样的前方直接观察每一块试样进行评级。依据表 10-8 中列出的视觉描述对每一块试样进行评级。如果介于两级之间，记录半级，如，3～4 级。

注1：由于评定的主观性，建议至少 2 人对试样进行评定，

注2：在有关方的同意下可采用样照，以证明最初描述的评定方法。

注3：可采用另一种评级方式，转动试样至一个合适的位置，使观察到的起球较为严重，这种评定可提供极端情况下的数据。如，沿试样表面的平面进行观察的情况。

注4：记录表面外观变化的任何其他状况。

表 10 - 8　视觉描述评级

级　数	状　态　描　述
5	无变化
4	表面轻微起毛和(或)轻微起球
3	表面中度起毛和(或)中度起球,不同大小和密度的球覆盖试样的部分表面
2	表面明显起毛和(或)起球,不同大小和密度的球覆盖试样的大部分表面
1	表面严重起毛和(或)起球,不同大小和密度的球覆盖试样的整个表面

6. 结果

记录每一块试样的级数,单个人员的评级结果为其对所有试样评定等级的平均值。

样品的试验结果为全部人员评级的平均值,如果平均值不是整数,修约至最近的 0.5 级,并用"～"表示,如 3～4。如单个测试结果与平均值之差超过半级,则应同时报告每一块试样的级数。

7. 试验报告

试验报告应包含以下内容:

(1) 本部分的标准号;

(2) 试验样品描述;

(3) 如需要,描述试验样品的预处理;

(4) 测试样数量和评级者的人数;

(5) 仪器参数类型;

(6) 试验日期;

(7) 起毛、起球或起毛起球的最终评定等级,必要时同时报告每一块试样的级数;

(8) 经预处理后试样与未经过预处理试样相比,试样起毛、起球或起毛起球的评定级数;

(9) 偏离本部分的细节。

二、国外检测标准

(一)毛刷式

1. 试验标准

ASTM D3511—2008 纺织物抗起球性和其他相关表面变化的标准试验方法毛刷式织物起球试验仪。

2. 适用范围

标准适用于所有类型的服饰织物,包括机织物和针织物。

3. 测试原理

按规定的条件,用尼龙刷来回摩擦织物表面,将纤维刷成自由的末端,使其在纺织品表面形成绒毛,再将两个样品在一起摩擦,并作圆周运动,使纤维末端形成球粒。纤维的起球程度由测试样品与标准样照进行比较而评定。

4. 测试设备

测试仪器为毛刷式起毛起球测试仪。

5. 样品准备

（1）如有需要,在切割测试样品前对样品进行清洗或干洗。

（2）将样品切成(320±1)mm 的正方形,它的边与经向和纬向平行,或切割成直径为(175±2)mm 的圆形,共切割 6 个测试样品。在每个样品上标经向、纬向,并标记号 AL、BL、AC、BC、AR、BR(L、C、R 分别代表织物制品的左、中、右区域)。

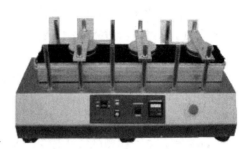

图 10-18　ASTMD3511 毛刷式
起毛起球测试仪

（3）所取样品离布边的距离不小于 1/10 幅宽。

（4）将测试样品在测试的环境下进行调湿平衡。

6. 测试程序

（1）要求在测试的环境中进行。

（2）将刷子的平板放置在半径为 19 mm 的旋转平台上,刷毛向上。

（3）将 6 个样品装在 6 个支架上,织物的面暴露在外,并且承受足够的张力以防起皱。将样品支架放在垂直的定位销上,使织物的面能够与刷子接触。

（4）开动测试仪,摩擦样品 4 min±10 s。

（5）将刷子平板取下,将 AL、AC、AR 样品的支架装在半径为 19 mm 的旋转平台上,使织物面朝上,再将 BL 与 AL、BC 与 AC、BR 与 AR 面对面匹配装在相应的定位销上。运行摩擦 2 min±10 s。

7. 结果表述

（1）使用观察设备,选择合适的织物或样照,评价每个样品摩擦后的外观,按表 10-9 中的标准对样品评级。

表 10-9　起球评级标准

5级	无起球	2级	严重起球
4级	轻微起球	1级	非常严重起球
3级	中度起球		

（2）对每个实验室的采样单元和批量样品并记录平均值。

（3）核查起球的样品起球的不一致性,如果起球集中在长度或者宽度方向上的任何一个样品上,或者集中在样品的任何一个部分上,则说明该织物所用纱线品种不同。

(二)起球箱法

参考 GB/T4802.3—2008《纺织品织物起毛起球性能的测定第 3 部分:起球箱法》的测试方法。

(三)乱翻式

1. 测试标准

ASTM D3512—2007 纺织物表面的抗起球性及其他有关表面变化的标准试验方法乱翻

式起球试验仪。

2. 适用范围

该标准适用于所有类型的服饰织物,包括机织物和针织物。一些经过硅胶树脂处理的织物不适用于这种方法进行测试,因为硅胶树脂可能会进入测试间的软木衬垫导致错误的结果。

3. 测试原理

采用随机翻滚式起球箱使织物在铺有软木衬垫并填有少量灰色短棉的圆筒状试验仓中随意翻滚摩擦。在规定光源条件下,对起毛起球性能进行视觉描述评定。

4. 测试设备

乱翻式起毛起球测试仪(图 10 - 19)、粘胶剂、真空除尘器、灰色短棉、实验室内部标准织物、评级箱。

图 10 - 19 乱翻式起毛起球测试仪及起毛起球评级箱

5. 样品准备

(1) 所取样品须离布边的距离不少于 1/10 幅宽。

(2) 对于机织物或针织物都取边长约 105 mm 的正方形试样。取样时,正方形试样的边与经向/纬向成 45°角。

(3) 如果松散的纤维按上述方法取样,试样的边容易散掉,可以沿经向/纬向取样(使正方形的边平行于经向/纬向),并将边上的经纬纱拆掉 5 mm,使样品尺寸为 100 mm×100 mm。

(4) 在织物的正面用封边胶封边,注意封边宽度不要超过 3 mm。

(5) 样品测试前,需在标准大气环境下进行调湿平衡、测试。

6. 测试程序

(1) 在一个转筒中一次只做同一种样品的测试。

(2) 将软木衬垫安装在干净的转筒内,未使用的面对着转轴(软木垫每面可使用 1 h)。

(3) 从同一样品上取 3 个测试样,连同 25 mg、6 mm 长的灰棉绒放入转筒中。

(4) 盖上盖子,将定时器设置为 30 min。

(5) 转动(30±1)min 后,从转筒中取出样品,清除多余纠缠成球的毛绒,并清理转筒。

7. 结果评级

在评级箱中,与标准样卡对照评定样品起毛起球等级。起毛起球等级标准见表 10 - 10。

8. 记录与报告

试验报告应包括以下内容：

（1）使用标准号。

（2）试验样品描述。

（3）如需要，描写试验样品的预处理。

（4）测试数量和评级人数。

（5）试验参数类型。

（6）试验日期。

（7）起毛、起球或起毛起球的最终评定级数，必要时同时报告每块试样级数。

（8）经预处理试样与未经过预处理试样相比，试样起毛、起球或起毛起球的评定级数。

任务四　织物勾丝性能检测

织物中纤维和纱线由于勾挂而被拉出织物表面的现象称为勾丝。针织物和变形长丝的机织物在使用过程中，遇到坚硬的物体，极易发生勾丝，并在织物表面形成丝环和（或）紧纱段。当碰到的是锐利物体，且作用力剧烈时，单丝易被勾断，呈毛丝状突出于织物。织物产生勾丝，不仅外观严重恶化，而且影响织物的耐用性。以下介绍一种典型的测试织物勾丝性能的方法：织物勾丝性能的测定（钉锤法）。

一、试验标准

GB/T11047—2008《纺织品织物勾丝性能评定钉锤法》。

二、适用范围

本标准规定了采用钉锤法测定织物勾丝性能的试验方法和评价指标。

本标准适用于针织物和机织物及其他易勾丝的织物，特别适用于化纤长丝及其变形纱织物。

本标准不适用于具有网眼结构的织物、非织造布和簇绒织物。

三、术语和定义

（1）勾丝：织物中纱线或纤维被尖锐物勾出或勾断后浮在织物表面形成的线圈、纤维（束）圈状、绒毛或其他凸凹不平的疵点。

（2）勾丝长度：勾丝从其末端至织物表面间的长度。

（3）紧纱段（紧条痕）：当织物中某段纱线被勾挂形成勾丝，留在织物中的部分则被拉直并明显紧于邻近纱线，从而在勾丝的两端或一侧产生皱纹和条痕。

四、检测仪器及测试原理

1. 测试原理

将筒状试样套于转筒上,用链条悬挂的钉锤置于试样表面上。当转筒以恒速转动时,钉锤在试样表面随机翻转、跳动,使钩挂试样,试样表面产生勾丝。经过规定的转数后,对比标准样照对试样的勾丝程度进行评级。

2. 试验仪器与工具

(1) 钉锤勾丝仪(图 10 - 20):

① 钉锤圆球直径为 32 mm,钉锤与导杆的距离为 45 mm。

② 钉锤上等距植入化钨针钉 11 根,针钉外露长度 10 mm。

③ 转筒转速为(60±2)r/min。

④ 毛毡厚 3~3.2 mm,宽 165 mm。一般使用 200 h 或表面变得粗糙等严重磨损现象时应予以更换。

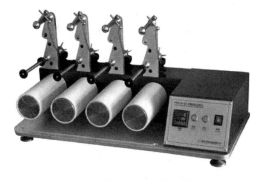

图 10 - 20 YG518 - II 织物勾丝试验仪

图 10 - 21 YG908E 勾丝评级箱

(2) 评定板:评定板的厚度不超过 3 mm,规格为 140 mm×280 mm。

(3) 分度为 1 mm 的直尺;剪刀;划样板;缝纫机;等等。

(4) 8 个橡胶环。

(5) 评级箱:评级箱采用 12 V、55 W 的石英卤灯;勾丝 5 级标准样照(图 10 - 21)。

五、试样准备

在距布边 1/10 幅宽内取样,经(纵)向和纬(横)向试样各 2 块,每块试样尺寸为 200 mm×330 mm。试样应不含相同的经纬纱线。每块试样正面朝内缝制成周长为 280 mm(伸缩性大的织物周长可缝制为 270 mm)的套筒。注意:经(纵)向试样的经(纵)向与试样短边平行,纬(横)向试样的纬(横)向与试样短边平行。

(1) 样品的抽取方法和数量按产品标准规定或有关方面协商进行。

(2) 样品至少取全幅,不要在匹端 1 m 内取样,样品应平整无皱。

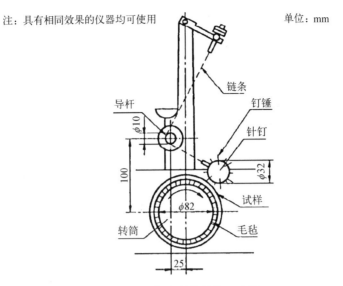

注：具有相同效果的仪器均可使用　　　　　　　单位：mm

图 10‐22　钉锤勾丝仪结构示意图

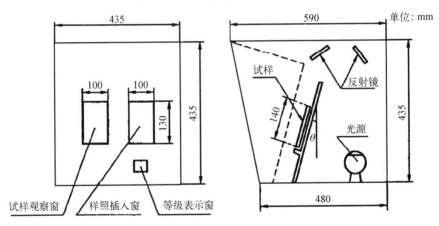

单位：mm

图 10‐23　评级箱

（3）在调湿后的样品上裁取经（纵）向和纬（横）向试样各 2 块，每块试样的尺寸为 200 mm×330 mm，不要在距布边 1/10 幅宽内取样，试样上不得有任何疵点和折痕。试样应不含相同的经纬纱线（图 10‐24）。

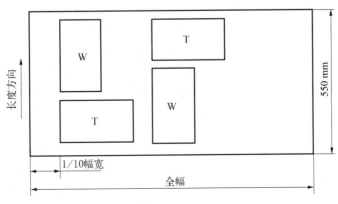

图 10‐24　采样方法

（4）试样正面相对缝纫成筒状，其周长应与转筒周长相适应。非弹性织物的试样套筒周长为 280 mm，弹性织物（包括伸缩性大的织物）的试样套筒周长为 270 mm。将缝合的筒状试样翻至正面朝外。如试样套在转筒上过松或过紧，可适当减小或增加周长，使其松紧适度。

注：经（纵）向试样的经（纵）向与试样短边平行，纬（横）向试样的纬（横）向与试样短边平行。

六、调湿与试验用大气

调湿和试验用标准大气：温度（20±2）℃，相对湿度（65±4）％。纯涤纶织物至少平衡 2 h，公定回潮率为 0 的织物可直接进行试验。

七、试验步骤

1. 试样安装

将筒状试样的缝边分向两侧展开套在转筒上，对针织横向试样，宜使其中一块试样的纵列线圈头端向左，另一块向右。用两个橡胶环各自固定住套筒两端。经（纵）向和纬（横）向试样应随机地装放在不同的转筒上。将钉锤绕过导杆放在试样上，并利用卡尺设定钉锤与导杆之间的距离为 45 mm。

2. 测试

（1）设置仪器转数，启动仪器，观察钉锤应能自由地在整个转筒上翻转、跳动，否则应停机检查。

（2）达到规定转数 600 r 后，自动停机，小心地移去钉锤，取下试样。

八、结果评定

1. 勾丝评级

试样在取下后至少放置 4 h 再评级。

（1）试样固定于评级板上，使评级区处于评定板正面，或直接将评定板插入筒状试样，使缝线处于背面中心。

（2）把试样放在评级箱观察窗内，将标准样照放在另一侧。

（3）依据试样勾丝（包括紧纱段）的密度，按表 10-10 的视觉描述对每一块试样进行评级。如果介于两级之间，记录半级。

表 10-10　视觉描述评级

级　数	状　态　描　述
5	表面无变化
4	表面轻微勾丝和（或）紧纱段
3	表面中度勾丝和（或）紧纱段，不同密度的勾丝（紧纱段）覆盖试样的部分表面
2	表面明显勾丝和（或）紧纱段，不同密度的勾丝（紧纱段）覆盖试样的大部分表面
1	表面严重勾丝和（或）紧纱段，不同密度的勾丝（紧纱段）覆盖试样的整个表面

2. 试验结果

样品的试验结果为全部人员评级的平均值,修约至最近的 0.5 级,并用"—"表示,如 3～4 级。分别计算经(纵)向和纬(横)向试样勾丝级别的平均数。可采用另一种评级方式,转动试样至合适的位置,使观察到的起球较为严重,这种评定可提供极端情况下的数据。如,沿试样表面的平面进行观察的情况。

3. 勾丝性能评定

如果试样勾丝中含有中勾丝或长勾丝,则按表规定对所评级别予以顺降,一块试样中、长勾丝累计顺降最多为 1 级。

表 10 - 11　中、长勾丝顺降级别

勾丝类别	占全部勾丝的比例	顺降级别/级
中勾丝 (长度介于 2～10 mm 间的勾丝)	≥1/2～3/4	1/4
	≥3/4	1/2
长勾丝(长度≥10 mm 的勾丝)	≥1/4～1/2	1/4
	≥1/2～3/4	1/2
	≥3/4	1

表 10 - 12　勾丝性能的评级

级　别	勾　丝　性　能
≥4	表示具有良好的抗勾丝能力
≥3～4	表示具有抗勾丝能力
≤3	表示抗勾丝性能差

如果需要,对试样的勾丝性能进行评定,≥4 级表示具有良好的抗勾丝能力,≥3～4 级表示具有抗勾丝能力,≤3 级表示抗勾丝性能差。

注:① 织物结构特殊,或经有关各方协商同意,转数可以根据需要选定。② 同一向的试样的勾丝级差超过 1 级,则应增测两块。

项目十一 纺织面料功能性检测

随着社会的发展和人类文明程度的提高,传统纺织品遮体、保持体温、美观和使皮肤免受外界侵害的作用已远远满足不了人类对纺织品服用性能的更高要求。纺织品除了用于服装外,还大量用于装饰、产业等各个领域,这些领域也对纺织品具有特殊性能的要求,同时,随着合成纤维的广泛应用,合成纤维某些性能上的不足也已影响到它的使用和应用范围的拓展。

为了满足人类服用和装饰、工业以及国防等行业对纺织品性能的更高要求以及改善合成纤维织物的服用性能,需要对纺织品进行特种功能整理,赋予纺织品特殊功能。功能性纺织品不仅能赋予加工织物某些特殊性能,增加纺织产品的花色品种,而且还能在很大程度上提高产品的附加值,这就使得多功能纺织品的发展越来越受到人们的喜爱和关注。

功能性纺织品种类繁多,应用前景十分广阔。目前能被国内外消费者所接受的、市场需求量较大的有几大类,如拒水拒油功能、吸湿排汗功能、抗菌防臭功能、防紫外线功能、防辐射功能、防静电功能、阻燃功能以及应用纳米技术的功能性纺织品等。同时,针对功能性纺织品的检测也非常重要,本节主要介绍对纺织品透气透湿、拒水拒油、阻燃、抗紫外、抗静电等功能性的检测。目前,对这类功能纺织产品的性能检测标准主要有:美国标准(AATCC 和 ASTM)、国际标准(ISO)、中国国家标准(GB、GB/T 及 FZ/T)等。在具体测试时,应根据产品的目标市场或客户的要求,选择相应的标准和测试方法。

任务一 织物拒水性能检测

生活中有很多织物是经过抗水或拒水整理的,比如说雨伞、雨衣等,不同用途的织物对防水性、透水性的要求不同。用做雨衣、帐篷、帆布等的织物应具有良好的防水性,而过滤用布应具有良好的透水性。

(1)防水性:织物抵抗被水润湿和渗透的性能。织物防水性能的表征指标有沾水等级、静水压、水渗透量等。抵抗被水润湿的性能,即织物表面抗湿性是指织物表面憎水性能,常用来评价织物防水(泼水)整理效果,沾水等级是检测雨衣、泼水整理、帐篷、篷盖布等面料防水性能指标不可少的。抗渗水性能是织物抗水压的能力或抵抗水渗透到织物内部的能力。

(2)拒水性:在指定的人造淋雨器下,织物经规定时间抗拒吸收雨水的能力,也可评价织物的吸水量和透过织物的流出量。

织物防水性能的测试方法主要有沾水法、静水压法及雨水法。其中,沾水法用于测试各种织物的表面抗湿性,不适合测定织物的渗水率,一般用于拒水性能测试;静水压法用于测试织物的抗渗水性,主要用于紧密织物,如帆布、油布、苫布、帐篷布及防雨服装布等;雨水法多用于测试织物的渗透防护性能(图11-1~图11-3)。

图11-1 喷淋式防水测试仪

图11-2 耐静水压测试仪

图11-3 淋雨性测试仪

一、静水压法

1. 试验标准

GB/T4744—2013 纺织品防水性能的检测和评价静水压法。

2. 适用范围

适用于各类织物(包括复合织物)及其制品。

3. 检测仪器及测试原理

(1)测试原理:

以织物承受的静水压来表示水透过织物所遇到的阻力。在标准大气条件下,试样的一面承受持续上升的水压,直到另一面出现三处渗水点为止,记录第三处渗水点出现时的压力值,并以此评价试样的防水性能。

(2)检测仪器:YG812D 型数字式渗水性测试仪(见图11-4)

① 渗水性测试仪应能以下列方式夹持试样:

a. 试样水平夹持,且不鼓起;

b. 从试样上面或下面承受持续上升水压的试验面积为 100 cm^2;

c. 试验过程中,夹持装置不漏水;

d. 试样在夹持装置中不滑移;

图11-4 YG812D 型数字式渗水性测试仪

压紧手轮

控制面板

试样压圈

试验台

电源开关

机座

底脚

　　e. 尽量降低试样在夹持装置边缘渗水的可能性。

　　② 与试样接触的试验用水宜是蒸馏水或去离子水,温度保持为(20±2)℃或(27±2)℃。试验用水及温度应在报告中注明(水温较高会得出较低的水压值,其影响的大小因织物不同而异)。

　　③ 水压上升速率应为 6.0 kPa/min±0.3 kPa/min(60 cmH_2O/min±3 cmH_2O/min)。

　　④ 压力计与试验头连接,压力读数精度不大于 0.05 kPa(0.5 cmH_2O)。

4. 调湿与试验用大气

调湿和试验用大气按 GB/T6529 的规定执行,即相对湿度 65%±4%,温度 20℃±2℃。经相关方同意,调湿和试验可在室温或实际环境下进行。

5. 试样准备

取样后,尽量减少对试样的处理,避免用力折叠。除调湿外不作任何处理(如熨烫)。在织物不同部位裁取至少 5 块试样,试样尺寸应能满足试验面积的要求,试样尽可能具有代表性。可不剪下试样进行测试。

不应在有很深褶皱或折痕的部位进行试验。如需测定接缝处静水压值,宜使接缝位于试样的中间位置。

6. 测试

(1) 每个试样使用洁净的蒸馏水或去离子水进行试验。

(2) 擦净夹持装置表面的试验用水,夹持调湿后的试样,使试样正面与水面接触。夹持试样时,确保在测试开始前试验用水不会因受压而透过试样。

注:如果无法确定织物正面,单面涂层织物,涂层一面与水面接触,其他织物两面分别测试,分别报出结果。

(3) 以 6.0 kPa/min±0.3 kPa/min(60 cmH_2O/min±3 cmH_2O/min)的水压上升速率对试样施加持续递增的水压,并观察渗水现象。

注:如果选用其他水压上升速率,例如 1.0 kPa/min,在报告中注明。

(4) 记录试样上第三处水珠刚出现时的静水压值。不考虑那些形成以后不再增大的细微水珠,在织物同一处渗出的连续性水珠不作累计。如果第三处水珠出现在夹持装置的边缘,且导致第三处水珠的静水压值低于同一样品其他试样的最低值,则剔除此数据,增补试样另行试验,直到获得正常试验结果为止。

注:试验时如果出现织物破裂水柱喷出或复合织物出现充水鼓起现象,记录此时的压力值,并在报告中说明试验现象。

7. 结果和评价

(1) 结果表达:以 kPa(cmH_2O)表示每个试样的静水压值及其平均值 P,保留一位小数。对于同一样品的不同类型试样(例如,有接缝试样和无接缝试样)分别计算其静水压平均值。

(2) 防水性能评价:如果需要,按照表 11-1 给出样品的抗静水压等级或防水性能评价。对于同一样品的不同类型试样,分别给出抗静水压等级或防水性能评价。

表 11-1　抗静水压等级和防水性能评价

抗静水压等级	静水压值 P(kPa)	防水性能评价
0 级	$P<4$	抗静水压性能差
1 级	$4\leqslant P<13$	具有抗静水压性能
2 级	$13\leqslant P<20$	
3 级	$20\leqslant P<35$	具有较好的抗静水压性能
4 级	$35\leqslant P<50$	具有优异的抗静水压性能
5 级	$50\leqslant P$	

注：不同水压上升速率测得的静水压值不同，本表的防水性能评价是基于水压上升速率 6.0 kPa/min 而得出的。

二、沾水法

1. 试验标准

GB/T 4745—2012 纺织品防水性能的检测和评价沾水法。

2. 适用范围

适用于经过或未经过防水整理的织物。

不适用于测定织物的渗水性，不适用于预测织物的防雨渗透性能。

3. 检测仪器及测试原理

（1）测试原理：

将试样安装在环形夹持器上，保持夹持器与水平成 45°，试样中心位置距喷嘴下方一定的距离。用一定量的蒸馏水或去离子水喷淋试样。喷淋后，通过试样外观与沾水现象描述及图片的比较，确定织物的沾水等级，并以此评价织物的防水性能。

（2）检测仪器：

① 喷淋装置（图 11-5）由一个垂直夹持的直径为(150±5)mm 的漏斗和一个金属喷嘴组成，漏斗与喷嘴由 10 mm 口径的橡胶皮管连接。漏斗顶部到喷嘴底部的距离为(195±10)mm。

② 金属喷嘴为凸圆面，面上均匀分布着 19 个直径为(0.86±0.05)mm 的孔（图 11-6），(250±2)mL 水注入漏斗后其持续喷淋时间应在 25 s～30 s 之间。

注：

① 直径为(21±0.5)mm 的圆周上均匀分布着 12 个直径为(0.86±0.05)mm 的孔；

② 直径为(10±0.5)mm 的圆周上均匀分布着 6 个直径为(0.86±0.05)mm 的孔；

③ 1 个中心孔，直径为(0.86±0.05)mm。

（3）试样夹持器由两个相互契合的尼龙环或金属环组成（类似绣花绷架），内环的外径为(155±5)mm，外环的内径为(155±5)mm，试样可被牢固地夹持住。试验时，夹持器放置在固定的底座上，与水平成 45°，试样的中心位于喷嘴表面中心下方(150±2)mm。

（4）试验用水为蒸馏水或去离子水，温度为(20±2)℃或(27±2)℃。经相关方同意，可使用其他温度的试验用水，水温在试验报告中报出。

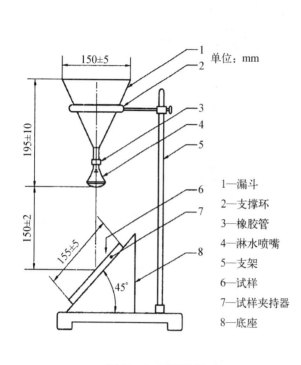

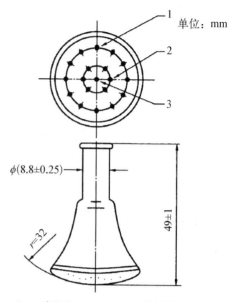

图 11－5　喷淋装置

1—漏斗
2—支撑环
3—橡胶管
4—淋水喷嘴
5—支架
6—试样
7—试样夹持器
8—底座

1——直径为(21±0.5)mm 的圆周上均匀分布着 12 个直径为(0.86±0.05)mm 的孔;
2——直径为(10±0.5)mm 的圆周上均匀分布着 6 个直径为(0.86±0.05)mm 的孔;
3——1 个中心孔,直径为(0.86±0.05)mm。

图 11－6　喷嘴

4. 调湿与试验用大气

调湿和试验用标准大气按 GB/T6529 的规定执行,即相对湿度 65％±4％,温度 20℃±2℃。经相关方允许,调湿和试验可在室温或实际条件下进行。

5. 试样准备

从织物的不同部位至少取 3 块试样,每块试样尺寸至少为 180 mm×180 mm,试样应具有代表性,取样部位不应有折皱或折痕。

6. 步骤

(1) 在标准大气条件下调湿试样至少 4 h。

(2) 试样调湿后,用夹持器夹紧试样,放在支座上,试验时试样正面朝上。除另有要求,织物经向或长度方向应与水流方向平行。

(3) 将 250 mL 试验用水迅速而平稳地倒入漏斗,持续喷淋 25 s～30 s。

(4) 喷淋停止后,立即将夹有试样的夹持器拿开,使织物正面向下几乎成水平,然后对着一个固体硬物轻轻敲打一下夹持器,水平旋转夹持器 180°后再次轻轻敲打夹持器一下。

(5) 敲打结束后,根据表 11－1 中沾水现象描述立即对夹持器上的试样正面润湿程度进行评级。

(6) 重复(1)～(5)步骤,对剩余试样进行测定。

7. 结果和评价

(1) 沾水评级:

按照表 11－2 的沾水现象描述或图 11－7 中的图片确定每个试样的沾水等级。对于深色织物,图片对比不是十分令人满意,主要依据文字描述进行评级。

① 图片等级:

本部分给出了与表 11－2 中整数等级对应的图片(图 11－7)。本标准中规定的等级与 ISO 等级以及 AATCC 的图片等级关系如下:

GB0＝ISO0＝AATCC0——整个试样表面完全润湿。

GB1＝IS01＝AATCC50——受淋表面完全润湿。

GB2＝IS02＝AATCC70——试样表面超出喷淋点处润湿,润湿面积约为受淋表面一半。

GB3＝IS03＝AATCC80——试样表面喷淋点处润湿。

GB4＝IS04＝AATCC90——试样表面有零星的喷淋点处润湿。

GB5＝IS05＝AATCC100——试样表面没有水珠或润湿。

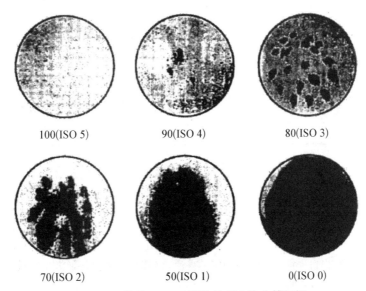

图 11－7　基于 AATCC 图片的 ISO 沾水等级图

② 文字描述:

表 11－2　沾水等级

沾　水　等　级	沾水现象描述
0 级	整个试样表面完全润湿
1 级	受淋表面完全润湿
1～2 级	试样表面超出喷淋点处润湿,润湿面积超出受淋表面一半
2 级	试样表面超出喷淋点处润湿,润湿面积约为受淋表面一半
2～3 级	试样表面超出喷淋点处润湿,润湿面积少于受淋表面一半
3 级	试样表面喷淋点处润湿
3～4 级	试样表面等于或少于喷淋点处润湿
4 级	试样表面有零星的喷淋点处润湿
4～5 级	试样表面没有润湿,有少量水珠
5 级	试样表面没有水珠或润湿

（2）防水性能评价：

如果需要,对样品进行防水性能评价。进行评价时,计算所有试样沾水等级的平均值,修约至最接近的整数级或半级,按照表11-3评价样品的防水性能。

注：计算试样沾水等级平均值时,半级以数值0.5计算。

表 11-3 防水性能评价

沾 水 等 级	防水性能评价
0 级	不具有抗沾湿性能
1 级	
1～2 级	抗沾湿性能差
2 级	
2～3 级	抗沾湿性能较差
3 级	具有抗沾湿性能
3～4 级	具有较好的抗沾湿性能
4 级	具有很好的抗沾湿性能
4～5 级	具有优异的抗沾湿性能
5 级	

任务二 织物阻燃性能检测

随着人们生活水平的提高和安全意识的增强,许多纺织品都必须具备阻燃性能,因此纺织品阻燃性能的检测越来越重要。

纺织品燃烧从着火、燃烧至最终产物,是一系列复杂的物理和化学变化过程。由于燃烧的实质就是由固相分解转向气相氧化,因此必须具备可燃物质、火(热)源及氧气三个要素。纺织品的燃烧性能取决于纤维的化学组成、织物上的燃料整理剂、织物的组织结构及外界条件等。

从燃烧过程、燃烧条件等分析可知,要达到阻燃的目的,就必须切断由可燃物、火(热)源及氧气三要素构成的燃烧循环。经常用来描述阻燃性的指标如下。

（1）续燃：在规定的试验条件下,移开(点)火源后材料持续的有焰燃烧。

（2）续燃时间：在规定的试验条件下,移开(点)火源后材料持续有焰燃烧的时间。

（3）阴燃：当有焰燃烧终止后,或者无焰燃烧者移开(点)火源后,材料持续的无焰燃烧。

（4）阴燃时间：在规定的试验条件下,当有焰燃烧终止后,或者移开(点)火源后,材料持续无焰燃烧的时间。

（5）损毁长度：在规定的试验条件下,在规定方向上材料损毁面积的最大距离。

（6）火焰蔓延速率：在规定的试验条件下,单位时间内火焰蔓延的距离。

（7）极限氧指数LOI：在规定的试验条件下,氧氮混合物中材料刚好保持燃烧状态所需要的最低氧气浓度。

一、试验标准及适用范围

GB/T5454—1997《纺织品燃烧试验氧指数法》，规定试样置于垂直的试验条件下，在氧、氮混合气流中，测定试样刚好维持燃烧所需最低氧浓度（也称极限氧指数）的试验方法。适用于测定各种类型的纺织品（包括单组分或多组分），如机织物、针织物、非织造布、涂层织物、层压织物、复合织物、地毯类等（包括阻燃处理和未经处理）的燃烧性能。仅用于测定在实验室条件下纺织品的燃烧性能，控制产品质量，而不能作为评定实际使用条件下着火危险性的依据，或只能作为分析某特殊用途材料发生火灾时所有因素之一。

GB/T5455—1997《纺织品燃烧性能试验垂直法》，规定了测定各种阻燃纺织品阻燃性能的试验方法，用以测定纺织品续燃、阴燃及炭化的倾向。适用于阻燃的机织物、针织物、涂层产品、层压产品等阻燃性能的测定。

GB/T5456—1997《纺织品燃烧性能垂直方向火焰蔓延性能的测定》规定了纺织品垂直方向火焰蔓延时间的试验方法。适用于各类单组分或多组分（涂层、绗缝、多层、夹层制品及类似组合）的纺织织物和产业用制品，如服装、窗帘帷幔及大型帐篷（凉棚、门罩）。只能用于评定在实验室控制条件下的材料或材料组合接触火焰后的性能。试验结果不适用于供氧不足的场合或在大火中受热时间过长的情况。

GB/T8745—2001《纺织品燃烧性能表面燃烧时间的测定》，规定了纺织织物表面燃烧时间的测定方法。适用于表面具有绒毛（如起绒、毛圈、簇绒或类似表面）的纺织织物。

GB/T8746—2009《纺织织物燃烧性能垂直方向试样易点燃性的测定》，规定了纺织织物垂直方向易点燃性的试验方法。适用于各类单层或多层（如涂层、绗缝、多层、夹层和类似组合）的织物。只能用于评定在实验室控制条件下，纺织织物与火焰接触的燃烧性能，但不适用于供氧不足的场合或在大火中受热时间过长的情况（图 11‑8）。

GB/T14644—1993《纺织织物燃烧性能 45°方向燃烧速率测定》，规定了服装用纺织品易燃性的测定方法及评定服装用纺织品易燃性的三种等级。适用于测量易燃纺织品穿着时一旦点燃后燃烧的剧烈程度和速度（图 11‑9）。

图 11‑8　水平垂直燃烧仪

图 11‑9　45°燃烧测试仪

GB/T14645—1993《纺织织物燃烧性能 45°方向损毁面积和接焰次数测定》。

A法适用于纺织织物在45°状态下的损毁面积和损毁长度测定,B法适用于纺织品在45°状态下受热熔融至规定长度时接触火焰次数的测定。

二、试验方法与原理

织物燃烧性能的测试近年来受到世界各国的重视。美国、日本对材料阻燃要求很高,规定了不同行业、不同材料的测试标准。国内外纺织品燃烧性能测试的方法标准很多,有日本 JIS 纺织品燃烧性试验方法标准、美国 ASTM 纺织品阻燃试验方法标准、国际标准化组织制定的纺织品燃烧性能试验标准等。

我国在研究和吸收国际标准和工业发达国家先进标准的基础上,已正式颁布适用于纺织品燃烧性能评价的试验方法标准如下。不同燃烧试验方法的使用,应根据产品标准和实际需要而定。

1. 燃烧性能——氧指数法

试样夹于试样夹上垂直于燃烧筒内,在向上流动的氧、氮气流中,点燃试样上端,观察其燃烧特性,并与规定的极限值比较其续燃时间或损毁长度。通过在不同氧浓度中一系列试样的试验,可以测得维持燃烧时氧气百分含量表示的最低氧浓度值,受试试样中要有40%~60%超过规定的续燃和阴燃时间或损毁长度。

2. 燃烧性能——垂直法

将一定尺寸的试样置于规定的燃烧器下点燃,测量规定点燃时间后,试样的续燃、阴燃时间及损毁长度。

3. 燃烧性能——垂直方向火焰蔓延性能

用规定点火器产生的火焰,对垂直方向的试样表面或底边点火 10 s,测定火焰在试样上蔓延至三条标记线分别所需的时间。

4. 燃烧性能——织物表面燃烧时间

在规定的试验条件下,在接近顶部处点燃夹持于垂直板上的干燥试样的起绒表面,测定火焰在织物表面向下蔓延至标记线的时间。

注:表面绒毛燃烧的火焰更容易向下或两边蔓延,而不易向上蔓延,这是因为燃烧产物的覆盖作用,使火焰上方的绒毛不易燃烧。

5. 燃烧性能——垂直方向试样易点燃性

用规定点火器产生的火焰,对垂直方向的试样表面或底边点火,测定使试样点燃所需的时间,并计算平均值。

6. 燃烧性能——45°方向燃烧速率

在规定条件下,将试样斜放呈45°角,对试样点火 1 s,将试样有焰向上燃烧一定距离所需的时间,作为评定该纺织品燃烧剧烈程度的量度。具有表面起绒的织物,底布的点燃或熔融作为燃烧剧烈程度的附加指标,但需加以注明。

注:绒面指织物中具有各种绒头的表面,如拉绒、起绒、簇绒、植绒或类似的表面。

7. 燃烧性能——45°方向损毁面积和接焰次数

（1）A方法：在规定的试验条件下，对45°方向纺织试样点火，测量织物燃烧后的续燃和阴燃时间、损毁面积及损毁长度。

（2）B方法：在规定的试验条件下，对45°方向纺织试样点火，测量织物燃烧距试样下端90 mm处需要接触火焰的次数。

三、调湿与试验用大气

在二级标准大气中，即温度20℃±2℃，相对湿度"65％±3％"，视样品薄厚放置8～24 h，直至达到平衡，然后，取出放入密封容器内，也可按有关各方面商定的条件进行处理。仲裁试验应放置24 h。

四、设备和材料

1. 垂直燃烧试验仪

（1）燃烧试验箱：是用耐热及耐烟雾侵蚀的材料制成的前面装有玻璃门的直立长方形燃烧箱，箱内尺寸为329 mm×329 mm×767 mm。箱顶有均匀排列的16个内径为12.5 mm的排气孔。为防止箱外气流的影响，距箱顶外30 mm处加装顶板一块，箱两侧下部各开有6个内径为12.5 mm的通风孔。箱顶有支架可承挂试样夹，使试样夹与前门垂直并位于试验箱中心，试样夹的底部位于点火器管口最高点之上17 mm。箱底铺有耐热及耐腐蚀材料制成的板，长宽较箱底各小25 mm，厚度约3 mm。另在箱子中央放一块可承受熔滴或其他碎片的板或丝网，其最小尺寸为152 mm×152 mm×1.5 mm。整个仪器构造见图11-10。

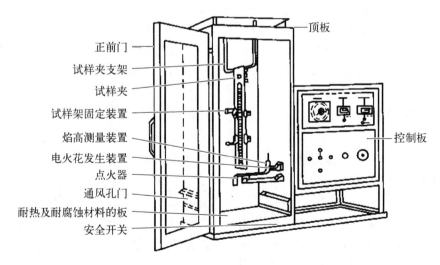

正前门
试样夹支架
试样夹
试样架固定装置
焰高测量装置
电火花发生装置
点火器
通风孔门
耐热及耐腐蚀材料的板
安全开关
顶板
控制板

图 11-10　YG(B)815D-Ⅰ型垂直法织物阻燃性能测试仪

（2）试样夹：用以固定试样防止卷曲并保持试样于垂直位置。试样夹由二块厚2.0 mm，长422 mm，宽89 mm，U形不锈钢板组成，其内框尺寸为356 mm×51 mm。试样固定于二板中间,两边用夹子夹紧。

（3）点火器：点火器管口内径为 11 mm。管头与垂线成 25°角。点火器入口气体压力为 17.2 kPa±1.7 kPa。控制部分有电源开关、电火花点火开关、点火器启动开关、试样点燃时间设定计、续燃时间计、阴燃时间计、气源供给指示灯、气体调节阀等。

2. 气体

工业用丙烷或丁烷气体。

3. 重锤

每一重锤附以挂钩,可将重锤挂在测试后试样一侧的下端,用以测定损毁长度。按表 11-4,根据不同的织物质量选用相应的重锤。

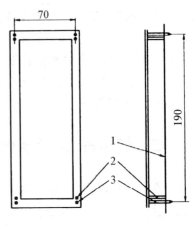

1—试样　2—定位圆柱　3—固定针

图 11-11　试样框架

表 11-4　织物重量与选用重锤质量的关系

织物重量(g/m²)	重锤重量(g)	织物重量(g/m²)	重锤重量(g)
101 以下	54.5	338～650	430.2
101～207	113.4	650 以上	453.6
207～338	226.8		

4. 医用脱脂棉、精度 1 mm 的不锈钢尺、密封容器。

五、试样准备

（1）试样应从距离布边 1/10 幅宽的部位量取,试样尺寸为 300 mm×80 mm,长的一边要与织物经向(纵向)或纬向(横向)平行。

（2）每一样品,经向及纬向(纵向及横向)各取五块试样,经向(纵向)试样不能取自同一经纱,纬向(横向)试样不能取自同一纬纱。

六、试验步骤

（1）试验温湿度：试验在温度为 10～30℃及相对湿度为 30%～80%的大气中进行。

（2）接通电源及气源。

（3）将试验箱前门关好,按下电源开关,指示灯亮表示电源已通,将条件转换开关放在焰高测定位置,打开气体供给阀门,按点火开关,点着点火器,用气阀调节装置调节火焰,使其高度稳定达到 40 mm±2 mm,然后将条件转换开关放在试验位置。

（4）检查续燃、阴燃计时器是否在零位上。

（5）点燃时间设定为 12 s。

（6）将试样放入试样夹中,试样下沿应与试样夹两下端齐平,打开试验箱门,将试样夹连同试样垂直挂于试验箱中。

（7）关闭箱门,此时电源指示灯应明亮,按点火开关,点着点火器,待 30 s 火焰稳定后,按起动开关,使点火器移到试样正下方,点燃试样。此时距试样从密封容器内取出的时间必须在 1 min 以内。

（8）12 s 后,点火器恢复原位,续燃计时器开始计时,待续燃停止,立即按计时器的停止开关,阴燃计时器开始计时,待阴燃停止后,按计时器的停止开关。读取续燃时间和阴燃时间,读数应精确到 0.1 s。

（9）当试验熔融性纤维制成的织物时,如果被测试样在燃烧过程中有溶滴产生,则应在试验箱的箱底平铺上 10 mm 厚的脱脂棉。注意熔融脱落物是否引起脱脂棉的燃烧或阴燃,并记录。

（10）打开试验箱前门,取出试样夹,卸下试样,先沿其长度方向炭化处对折一下,然后在试样的下端一侧,距其底边及侧边各约 6 mm 处,挂上按试样单位面积的质量选用的重锤,再用手缓缓提起试样下端的另一侧,让重锤悬空,再放下,测量试样撕裂的长度,即为损毁长度,结果精确到 1 mm。

（11）清除试验箱中碎片,并开动通风设备,排除试验箱中的烟雾及气体,然后再测试下一个试样。

七、试验结果及分析

（1）分别计算经向(纵向)及纬向(横向)五个试样的续燃时间、阴燃时间及损毁长度的平均值。

（2）记录燃烧过程中滴落物引起脱脂棉燃烧的试样。

（3）对某些样品,可能其中的几个试样被烧通,记录各未烧通试样的续燃时间、阴燃时间及损毁长度的实测值,并在试验报告中注明有几块试样烧通。

（4）对燃烧时熔融又连接到一起的试样,测量损毁长度时应以熔融的最高点为准。

任务三　织物抗静电性能检测

纺织材料静电主要是由于表面间的相互摩擦产生的。纺织材料是电的不良导体,具有很高的比电阻。纤维及其制品在生产加工和使用过程中,由于受摩擦、牵伸、压缩、剥离及电场感应和热风干燥等因素的作用而易于产生静电。特别是随着合成纤维在纺织上生产和应用得越来越多,这些高分子聚合物所固有的高绝缘性和憎水性,使之极易产生、积累静电。静电会导致纺织品的使用过程中吸尘沾污,服装纠缠人体产生粘附不适感,而且有研究表明,静电刺激会对人体健康产生不利影响。在产业应用方面,静电是火工、化工、石油等加工等行业引起火灾、爆炸等事故的主要诱发因素之一,也是化纤等纺织行业加工过程中的质量及安全事故隐患之一。随着高科技的发展,静电危害所造成的后果已突破了安全问题的界限。静电放电造成的频谱干扰危害,会引起电子、通信、航空、航天以及一切应用现代电子设备、仪器的场合出现设备运转故障、信号丢失等结果。因此目前抗静电纺织品的需求量越来越大,抗静电性能检测也越来越重要。

静电性能的评定包含七个部分:静电压半衰期、电荷面密度、电荷量、电阻率、摩擦带电电压、纤维泄露电压以及动态静电压。其中,静电半衰期运用最为普遍,该方法适用于各类纺织品,但不适用于铺地织物。

一、试验标准

GB/T12703.1—2008《纺织品静电性能的评定第1部分:静电压半衰期》。
GB/T12703.2—2009《纺织品静电性能的评定第2部分:电荷面密度》。
GB/T12703.3—2009《纺织品静电性能的评定第3部分:电荷量》。
GB/T12703.4—2010《纺织品静电性能的评定第4部分:电阻率》。
GB/T12703.5—2010《纺织品静电性能的评定第5部分:摩擦带电电压》。
GB/T12703.6—2010《纺织品静电性能的评定第6部分:纤维泄漏电阻》。
GB/T12703.7—2010《纺织品静电性能的评定第7部分:动态静电压》。

二、适用范围

GB/T12703.1—2008 标准适用于各类纺织品,不适用于铺地织物。
GB/T12703.2—2009 标准适用于各类纺织品,不适用于铺地织物。
GB/T12703.3—2009 标准适用于各类服装及其他纺织制品,其他产品可参照采用。
GB/T12703.4—2010 标准适用于各类纺织织物,不适用于铺地织物。
GB/T12703.5—2010 标准适用于各类纺织织物,不适用于铺地织物。
GB/T12703.6—2010 标准适用于各类短纤维泄漏电阻的测试。
GB/T12703.7—2010 标准适用于纺织厂各道工序中纺织材料和纺织器材静电性能的测定。

三、测试原理

1. 测试原理

纺织品静电性能的评定方法很多,但静电压半衰期法运用最为普遍。

(1)静电压半衰期法:

使试样在高压静电场中带电至稳定后断开高压电源,使其电压通过接地金属台自然衰减,测定静电压值及其衰减至初始值一半所需的时间。

(2)电荷面密度法:

将经过摩擦装置摩擦后的试样投入法拉第筒,以测量试样的电荷面密度。

(3)电荷量法:

用摩擦装置模拟试样摩擦带电的情况,然后将试样投入法拉第筒,以测量试样的带电电荷量。

(4)电阻率法:

测量高电阻常用的方法是直接法或比较法。

① 直接法:测量加在试样上的直流电压和流过它的电流(伏安法)而求得未知电阻。

② 比较法：确定电桥(电桥法)线路中试样未知电阻与电阻器已知电阻之间的比值,或是在固定电压下比较通过这两种电阻的电流。

（5）摩擦带电电压法：

在一定的张力条件下,使试样与标准布相互摩擦,以规定时间内产生的最高电压对试样摩擦带电情况进行评价。

（6）纤维泄漏电阻法：

利用阻容充放电原理,用不同纤维电阻(R)跨接于充以电荷的固定电容(C)两端,以其放电速度来测量纤维电阻值。

（7）动态静电压法：

根据静电感应原理,将测试电极靠近被测体,经电子电路放大后推动仪表显示出其数值。

四、调湿与试验用大气

调湿和试验用大气的环境条件为：温度(20±2)℃,相对湿度(35±5)％,环境风速应在0.1 m/s 以下。

五、试验操作

(一) 静电压半衰期法

1. 检测仪器及试样准备

（1）检测装置：包括试样台、高压放电极、静电检测电极和记录装置。结构示意图见图11－13。

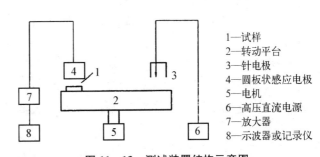

1—试样
2—转动平台
3—针电极
4—圆板状感应电极
5—电机
6—高压直流电源
7—放大器
8—示波器或记录仪

图 11－12　织物感应式静电测试仪　　　图 11－13　测试装置结构示意图

试验台直径(200±4)mm,转速至少为1 000 r/min。试样夹的内框尺寸至少为(32±0.5)mm×(32±0.5)mm;放电针针尖至试样表面距离(20±1)mm,感应电极[直径(28.0±0.5)mm]与试样上表面距离为15 mm。

不锈钢镊子一把、纯棉手套一副、裁样工具。

（2）试样准备：

① 预处理：

a. 如果需要,按照 GB/T8629—2001 中 7A 程序洗涤,由有关各方商定可选择洗涤 5、10、

30、50 次等,多次洗涤时,可将时间累加进行连续洗涤。或者按有关方认可的方法和次数进行洗涤。

注:累加时间时,应将 7A 程序洗涤、冲洗 1、冲洗 2、冲洗 3 中的时间分别进行累加。

b. 将样品或洗涤后的样品在 50℃ 下预烘一定时间。

c. 将预烘后的样品在四、环境下放置 24 h 以上,不得沾污样品。

② 试样:

a. 随机采取试样 3 组,每块试样的尺寸为 4.5 cm×4.5 cm 或适宜的尺寸。每组试样数量根据仪器中试样台数量而定。试样应有代表性,无影响试验结果的疵点。

b. 条子、长丝和纱线等应均匀、密实地绕在与试样尺寸相同的平板上。

c. 操作时应避免手或其他可能沾污试样的物体与试样相接触。

2. 试验步骤

(1) 试验前应对仪器进行校验。

(2) 对试样表面进行消电处理。

(3) 将试样夹于试验夹中使针电极与试样上表面相距(20±1)mm,感应电极与试样上表面相距(15±1)mm。

注:当更换试样时,应重新调整针电极及感应电极与试样上表面的距离,以使其达到规定要求。

(4) 驱动试验台,待转动平稳后在针电极上加 10 kV 高压。

(5) 加压 30 s 后断开高压,试验台继续旋转直至静电电压衰减至 1/2 以下时即可停止试验,记录高压断开瞬间试样静电电压(V)及其衰减至 1/2 所需要的时间[即半衰期(s)]。

注:当半衰期大于 180 s 时,停止试验,并记录衰减时间 180 s 时的残余静电电压值,如果需要也可记录 60 s、120 s 或其他衰减时间时的残余静电电压值。

3. 试验结果

(1) 同一块(组)试样进行 2 次试验,计算平均值作为该块(组)试样的测量值。

(2) 对 3 块(组)试样进行同样试验,计算平均值作为该样品的测量值。最终结果静电电压修约至 1 V,半衰期修约至 0.1 s。

4. 半衰期技术要求及评定

半衰期技术要求见表 11-5。对于非耐久型抗静电纺织品,洗前应达到表 11-5 的要求;对于耐久型抗静电纺织品(经多次洗涤仍保持抗静电性能的产品),洗前、洗后均应达到表 11-5 的要求。

表 11-5　半衰期技术要求

等　级	要　求
A级	≤2.0 s
B级	≤5.0 s
C级	≤15.0 s

5. 结果表达

试验报告

试验报告应包括下列内容:

① 标准编号;

② 试样名称;

③ 试验日期;

④ 仪器型号;

⑤ 大气条件;

⑥ 试样是否洗涤,如洗涤注明洗涤次数。

(二)摩擦带电电压法

1. 检测仪器及试样准备

(1) 检测仪器:

① 金属转鼓:外径(150±1)mm,宽(60+1)mm,转速 400 r/min。

② 标准布夹:宽(25±1)mm,左右布夹间距(130±3)mm。

③ 负载:500 g。

④ 测试装置;如图 11-14 所示。

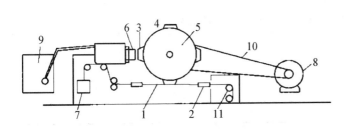

1—标准布　2—标准布夹　3—样品框　4—样品夹框　5—金属转鼓　6—测量电极
7—负载　8—电动机　9—放大器及记录仪　10—皮带　11—立柱导轮

图 11-14　摩擦式静电测试仪

(2) 试样准备(预处理):

① 如果需要,按照 GB/T8629—2001 中 7A 程序洗涤,由有关各方商定可选择洗涤 5、10、30、50、100 次等,多次洗涤时,可将时间累加进行连续洗涤。或者按有关方认可的方法和次数进行洗涤。

注:累加时间时,应将 7A 程序洗涤,冲洗 1、冲洗 2、冲洗 3 中时间分别进行累加。

② 将样品或洗涤后的样品,在 50℃下预烘一定时间。然后从样品上随机采取 4 块试样(经向 2 块,纬向 2 块),并将每块试样裁剪为 4 cm×8 cm 大小,4 块为一组。

③ 将预烘后的试样在第四项规定条件下达到调湿平衡,不得沾污样品。

2. 试验步骤

(1) 用 1.0 级接触式静电表对测量电极[极板直径(20±1)mm]上的电压进行标定(或作出标定曲线)。

(2) 使测量电极板与样品框平面相距(15±1)mm。

(3) 将一组中的 4 块试样分别夹入转鼓上的样品夹中。

(4) 对夹于标准布夹间的锦纶摩擦标准布消电,调节其位置,使之在 500 g 负载下,能与转鼓上的试样进行切线方向的摩擦。

注：需要时需经有关各方面协商一致后，摩擦材料可采用其他材料。

（5）对试样进行消电。

（6）启动测试装置，带动转鼓旋转，在转速 400 r/min 的条件下，测量并记录 1 min 内试样带电的最大值。

（7）拆下测试完的试样，将下一组试样夹于样品夹，再次测试，直至测试完所有试样。

（8）试样正、反面差异较大时，应对两个而均进行测量。

注：整个试验过程需戴乳胶手套进行操作。

3. 结果表达

对 4 组试样分别测量后，计算 4 组试样测量值的平均值，作为试验结果。

4. 摩擦带电电压技术要求

如果需要，可根据样品的用途提出对摩擦带电电压的要求。

对于非耐久型抗静电纺织品，洗前摩擦带电电压应达到表 11－6 的要求；对于耐久型抗静电纺织品，洗前、洗后的摩擦带电电压均应达到表 11－6 的要求。

表 11－6　摩擦带电电压技术要求

等　级	摩擦带电电压(V)
A 级	＜500
B 级	≥500，＜1 200
C 级	≥1 200，≤2 500

如有关各方另有协议，可按协议要求执行。

注：耐久型是指经多次洗涤仍保持特定性能的产品。

5. 试验报告

试验报告应包括下列内容：

① 本部分的编号；

② 试验温湿度条件及试验日期；

③ 样品描述；

④ 试样是否经洗涤，如洗涤注明洗涤次数；

⑤ 试验结果；

⑥ 所使用的摩擦布的种类；

⑦ 如果需要，对样品摩擦带电电压给出评价；

⑧ 任何偏离本部分的细节和试验中的异常现象。

任务四　纺织品防紫外线性能的评定

织物防紫外线性能指织物能耐受紫外线照射的性能。紫外线是波长范围在 100～400 nm

之间的电磁波,其辐射能量约占太阳总辐射能量的 1%,占太阳到地面总辐射量的 6%。

按紫外线波长分为:

长波紫外线(UVA:320~400 nm):占紫外线总量的 95%~98%,能量较小,能够穿透玻璃、某些衣物和人的表皮,适量的照射可以促进维生素 D 的合成,但照射过度会损伤皮肤及皮下组织,使肌肉失去弹性、皮肤粗糙、形成皱纹,使皮肤变黑,诱发皮肤疾病,引起免疫抑制等。

中波紫外线(UVB:280~320 nm):占紫外线总量的 2%~5%,能量大,可穿过人的表皮,引起晒伤、皮肤肿瘤及皮炎等。

短波紫外线(UVC:200~280 nm):能量最大,作用最强,可引起晒伤、基因突变及肿瘤,但未到达地面之前,几乎已被臭氧层完全吸收,对人类不会造成任何伤害。因此需要防护的主要是中、长波紫外线。

一般情况下,人体皮肤所能接受紫外线的安全辐射量每天应在 20 kj/m² 以内,而紫外线到达地面的辐射量阴天时为 40~60 kj/m²,晴天时为 80~100 kj/m²,炎夏烈日时可达 100~200 kj/m²,普通衣料对紫外线的遮蔽一般在 50% 左右,远远达不到防护要求。

纺织品的防紫外线性能显得越来越重要。防紫外线的机理主要包括普通纤维通过吸收紫外线起到阻隔作用。防紫外线织物主要是用屏蔽剂对纤维或织物进行防紫外线处理,增强纺织品吸收或反射紫外线的能力。

常用的紫外线屏蔽剂有无机紫外线屏蔽剂和有机紫外线屏蔽剂两类。无机紫外线屏蔽剂主要是对紫外线进行反射,通常利用不具有活性的陶瓷、金属氧化物等细小颗粒与纤维或织物结合,达到增加织物表面对紫外线反射和散射的作用。如氧化锌、二氧化钛、氧化铁、滑石粉等。有机紫外线屏蔽剂主要是吸收紫外线并使之变成热能或波长较矩的电磁波,达到防紫外线的效果。如水杨酸类、二苯甲酮类、苯并三唑类、氢基丙烯酸类等。

纺织品防紫外线性能的评定如下。

1. 试验标准

GB/T18830—2009 纺织品防紫外线性能的评定。

2. 适用范围

本标准规定了纺织品的防日光紫外线性能的试验方法、防护水平的表示、评定和标识。

本标准适用于评定在规定条件下织物防护日光紫外线的性能。

3. 测试原理

(1)测试原理:

用单色或多色的 UV 射线辐射试样,收集总的光谱透射射线,测定出总的光谱透射比,并计算试样的紫外线防护系数值。

可采用平行光束照射试样,用一个积分球收集所有透射光线;也可采用光线半球照射试样,收集平行的透射光线。目前,世界上使用的抗紫外线的测试方法大致可分为直接测试法与仪器测定法。直接测试法包括人体测试法及变色褪色法。其特点是简便、快速、面广、量大,但客观性和重现性都很差,且人体测试法受人体间的皮肤差异影响,存在较大的系统偏差,且对人体有害。

仪器测定法一般包括紫外线强度累计法、紫外线法和分光光度计法。虽然国际上尚无统一的测试标准,但美国标准、欧盟标准、澳大利亚/新西兰标准以及国际标准化组织的最新标准均采用分光光度计法。我国 GB/T18830—2009 标准也采用分光光度计法。

纺织品防紫外线性能的标准体系大致由试样预处理、性能测试和分级标签三部分组成,如美国;但欧洲、澳洲和中国标准是由性能测试和分级标签两部分组成。试样预处理以美国标准最为剧烈,国际检测协会的 UV Standard 801 标准次之。各国标准在紫外线性能测试方法上基本相同,但在试样准备和分级标签方面却有着较大不同。

(2) 术语和定义:

① 日光紫外线辐射:波长在 280～400 nm 的电磁辐射。

② 日光紫外线 UVA:波长在 315～400 nm 的日光紫外线辐射。

③ 日光紫外线 UVB:波长在 280～315 nm 的日光紫外线辐射。

④ 紫外线防护系数 UPF:皮肤无防护时计算出的紫外线辐射平均效应与皮肤有织物防护时计算出的紫外线辐射平均效应的比值。

⑤ 日光辐照度 $E(\lambda)$:在地球表面所接受到的太阳发出的单位面积和单位波长的能量,以 $W \cdot m^2 \cdot nm^{-1}$ 表示。在地球表面测得的 UVR 光谱是 290～400 nm。

⑥ 红斑:由各种各样的物理或化学作用引起的皮肤变红。

⑦ 红斑作用光谱 $\varepsilon(\lambda)$:与波长 λ 有关的红斑辐射效应。

⑧ 光谱透射比 $T(\lambda)$:波长为 λ 时,透射辐通量与入射辐通量之比。

⑨ 积分球:为中空球,其内表面是一个非选择性的漫反射器。

⑩ 荧光:吸收特定波长的辐射,并在短时间内再发射出较大波长的光学射线。

⑪ 光谱带宽:由单色光产生的光学辐射强度的半高峰之间的宽度,以纳米(nm)表示。

4. 调湿与试验用大气

调湿和试验应按 GB/T6529 进行,如果试验装置未放在标准大气条件下,调湿后试样从密闭容器中取出至试验完成应不超过 10 min。

5. 试验操作

(1) 检测仪器及设备:

① UV 光源:提供波长为 290～400 nm 的 UV 射线。适合的 UV 光源有氙弧灯、氚灯和日光模拟器。

在采用平行入射光束时,光束端至少 25 nm²,覆盖面至少应该是织物循环结构的 3 倍。此外,对于单色入射光束,积分球入口的最小尺寸与照明斑的最大尺寸之比应该大于 1.5。光束应该与织物表面垂直,在 ±5° 之间,光束与光束轴的散角应该小于 5°。

② 积分球:积分球的总孔面积不超过积分球内表面积的 10%。内表面应涂有高反射的无光材料,例如涂硫酸钡。积分球内还装有挡板,遮挡试样窗到内部探测头或试样窗到内部光源之间的光线。

③ 单色仪:适合于在波长 290～400 nm 范围内,以 5 nm 或更小的光谱带宽的测定。

④ UV 透射滤片:仅透过小于 400 nm 的光线,且无荧光产生。

如果单色器装在样品之前,应把较适合的 UV 透射滤片放在样品和检测器之间。如果这种方式不可行,则应将滤片放在试样和积分球之间的试样窗口处。UV 透射滤片的厚度应在 1～3 mm 之间。

⑤ 试样夹:使试样在无张力或在预定拉伸状态下保持平整。该装置不应遮挡积分球的

入口。

（2）试样准备：

对于匀质材料，至少要取 4 块有代表性的试样，距布边 5 cm 以内的织物应舍去。对于具有不同色泽或结构的非匀质材料，每种颜色和每种结构至少要试验两块试样。

试样尺寸应保证充分覆盖住仪器的孔眼。

（3）测试程序：

① 在积分球入口前方放置试样试验，将穿着时远离皮肤的织物面朝着 UV 光源。

② 对于单色片放在试样前方的仪器装置，应使用 UV 透射滤片，并检验其有效性。

③ 记录 290～400 nm 之间的透射比，每 5 nm 至少记录一次。

6. 计算和结果的表达

（1）通则：

① 计算每个试样 UVA 透射比的算术平均值 $T(UVA)_i$，并计算其平均值 $T(UVA)_{AV}$，保留两位小数。

② 计算每个试样 UVB 透射比的算术平均值 $T(UVB)_i$，并计算其平均值 $T(UVB)_{AV}$，保留两位小数。

③ 计算每个试样的 UPF，及其平均值 UPF_{AV}，修约至整数。

a. 对于匀质材料：当样品的 UPF 值低于单个试样实测的 UPF 值中最低值时，则以试样最低 UPF 作为样品的 UPF 值。当样品的 UPF 值大于 50 时，表示为"UPF＞50"。

b. 对于非匀质材料：对各种颜色或结构进行测试，以其中最低的 UPF 作为样品的 UPF 值。当样品的 UPF 值大于 50 时，表示为"UPF＞50"。

7. 评定与标识

（1）防紫外线性能评定：当样品的 UPF＞40，且 $T(UVA)_{AV}$＜5％时，可称为"防紫外线产品"。

（2）防紫外线产品的标识：

——本标准的编号，即 GB/T18830—2009 纺织品防紫外线性能的评定

——当 40＜UPF≤50 时，标为 UPF40＋。当 UPF＞50 时，标为 UPF50＋。

——长期使用以及在拉伸或潮湿的情况下，该产品所提供的防护有可能减少。

纺织面料舒适性检测

任务一 织物透气性能检测

织物透气性指当织物两侧空气存在压力差时,织物透过空气的性能。织物透气性通常以在规定的试验面积、压降和时间条件下,气流垂直通过试样的速率来表示。其相反特性是防风性。

纺织品的透气性能直接影响到服装的透湿和保暖等舒适性。透气的织物一般也可以透过水汽以及液态水,它直接影响人体汗气和汗液的向外传递。透气性的大小与织物的含气率有很大关系,一般来说,含气率小的织物,可以说其透气率也小。透气性也是服装面辅料重要的卫生指标,它的作用在于排出衣服内积蓄的二氧化碳和水分,使新鲜空气透过。

对某些特殊用途的织物,如降落伞伞面、帆船篷布、服用涂层面料及宇航服等,都有特定的透气要求。

一、试验标准

GB/T5453—1997《纺织品织物透气性的测定》。

二、适用范围

适用于多种纺织织物,包括产业用织物、非织造布和其他可透气的纺织制品。

三、检测仪器及测试原理

1. 试验仪器(图 12-1)

(1)试样圆台:具有试验面积为 5 cm²、20 cm²、50 cm² 或 100 cm²,的圆形通气孔,试验面积误差不超过±0.5%。对于较大试验面积的通气孔应有适当的试样支撑网。

(2)夹具:能平整地固定试样,应保证试样边缘不漏气。

(3)橡胶垫圈:与夹具吻合,以防止漏气。

图 12-1 织物透气量仪

（4）压力计或压力表：能指示试样两侧的压降为 50 Pa、100 Pa、200 Pa 或 500 Pa，精度至少为 2%。

（5）气流平稳吸入装置（风机）：能使具有标准温湿度的空气进入试样圆台，并可使透过试样的气流产生 50～500 Pa 的压降。

（6）喷嘴：具有西 ∅ 0.8 mm、∅ 1.2 mm、∅ 2 mm、∅ 3 mm、∅ 4 mm、∅ 6 mm、∅ 8 mm、∅ 10 mm、∅ 12 mm、∅ 16 mm、∅ 20 mm 11 种喷嘴可供选择。

2. 测试原理

在规定的压差条件下，测定一定时间内垂直通过试样给定面积的气流流量，计算出透气率。气流速率可直接测出，也可通过测定流量孔径两面的压差换算而得。

四、试样准备

试样在标准大气条件下调湿，在相同的标准大气条件下进行测试。

五、试验步骤

（1）选择透气率/透气量：按下"设定"键，进入设置状态，"试样压差"闪烁，此时，按"透气率/透气量"切换键，选择透气率（指示灯亮）。

（2）选择和设置试验面积：为 20 cm²。

（3）设置测试压差：当选择测试透气率时，服用织物设置压降为 100 Pa，产业用织物设置压降为 200 Pa。

（4）选择和设置喷嘴直径：根据织物的紧密与薄厚程度，可以选择和设置喷嘴直径。

（5）夹持试样：将试样自然地放在已选好的试样圆台上，为防止漏气，在试样圆台一侧应垫上垫圈。试样放好后，扳下工作台下的加压手柄，试样压紧圈绷紧试样，防止漏气，密封流量筒。

（6）测试：按下"工作"键，仪器校 0（校准指示灯亮），校 0 完毕后蜂鸣器发出短声"嘟"，仪器自动进入测试状态（测试指示灯亮），启动吸风机使空气通过试样，调节流量，使压差逐渐接近设定值并达到稳定时，显示测得的透气率。在相同的条件下，在同一样品的不同部位重复测定至少 10 次。

六、试验结果

计算织物的平均透气率（mm/s）。

注：① 如果推荐的试样两侧的压降达不到或不适用，经有关各方面协商后压降可选用 50 Pa、200 Pa 或 500 Pa，试验面积也可选用 5 cm²、20 cm²、50 cm² 或 100 cm²，但应在报告中说明。

② 如要对试验结果进行比较，应采用相同的试验面积和压降。

③ 当织物正反两面透气性有差异时，应注明测试面。

任务二　织物透湿性能检测

织物透湿性指织物两侧在一定相对湿度差条件下,织物透过水汽的性能。透湿性是影响舒适性的重要指标,对人体的热、湿平衡十分重要。

人体中会有大量的水蒸气蒸发散热,特别是在夏季高温高湿的环境中,这种蒸发散热如不及时排泄,会在皮肤与衣服之间形成高温区,使人感到闷热不适。织物如能吸收汗水使其向外散发,就能起到调节温度的作用。织物透湿性的评价指标通常用透湿率、透湿度和透湿系数来表示。

(1)透湿率:在试样两面保持规定的温湿度条件下,规定时间内垂直通过单位面积试样的水蒸气质量,g/(m² · h)或 g/(m² · 24 h)。

(2)透湿度:在试样两面保持规定的温湿度条件下,单位水蒸气压差下,规定时间内垂直通过单位面积试样的水蒸气质量,g/(m² · Pa · h)。

(3)透湿系数:在试样两面保持规定的温湿度条件下,单位水蒸气压差下,单位时间内垂直透过单位面积、一定厚度试样的水蒸气质量,g · cm/(cm² · s · Pa)。

一、试验标准

GB/T12704.1—2009 纺织品织物透湿性试验方法第 1 部分:吸湿法。
GBT12704.2—2009 纺织品织物透湿性试验方法第 2 部分:蒸发法。

二、适用范围

适用于厚度在 10 mm 以内的各类织物,不适用于透湿率大于 29 000 g/(m² · 24 h)的织物。

三、检测仪器及测试原理

1. 测试原理

把盛有干燥剂并封以织物试样的透湿杯放置于规定温度和湿度的密封环境中,根据一定时间内透湿杯质量的变化计算试样透湿率、透湿度和透湿系数。

2. 检测仪器

(1)透湿仪:

① 试验箱:内应配备温度、湿度传感器和测量装置,每次关闭试验箱门后,3 min 内应重新达到规定的温度、湿度。具有持续稳定的循环气流速度,大小为 0.3~0.5 m/s。

② 透湿杯及附件:有透湿杯、压环、杯盖、螺栓及螺帽。透湿杯与杯盖应对应编号,由试样、吸湿剂(或水)、透湿杯及附件组成的试验组合体质量应<210 g。

a. 内径为 60 mm、深为 22 mm 的透湿杯。

b. 橡胶或聚氨酯塑料垫圈。

c. 乙烯胶黏带宽度应＞10 mm。

（2）电子天平：精度为 0.001 g。

（3）标准圆片冲刀。

（4）烘箱：保温 160℃。

（5）干燥器：干燥剂采用无水氯化钙、粒度 0.63～2.5 mm,使用前需在 60C 烘箱中干燥 3 h。

（6）标准筛：孔径 0.63 mm 和 2.5 mm 各一个。

（7）量筒：50 mL。

（8）蒸馏水。

图 12-2　YG501D-II-250
透湿试验仪

四、试样准备

每个样品至少剪取 3 块试样,直径为 70 mm。对两面材质不同的样品（如涂层）,应在两面各取 3 块试样。试样在标准大气条件下调湿。

五、试验步骤

1. 吸湿法

（1）向清洁、干燥的透湿杯内装入约 35 g 干燥剂,并振荡均匀,使干燥剂成一平面。干燥剂装填高度为距试样下表面位置 4 mm 左右。空白试样的杯中不加干燥剂。

（2）将试样测试面期上放置在透湿杯上,装上垫圈和压环,旋上螺帽,再用乙烯胶带从侧面封住压环、垫圈和透湿杯,组成试验组合体。

（3）迅速将试验组合体水平放置在温度（38±2）℃、相对湿度（90±2）％的试验箱内,经过 1 h 平衡后取出。

（4）迅速盖上对应杯盖,放在 20℃ 左右的硅胶干燥器中平衡 30 min,按编号逐一称量,精确至 0.001 g,每个试样组合体的称量时间不超过 15 s。

（5）称量后轻微振荡杯中的干燥剂,使其上下混合,以免长时间使用上层干燥剂使其干燥效应减弱。振荡过程中,尽量避免干燥剂与试样接触。

（6）除去杯盖,迅速将试验组合体放入试验箱内,经过 1 h 试验后取出,再次按同一顺序称量。

2. 蒸发法

（1）正杯法（方法 A）：

① 用量筒精确量取与试验条件温度相同的蒸馏水 34 mL,注入清洁、干燥的透湿杯内,使水距试样下表面位置 10 mm 左右。

② 将试样测试面朝下放置在透湿杯上,装上垫圈和压环,旋上螺帽,再用乙烯胶带从侧面封住压环、垫圈和透湿杯,组成试验组合体。

③ 迅速将试验组合体水平放置在温度(38±2)℃、相对湿度(50＋2)％的试验箱内,经过1 h平衡后,按编号在箱内逐一称量,精度为0.001 g。若在箱外称量,每个试验组合体称量时间不超过15 s。

④ 经过1 h试验后,再次按同一顺序称量。

(2) 倒杯法(方法B):

① 用量筒精确量取与试验条件温度相同的蒸馏水34 mL,注入清洁、干燥的透湿杯内。

② 将试样测试面朝上放置在透湿杯上,装上垫圈和压环,旋上螺帽,再用聚乙烯胶带从侧面封住压环、垫圈和透湿杯,组成试验组合体。

③ 迅速将试验组合体倒置后放置在温度(38＋2)℃、相对湿度(50±2)％的试验箱内,经过1 h平衡后,按编号在箱内逐一称量,精度为0.001 g。若在箱外称量,每个试验组合体称量时间不超过15 s。

④ 经过1 h试验后,再次按同一顺序称量。

六、试验结果

(1) 透湿率(WVT)计算:

计算3块试样透湿量的平均值,结果修约至3位有效数字。

$$WVT = \frac{\Delta m - \Delta m'}{A \cdot t}$$

式中:WVT——透湿率 $g/(m^2 \cdot h)$或$g/(m^2 \cdot 24\ h)$;

Δm——同一试验组合体两次称量之差(g);

$\Delta m'$——空白试样的同一试验组合体两次称量之差(不做空白试验时 $\Delta m' = 0$) (g);

A——有效试验面积(本试验装置为0.002 83 m²)(m²);

t——试验时间(h)。

(2) 透湿度(WVP)计算:

结果修约至3位有效数字。

$$WVP = \frac{WVT}{\Delta p} = \frac{WVT}{P_{CB}(R_1 - R_2)}$$

式中:WVP——透湿度[$g/(m^2 \cdot Pa \cdot h)$];

Δp——试样两侧水蒸气压差(Pa);

P_{CB}——在试验温度下的饱和水蒸气压力(Pa);

R_1——试验时试验箱的相对湿度(％);

R_2——透湿杯内的相对湿度(透湿杯内的相对湿度可按0％计算)(％)。

(3) 透湿系数:结果修约至2位有效数字。

$$PV = 1.157 \times 10^{-9} WVP \times d$$

式中：PV——透湿系数(透湿系数仅对于均匀的单层材料有意义)(g·cm)/(cm^2·s·Pa)；

　　　d——试样厚度(cm)。

(4) 对于两面不同的试样，若无特别指明，分别按以上公式计算其两面的透湿率、透湿度和透湿系数，并在试验报告中说明。

任务三　纺织面料刚柔性检测

刚柔性是织物抗弯刚性和柔软性的总称。它反映织物对弯曲变形的抵抗能力。织物的刚柔性是织物机械性能的综合指标。抗弯刚度是指织物抵抗其弯曲变形的能力，常用来评价它的相反特性——柔软度。从力学角度看，这是相对立的两个物理概念，但从织物的使用性能来分析，要求织物兼具这两项性能，即"柔中有刚，刚中有柔"。"刚"就是"刚性""硬挺度"，"柔"就是"柔软"。实际中，织物的"刚"和"柔"都可采用最简单、方便和快捷的主观方法——手感进行初步的评定。

织物的刚柔性也是评定织物服用性能的综合性指标，直接影响服装廓型与合身程度。它与织物的手感、服装的制作、成型、保型、舒适合体、视觉美感等有着密切的关系。

织物刚柔性的评价指标通常用弯曲长度、抗弯刚度和悬垂系数来表示。

(1) 弯曲长度：一端握持、另一端悬空的矩形织物试样在自重作用下弯曲至规定角度时的长度。织物的弯曲长度是表征材料抵抗弯曲变形的特性指标之一，反映织物的硬挺程度。

(2) 抗弯刚度：单位宽度材料的微小弯矩变化与其相应曲率变化之比。

一、试验标准

GB/T23329—2009《纺织品织物悬垂性的测定》。

二、适用范围

适用于各类纺织品。

三、试验仪器及试验原理

1. 利用图像处理法测定织物的悬垂性

将圆形试样水平置于与圆形试样同心且较小的夹持盘之间，夹持盘外的试样沿夹持盘边缘自然悬垂，将悬垂试样投影到白色片材上，用数码相机获取试样的悬垂图像，从图像中得到有关试样悬垂性的具体定量信息。利用计算机图像处理技术得到悬垂波数、波幅和悬垂系数等指标。

2. 试验仪器

(1) 悬垂性测定仪(图 12 - 3):

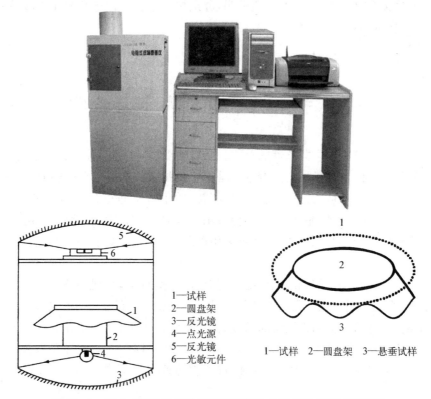

1—试样
2—圆盘架
3—反光镜
4—点光源
5—反光镜
6—光敏元件

1—试样 2—圆盘架 3—悬垂试样

图 12 - 3 光电式织物悬垂性测试仪及织物的悬垂性能测试原理图

由以下部件构成:

① 有透明盖的试验箱。

② 2 个水平圆形夹持盘,直径为 18 cm 或 12 cm,试样夹在两个夹持盘中间,下夹持盘上有 1 个中心定位栓。

③ 在夹持盘下方中心、抛面镜的焦点位置有 1 个点光源,抛面镜反射的平行光垂直向上通过夹持盘周围的试样区照在仪器的透明盖上。

④ 仪器盖上有白色片材。

(2) 圆形模板:

圆形模板 3 个,直径为 24 cm、30 cm 和 36 cm,用于方便地剪裁画样和标注试样中心。

(3) 秒表(或自动计时装置)

(4) 辅助装置:

① 相机架:用来将数码相机固定在测定仪上。

② 数码相机:与计算机连接,能够采用数字处理技术获取织物试样的图像。

③ 评估软件:能够浏览数码相机获取的图像,根据影像测定轮廓,并根据影像信息计算悬垂系数、悬垂波数、最大波幅、最小波幅及平均波幅,并提供最终报告。

④ 白色片材:能够清晰地映出投影图像。

四、试样准备

1. 样品选择

每个样品至少取 3 个试样,并标出每个试样的中心。分别在每个试样的两面标记"a"和"b"。试样直径的选择:

(1) 仪器的夹持直径为 18 cm 时,先使用直径为 30 cm 的试样进行预试验,并计算该直径时的悬垂系数。

① 若悬垂系数在 30%～85% 的范围内,则试样直径均为 30 cm。

② 若悬垂系数在 30%～85% 的范围外,则试样直径为:

a. 悬垂系数小于 30% 的柔软织物,试样直径为 24 cm。

b. 对悬垂系数大于 85% 的硬挺织物,试样直径为 36 cm。

(2) 仪器的夹持直径为 12 cm 时,所有试验试样的直径均为 24 cm。

2. 在标准大气条件下调湿

五、试验步骤

(1) 将数码相机和计算机连接,开启计算机评估软件进入检测状态,打开照明灯光源,使数码相机处于捕捉试样影像状态。

(2) 将白色片材放在仪器的投影部位。

(3) 将试样 a 面朝上,放在下夹持盘上,让定位柱穿过试样的中心,立即将上夹持盘放在试样上,其定位柱穿过中心孔,并迅速盖好仪器透明盖。

(4) 从上夹持盘放到试样上起,开始计时。

(5) 30 s 后即用数码相机拍下试样的投影图像(图 12-4)。

(6) 用计算机处理软件得到悬垂系数、悬垂波数、最大波幅、最小波幅及平均波幅等试验指标。

(7) 按上述步骤,对同一试样的 b 面朝上进行试验。

(8) 重复上述步骤,直至完成所有试样的测试。

图 12-4　不同织物的悬垂特征

六、试验结果

分别对不同直径的试样进行计算:

(1) 计算每个试样 a 面和 b 面悬垂系数、悬垂波数、最大波幅、最小波幅及平均波幅的平均值。

(2) 计算每个样品悬垂系数、悬垂波数、最大波幅、最小波幅及平均波幅的平均值。

注:不同直径的试样得出的结果没有可比性。

项目十三 纺织品生态性检测

在纺织服装领域,随着石油工业的发展,化学纤维、合成染料和化学助剂等化学物质的广泛应用,使纺织业面临两大难题:其一是纺织品使用对人体的安全问题,其二是纺织品生产对环境的污染问题。

在 20 世纪 80 年代,一些发达工业国家就开始对纺织品中可能存在的有害物质及其对人体健康和生态环境的影响进行了研究,欧美等世界纺织服装贸易主要进口国开始对纺织品的生产环境和产品可能对人体产生的影响做出规定,并不断对进口纺织品提出新的要求。

1989 年,维也纳奥地利纺织研究院建立了第一部关于纺织品环保学的标准——奥地利纺织标准 ÖTN100(或 AST100)。1991 年 11 月,奥地利纺织研究院(ÖTI)与德国海思斯坦研究院(Hohenstein Instiute)合作,将 ÖTN100 改变为 Oeko-Tex Standard 100。1992 年 4 月 7日,第一部 Oeko-Tex Standard 100 出版。1993 年,他们又与苏黎世的纺织测试研究院签署协议,成立了国际生态纺织品研究与检测协会(亦称国际环保纺织协会)。国际环保纺织协会(Oeko-Tex Associationa)由德国海恩斯坦研究院和奥地利纺织研究院创立,现由各国知名的纺织鉴定机构以及他们的代表处组成,分布在世界各地:奥地利、比利时、中国、丹麦、法国、德国、匈牙利、意大利、日本、韩国、波兰、葡萄牙、斯洛文尼亚、南非、西班牙、瑞典、瑞士、土耳其、英国和美国。Oeko-Tex Standard 100 已成为世界公认的最权威、最有影响的纺织品生态标准。

任务一　生态纺织品概述

一、生态纺织品的界定

目前,国际上对生产纺织品的界定标准有两种观点。

一种是以欧洲"Eco-label"为代表的全生态概念,即广义生态纺织品概念。认为生态纺织品所用纤维在生长或生产过程中应未受污染,同时也不对环境造成污染;在生产加工和使用过程中不会对人体和环境造成危害;在失去使用价值后可回收再利用或在自然条件下降解。

另一种观点是以国际纺织品生态研究与检测协会(Oeko-Tex)为代表的有限生态概念,即狭义生态纺织品概念,认为生态纺织品最终目标是在使用过程中不会对人体健康造成危害,并主张对纺织品上的有害物质进行合理的限定,以不影响人体健康为底线,同时建立相应的品质监控体系。GB/T18885—2009《生态纺织品技术要求》定义生态纺织品为:采用对环境无害或少害的原料和生产过程所产生的对人体无害的纺织品。

第一种观点是真正意义上的生态纺织品,但在目前的科学技术条件下很难同时做到,可作为一个努力的目标。第二种观点是从现实条件和科学水平上提出的可实现的初级生态要求,是指在现有的科学知识条件下,经过测试不含有会损害人体健康的物质,且具有相应标志的纺织品。

二、生态纺织品标准

(一)国外生态纺织品标准

1. 国际上关于生态纺织品的相关技术法规及标准(见表 13 - 1)

表 13 - 1　生态纺织品的相关技术法规及标准

国家地区	技术法规及标准	检 测 项 目
欧 盟	76/769/EEC 指令、2002/61/EC 指令、2003/03/EC 指令	禁用偶氮染料
	94/27/EC 指令	镍释放
	91/338/EEC、1999/51/EC 指令	镉含量
	91/173/EEC、1999/51/EC 指令	五氧苯酚
	2009/425/EC 指令	有机锡化合物
	79/663/EE、83/264/EEC、2003/11/EC 指令	含溴或含氯的阻燃整理剂
	92/59/EEC、1999/815/EC、2003/819/EC 指令	邻苯二甲酸酯类增塑剂
瑞士等 14 国	Oeko-Tex 标准 100 生态纺织品通用及特殊技术要求(Oeko-Tex Standard 100)	甲醛、pH 值、禁用偶氮染料、可萃取重金属等
美 国	H. R. 4040《消费品安全修正法案》	儿童用品总铅含量
日 本	日本商业与工业部根据日本第 112 号法令(1973)《关于日用品中有害物质含量法规》 日本厚生省 34 号令(1974)《关于日用品中有害物质含量法规的实施规则》 日本编织品检查协会标准	甲醛含量
	家用产品有害物质控制法规定	有机汞和有机锡化合物、含溴或含氧的阻燃整理剂

2. 国外主要生态纺织品标准认知

(1) Oeko-Tex Standard 100 标准

Oeko-Tex Standard 100 标准是由奥地利纺织研究院、德国海恩斯坦研究院和瑞士纺织检验公司共同建立,是由国际环保纺织协会出版的规范性文件,它是纺织生态学中最重要的标准之一,适用于纺织品和皮革产品以及各级生产中的物品,包括纺织和非纺织配件。也适用于床垫、羽毛和羽绒、泡棉、室内装饰材料及其他具有相似性质的材料。

Oeko-Tex Standard 100 标准对纺织品中有害物质定义为:可能存在于纺织产品或配件中,在正常或特定的使用条件下释放超出规定的最高限量,并且根据现有的科学知识,相关的有害物质很可能对人体健康造成某种影响。

"信心纺织品——通过 Oeko-Tex Standard 100 有害物质检测"是指应用于纺织产品或配件上的一种标签,它表明该认证产品符合本标准规定的所有条件,并且该产品及根据本标准规定的测试结果均受国际环保纺织协会成员机构的监督。对于通过 Oeko-Tex Standard 100 标准测试和认证的企业,可获得授权在纺织品上悬挂注有"信心纺织品——通过 Oeko-Tex Standard 100 有害物质检测"的标签。

"信心纺织品——通过 Oeko-Tex Standard 100 有害物质检测"标签是纺织品消费安全性的一种标志,只是与纺织品所含的有害物质相关,经过国际环保纺织协会的成员国或者授权机构授予。它不是一个质量标签,也没有涉及产品的其他性质。该标签不包括由于运输和储存过程中造成的损害、包装造成的污染、促销时的处理(如香料处理)以及不适当的销售展示(室外展示)而产生的有害物质。

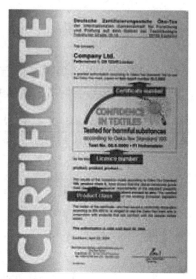

目前,Oeko-Tex Standard 100 标签是生态纺织品标签的典型代表,是世界上最有权威、影响最广的生态纺织品标签,已逐渐成为贸易的基本条件,其标志在世界范围内注册,受马德里公约保护。因此,在全世界得到迅速推广认证。经过 Oeko-Tex Standard 100 标准体系检测的纺织品可授予生态纺织品证书和标签,如图 13 - 1 和图 13 - 2 所示。标签分单语言标签[图 13 - 2(a)～(c)]和多国语言标签[图 13 - 2 (d)]两类。单语言标签的语言"信心纺织品,根据 Oeko-Tex Standard 100 通过对有害物质检测"已经拥有 30 个可印刷的文本标签。

图 13 - 1   Oeko-Tex Standard 100 证书

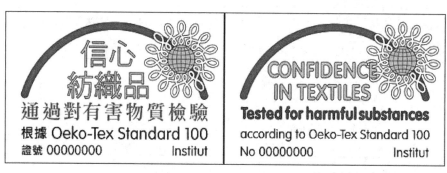

(a) Oeko-Tex Standard 100 繁体中文标签   (b) Oeko-Tex Standard 100 英语标签

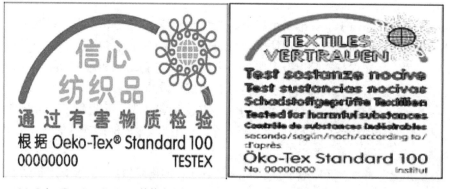

(c) Oeko-Tex Standard 100 简体中文标签   (d) Oeko-Tex Standard 100 多国语言标签

图 13 - 2   Oeko-Tex Standard 100 标签

Oeko-Tex Standard 100 标志论证分 3 种模式。

① 首次认证。对申请的产品进行生态纺织品的第一次论证,论证程序如图 13-3 所示。

② 证书延期。当有效期到期后,oeko-Tex 的证书可以通过申请延展一年。

③ 证书扩展。现有 oeko-Tex 证书可以在任何时期进行扩展,需要制造商向相关的检测机构提交正式申请。

（2）Eco-label 标准

欧共体的 Eco-label 标准涵盖了某一产品整个生命周期对环境可能产生的影响,如纺织产品从纤维种植或生产、纺纱、织造、前处理、印染、后整理、成衣制作乃至废弃处理的整个过程中可能对环境、生态和人类健康的危害。因此,从可持续发展战略角度看,Eco-label 标准是一种极具发展潜力的、更符合环保要求的生态标准,并将逐渐成为市场的主导。此外,由于欧共体的 Eco-label 标准是以法律的形式推出,在全欧盟范围内的法律地位是不容置疑的,而且其影响力也会进一步扩大。

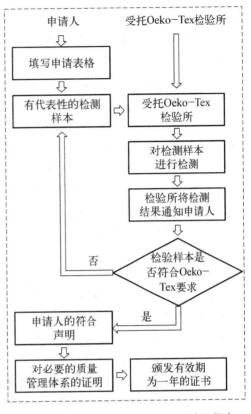

图 13-3 Oeko-Tex Standard 100 认证程序

Eco-label 生态标签标准是迄今为止最严格的纺织品生态标准,它从某种程度上反映了纺织品国际贸易中崇尚"绿色"的发展趋势,也是国际纺织品消费市场追求"绿色"的必然结果。Eco-label 由欧盟执法委员会根据 880/92 号法令成立,自 1993 年颁布了首批关于洗衣机和洗碗机的标准以来,现在产品已涉及包括纺织品如床单、T 恤在内的 12 种。标志如图 13-4 所示。

欧盟环境标志标准的制定原则是对产品从生产到废弃进行终生环保评估,即对其原材料、生产过程、产品流通、消费,一直到最后废弃物处理各个阶段进行评价。

图 13-4 Eco-label 标志

Eco-label 标志的申请、授予程序主要是:

① 欧盟执行委与有关各方磋商后,确定产品类别和每类产品的环境标准。

② 每个成员国指定一个有关部门按欧盟的标准受理生产者或进口者的环境标志申请。

③ 环境标志申请需先经成员国有关部门批准（30 天内）。

④ 申请批准后,申请者与成员国有关部门签订合同,规定在一定时间内使用该标志,成员国负责征收申请费和年度使用费。

⑤ 欧盟执行委通过"公报"公布产品清单、标志所授予的企业名称、授予国家等。Eco-label 标志可在欧盟 15 个成员国的任一国内申请,并可在包括挪威、冰岛、列支敦士登在内的欧洲 18 国内使用。

1994 年，欧盟执行委委托丹麦制定了纺织品生态标准，并于 1996 年通过了床单和 T 恤标准。根据欧盟执行委的规定，生态标准一般三年修订一次。其他纺织品的生态标准目前正在讨论之中。

（3）其他纺织品生态标准

除了 Oeko-Tex Standard 100 标准和 Eco-label 标准外，与纺织生态学有关的法规很多。德国首先推行"蓝色天使"标志，美国于 1988 年开始实行"能源之星"绿色标志，1995 年荷兰使用"生态标签"，如 Eco-label、Whiteswan、Milieukeur 标志等。1999 年，欧盟要求纤维、服装和鞋类产品要加贴欧洲环保标志，发达国家关于生态纺织品绿色标签的要求还有很多。目前，世界许多发达国家都已建立了环境认证制度，并趋于一致，相互承认。

（二）国内生态纺织品标准

为了规范纺织产品的生产，同时与国际接轨，我国颁布了一系列生态纺织产品安全技术标准及规范。

1. GB/T18885—2009《生态纺织品技术要求》

2009 年 6 月 11 日国家质量监督检验检疫总局发布了 GB/T18885—2009《生态纺织品技术要求》推荐性标准，企业可自愿采用，不具有行政强制性。规定了生态纺织品的术语和定义、产品分类、要求、试验方法、取样和判定规则。适用于各类纺织品及其附件。没有涉及原材料及生产工艺等方面，项目测试参照 Oeko-Tex Standard 100—2008（第 1 版），各项目限量值也基本一致。

2. GB18401—2010《国家纺织产品基本安全技术规范》

2011 年 1 月 14 日国家质量监督检验检疫总局发布了 GB18401—2010《国家纺织产品基本安全技术规范》强制性标准，规定纺织产品的基本安全技术要求、试验方法、检验规则及实施与监督。适用于在我国境内生产、销售的服装、装饰用和家用纺织产品。对以天然纤维和化学纤维为主要原料，经纺、织、染等加工工艺或再经缝制、复合等工艺制成的成品，如纱线、织物及其制成品，为保证纺织产品对人体健康无害而提出最基本的要求。它是必须执行的标准，不论产品标识、销售合同中是否注明，无论产品是否进入市场，在我国境内生产、销售的服用和装饰用纺织产品都必须符合本规范。所以，此规范仅选择与人体健康和安全密切相关且容易进行检测的项目，以此作为保障人体健康对纺织品的最基本要求。

GB18401—2010《国家纺织产品基本安全技术规范》是 GB/T18885—2009《生态纺织品技术要求》中的一部分内容。符合 GB/T18885—2009《生态纺织品技术要求》的产品就一定符合本强制性标准；但符合强制性标准的产品不一定符合 GB/T18885—2009《生态纺织品技术要求》。

符合 GB/T18885—2009《生态纺织品技术要求》的纺织品，基本可保证在穿着和使用过程中不会对人体健康造成危害；而 GB18401—2010《国家纺织产品基本安全技术规范》是最基本的安全要求，因此不排除因其他有害物质存在而影响人体健康的可能性。

GB18401—2010《国家纺织产品基本安全技术规范》仅涉及安全健康方面的指标，组织自行制定的标准、协议不应低于 GB18401—2010《国家纺织产品基本安全技术规范》的要求，但可高于该规范。其他指标还应执行相应的产品标准。产品标准表明产品的基本特性，是生产、消费、验收和购货合同的基本依据之一。也就是说，一个具体产品的考核项目是 GB18401—2010《国家纺织产品基本安全技术规范》与指定的产品标准要求的总合。

以上这些纺织品的国家标准的实施,可提高我国纺织行业的生态生产意识,促进纺织工业采取有效措施,将最终纺织品的有害物质降低到最小,并倡导消费者转向对纺织产品安全性和环保性的注重。

任务二　生态纺织品中的监控项目

一、生态纺织品监控项目

根据生态纺织品的法律规定和标准,生态纺织品的主要监控和检测内容有以下 20 项。

包括禁用偶氮染料、致癌染料、致敏性染料、可萃取重金属(纺织品上可能残留的重金属是 Cu、Cr、Co、Ni、Zn、Hg、As、Pb、Cd 等)、杀虫剂、游离甲醛、pH 值、含氯酚(PCP 和 TeCp)、含氯有机载体、六价铬[Cr(Ⅵ)]、多氯联苯衍生物(PCBs)、有机锡化物(TBT、TPhT、DOT、DBT)、镉(Cd)含量、镍(Ni)含量、邻苯二甲酸酯类 PVC 增塑剂、阻燃剂、抗微生物整理剂、色牢度、气味、消耗臭氧层的化学物质(ODCs)等项目。

以上监控项目包括了法定禁止和严格控制的有害物质,也包括了按科学的方法证明对健康有害的物质和预防性物质。这些监控项目因生态安全性相关的法律法规的变化而不断变化。

二、生态纺织品检测技术要求

1. 产品分类

表 13-2　纺织产品分类

标　准	Oeko-Tex Standard 100—2013《生态纺织品通用及特殊技术要求》	GB/T18885—2009《生态纺织品技术要求》	GB18401—2010《国家纺织产品基本安全技术规范》
	按照产品(未来)使用情况分为 4 类	按照产品(包括生产过程各阶段的中间产品)的最终用途分为 4 类	按照产品最终用途分为 3 类
婴幼儿用产品	指生产 36 个月及以下的婴幼儿使用的所有物品、原材料和配件,皮类服装除外	供年龄在 36 个月及以下的婴幼儿使用的产品	年龄在 36 个月及以下的婴幼儿穿着或使用的纺织产品
直接与皮肤接触的产品	穿着时大部分面积与皮肤直接接触的物品,如衬衫、内衣、T 恤衫等	在穿着或使用时,其大部分面积与人体皮肤直接接触的物品,如衬衫、内衣、毛巾、床单等	在穿着或使用时,其大部分面积与人体皮肤直接接触的纺织品
非直接与皮肤接触的产品	指穿着时小部分面积与皮肤直接接触的物品,如填充物等	指穿着或使用时,不直接接触皮肤或小部分面积与皮肤直接接触的物品,如外衣等	指穿着或使用时,不直接接触皮肤或小部分面积与皮肤直接接触的纺织产品
装饰材料	包括所有用于装饰的产品和配件,如桌布、壁布、家纺布料、窗帘、装饰用布料和地毯等	用于装饰的产品,如桌布、墙布、窗帘、地毯等	

2. 检测项目与限量要求

根据 GB/T18885—2009《生态纺织品技术要求》与 Oeko-Tex Standard 100—2013《生态纺织品通用及特殊技术要求》，生态纺织品的技术要求见表 13-3；根据 GB18401—2010《国家纺织产品基本安全技术规范》，纺织产品的基本安全技术要求见表 13-4。

表 13-3　生态纺织品技术要求

项　目		单　位	婴幼儿用产品	直接与皮肤接触的产品	非直接与皮肤接触的产品	装饰材料
GB/T18885—2009《生态纺织品技术要求》						
pH①		——	4.0~7.5	4.0~7.5	4.0~9.0	4.0~9.0
甲醛≤	游离	mg/kg	20	75	300	300
可萃取重金属≤	锑	mg/kg	30.0	30.0	30.0	——
	砷		0.2	1.0	1.0	1.0
	铅②		0.2	1.0③	1.0③	1.0③
	镉		0.1	0.1	0.1	0.1
	铬		1.0	2.0	2.0	2.0
	铬(六价)		低于检出值④			
	钴		1.0	4.0	4.0	4.0
	铜		25.0	50.0	50.0	50.0
	镍		1.0	4.0	4.0	4.0
	汞		0.2	0.2	2.0	2.0
杀虫剂⑤≤	总量(包括 PCP/TeCP)	mg/kg	0.5	1.0	1.0	1.0
苯酚化合物≤	五氯苯酚(PCP)	mg/kg	0.05	0.5	0.5	0.5
	四氯苯酚(TeCP,总量)		0.05	0.5	0.5	0.5
	邻苯基苯酚(OPP)		50	100	100	100
氯苯及氯化甲苯≤		mg/kg	1.0	1.0	1.0	1.0
邻苯二甲酸酯⑥≤	DINP、DNOP、DEHP、DIDP、BBP、DBP(总量)	%	0.1	——	——	——
	DEHP、BBP、DBP(总量)		——	0.1	0.1	0.1
有机锡化合物≤	三丁基锡(TBT)		0.5	1.0	1.0	1.0
	二丁基锡(DBT)		1.0	2.0	2.0	2.0
	三苯基锡(TPhT)		0.5	1.0	1.0	1.0
有害染料≤	可分解芳香胺染料	mg/kg	禁用④			
	致癌染料		禁用④			
	致敏染料		禁用④			
	其他染料		禁用④			

GB/T18885—2009《生态纺织品技术要求》

项　　目		单　位	婴幼儿用产品	直接与皮肤接触的产品	非直接与皮肤接触的产品	装饰材料
抗整理剂		——	——			
阻燃整理剂	普通	——	——			
	PBB、TRIS、TEPA、pentaBDE、octaBDE	——	禁用			
色牢度(沾色)	耐水	级	3	3	3	3
	耐酸汗渍		3～4	3～4	3～4	3～4
	耐碱汗渍⑦⑧		3～4	3～4	3～4	3～4
	耐干摩擦		4	4	4	4
	耐唾液		4	——		
挥发性物质⑨≤	甲醛	mg/m³	0.1	0.1	0.1	0.1
	甲苯		0.1	0.1	0.1	0.1
	苯乙烯		0.005	0.005	0.005	0.005
	乙烯基环己烷		0.002	0.002	0.002	0.002
	4—苯基环己烷		0.03	0.03	0.03	0.03
	丁二烯		0.002	0.002	0.002	0.002
	氯乙烯		0.002	0.002	0.002	0.002
	芳香化合物		0.3	0.3	0.3	0.3
	挥发性有机物		0.5	0.5	0.5	0.5
异常气味⑩		——	——			
石棉纤维		——	禁用			

　　注① 必须经过后处理的产品,其 pH 可放宽至 4.0～10.5;装饰材料的皮革产品、涂层或层压产品,其 pH 允许在3.5～9.0。

　　② 金属附件禁止使用铅和铅合金。

　　③ 无机材料的附件不要求。

　　④ 合格限量值:铬[Cr(Ⅵ)]为 0.5 mg/kg,芳香胺为 20 mg/kg,致敏染料和其他染料为 50 mg/kg。

　　⑤ 仅适用于天然纤维。

　　⑥ 适用于涂层、塑料熔胶印花、弹性泡沫塑料和塑料配件等产品。

　　⑦ 对洗涤褪色型产品不要求。

　　⑧ 对于颜料、还原染料或硫化染料,其最低的耐干摩擦色牢度允许为 3 级。

　　⑨ 针对除纺织地板覆盖物以外的所有制品。

　　⑩ 适用于纺织地毯、床上以及发泡和有大面积涂层的非穿着用的物品。

表 13-4　GB18401—2010《国家纺织产品基本安全技术规范》

项　　目		婴幼儿用产品	直接与皮肤接触的产品	非直接与皮肤接触的产品
甲醛含量(mg/kg)≤		20	75	300
pH①		4.0～7.5	4.0～8.5	4.0～9.0
染色牢度②(级别)≥	耐水(变色、沾色)	3	3	3
	耐酸汗渍(变色、沾色)	3～4	3～4	3～4
	耐碱汗渍(变色、沾色)	3～4	3～4	3～4
	耐干摩擦	4	4	4
	耐唾液(变色、沾色)	4	——	——
可分解致癌芳香胺染料③(mg/kg)		禁用		
异常气味		——		

注① 必须经过湿处理的非最终产品,其 pH 可放宽至 4.0～10.5。
　② 对经洗涤褪色工艺的非最终产品、本色及漂白产品不要求,扎染、蜡染等传统的手工着色产品不要求,耐唾液色牢度仅考核婴幼儿用纺织产品,窗帘等悬挂类装饰产品不考核耐汗渍色牢度。
　③ 致癌芳香胺,限量值 ≤ 20 mg/kg。

任务三　纺织品生态性检测

纺织品上的有害物质含量大多属于微量,甚至是痕量水平,因此在其检测中需要用到各种具备高灵敏度、低检测限的现代化分析仪器,包括:紫外—可见分光光度计、气相色谱、气相色谱—质谱联用仪、高效液相色谱—质谱联用仪、原子吸收分光光度仪、原子荧光分光光度仪、等离子原子发射光谱仪等,这些仪器及联用技术的使用使得对纺织品上微量甚至是痕量有害物质的检测成为现实。

本部分主要介绍纺织品中甲醛、pH 值、可分解芳香胺染料、重金属等有害物质的检测方法。

子任务一　纺织面料甲醛含量检测

甲醛作为纤维素纤维树脂整理的常用交联剂而广泛应用于纯纺或混纺产品中(包括部分真丝产品),其主要功能是提高助剂在织物上的耐久性。甲醛的使用范围还包括树脂整理剂、固色剂、防水剂、柔软剂、黏合剂等,涉及面非常广。甲醛对生物细胞的原生质是一种毒性物质,它可与生物体内的蛋白质结合,改变蛋白质结构并将其凝固,甲醛会对人体呼吸道和皮肤产生强烈的刺激,引发呼吸道炎症和皮肤炎。此外,甲醛同时也是多种过敏症的引发剂。虽无直接证据,但仍有报道甲醛可能会诱发癌症。

含甲醛的纺织品在穿着或使用过程中,部分未交联的或水解产生的游离甲醛会释放出来,对人体健康造成损害。纺织品上甲醛定量分析常采用比色法,即采用紫外/可见吸收分光光度计分析技术,在分析极限、准确度和重现性方面都有很大的优越性,只是操作比较繁琐。根据显色剂的不同可以分为乙酰丙酮法、变色酸法(铬度酸法)、间苯三酚法、亚硫酸品红法、苯阱法。纺织品上甲醛定量分析也有采用高效液相色谱法(HPLC 技术)。

另外,甲醛含量的测定按样品前处理制备方式的不同又可分为两类:液相萃取法和气相萃取法。

纺织品中甲醛含量是我国的强制指标,其他各国的法规或标准均对纺织产品的游离甲醛含量作了严格的限定。我国的强制性标准 GB18401—2010《国家纺织产品基本安全技术规范》,及其他各国的法规或标准均对纺织品的游离甲醛含量做出严格的规定,织物释放甲醛量是重要的检测项目。规定对婴幼儿及直接接触皮肤纺织品的游离甲醛含量分别应≤20 mg/kg 和≤75 mg/kg。不直接接触皮肤纺织品和装饰材料的游离甲醛含量应≤300 mg/kg。

一、中国国家标准

(一)试验标准

GB/T2912.1—2009《纺织品甲醛的测定第 1 部分:游离和水解的甲醛(水萃取法)》,规定通过水萃取及部分水解作用的游离甲醛含量的测定方法。适用于任何形式的纺织品。适用于游离甲醛含量为 20~3 500 mg/kg 之间的纺织品,检出限位 20 mg/kg,低于检出限的结果报告为"未检出"。

GB/T2912.2—2009《纺织品甲醛的测定第 2 部分:释放的甲醛(蒸汽吸收法)》,规定任何状态的纺织品在加速储存条件下用蒸汽吸收法测定释放甲醛含量的方法。适用于释放甲醛含量为 20~3 500 mg/kg 之间的纺织品,检出限位 20 mg/kg,低于检出限的结果报告为"未检出"。

GB/T2912.3—2009《纺织品甲醛的测定第 3 部分:高效液相色谱法》,规定采用高效液相色谱—紫外检测器或二极管阵列检测器测定纺织品中游离水解甲醛或释放甲醛含量的方法。适用于任何形式的纺织品,适用于甲醛含量为 5~1 000 mg/kg 之间的纺织品,特别适用于深色萃取液的样品,检出限位 20 mg/kg,低于检出限的结果报告为"未检出"。

(二)试验方法与原理

在甲醛含量的检测时,织物试样中的甲醛要经水萃取或蒸汽吸收处理。

1. 水萃取法

试样在 40℃的水浴中萃取一定时间,萃取液用乙酰丙酮显色后,在 412 nm 波长下,用分光光度计测定显色液中甲醛的吸光度,对照标准甲醛工作曲线计算出样品中游离甲醛的含量。用以考察纺织品在穿着和使用过程中因出汗或淋湿等因素可能造成的游离和水解的甲醛,以评估其对人体可能造成的损害。

2. 蒸汽吸收法

一定质量的织物试样,悬挂于密封瓶中的水面上,置于恒定温度的烘箱内一定时间,释放的甲醛用水吸收,经乙酰丙酮显色后,在412 nm波长下,用分光光度计测定显色液中甲醛的吸光度。对照标准甲醛工作曲线,计算出样品中释放甲醛的含量。用以考察纺织品在储存、运输、陈列和压烫过程中所释放的甲醛,以评估其对环境和人体可能造成的危害。

3. 高效液相色谱法

试样经水萃取或蒸汽吸收处理后,以2,4-二硝基苯肼衍生化试剂,生成2,4-二硝基苯腙,用高效液相色谱-紫外检测器或二极管阵列检测器测定,对照标准甲醛工作曲线,计算出样品中的甲醛含量。

(三) 水萃取法

1. 检测仪器与材料

(1) 试验设备与器具:

① 容量瓶:50 mL、250 mL、500 mL、1 000 mL容量瓶。

② 三角烧瓶:250 mL碘量瓶或具塞三角烧瓶。

③ 移液管:1 mL、5 mL、10 mL、25 mL和30 mL单标移液管及5 mL刻度移液管。

④ 量筒:10 mL、50 mL量筒。

⑤ 分光光度计:波长412 nm。

⑥ 具塞试管及试管架。

⑦ 恒温水浴锅:(40±2)℃。

⑧ 过滤器:2号玻璃漏斗式过滤器。

⑨ 天平:精确至0.1 mg。

(2) 试剂:

① 蒸馏水或三级水。

② 乙酰丙酮溶液(纳氏试剂):在1 000 mL容量瓶中加入150 g乙酸胺,用800 mL水溶解,然后加3 mL冰乙酸和2 mL乙酰丙酮,用水稀释至刻度,用棕色瓶贮存。

③ 甲醛溶液:浓度约37%(质量浓度)。

2. 试样准备

(1) 样品不需调湿,预调湿可能影响样品中的甲醛含量。测试前样品密封保存。

(2) 试样剪碎后,称取1 g,精确至0.01 g,2份(2个平行样)。如果甲醛含量太低,增加试样量至2.5 g,以获得满意的精度。

(3) 试样上甲醛水萃取液的制备:将每个试样放入250 mL的碘量瓶或具塞三角烧瓶中,加入100 mL水,盖紧盖子,放入(40±2)℃水浴中振荡(60±5)min,然后用过滤器过滤至另一碘量瓶或具塞三角烧瓶中,供分析用。

3. 试验步骤

(1) 甲醛标准溶液和标准曲线的制备:

① 约1 500 μg/mL甲醛原液的制备:用水稀释3.8 mL甲醛溶液至1 L,用标准方法测定甲醛原液浓度。记录该标准原液的精确浓度。该原液用以制各标准稀释液,有效期为4周。

② 稀释:相当于1 g样品中加入100 mL水,样品中甲醛的含量等于标准曲线上对应的甲醛浓度的100倍。

a. 标准溶液(S2)的制备：吸取 10 mL 甲醛标准原液(约含甲醛 1.5 mg/mL)放入容量瓶中,用水稀释至 200 mL,此溶液含甲醛 75 mg/L。

b. 校正溶液的制备：根据标准溶液(S2)制备校正溶液。根据需要,用标准溶液在 500 mL 容量瓶中用水稀释,配制浓度 0.15～6.0 μg/mL 间至少 5 种浓度的甲醛校正溶液,用以绘制工作曲线。

1 mL S2 稀释至 500 mL,包含 0.15 μg 甲醛/mL 等于 15 mg 甲醛/kg 织物。

2 mL S2 稀释至 500 mL,包含 0.30 μg 甲醛/mL 等于 30 mg 甲醛/kg 织物。

5 mL S2 稀释至 500 mL,包含 0.75 μg 甲醛/mL 等于 75 mg 甲醛/kg 织物。

10 mL S2 稀释至 500 mL,包含 1.50 μg 甲醛/mL 等于 150 mg 甲醛/kg 织物。

15 mL S2 稀释至 500 mL,包含 2.25 μg 甲醛/mL 等于 225 mg 甲醛/kg 织物。

20 mL S2 稀释至 500 mL,包含 3.00 μg 甲醛/mL 等于 300 mg 甲醛/kg 织物。

30 mL S2 稀释至 500 mL,包含 4.50 μg 甲醛/mL 等于 450 mg 甲醛/kg 织物。

40 mL S2 稀释至 500 mL,包含 6.00 μg 甲醛/mL 等于 600 mg 甲醛/kg 织物。

③ 甲醛标准曲线绘制：以甲醛的浓度为横坐标,吸光度为纵坐标,绘制不同甲醛浓度与吸光度的标准工作曲线。该曲线在一定范围内为一直线,在同样条件下,测出试样萃取液的吸光度后,即可在工作曲线上查出试样萃取液中的甲醛浓度。此曲线用于所有测量数值,如果试验样品中甲醛含量高于 500 mg/kg,则稀释样品溶液。

(2) 甲醛含量检测：

① 用单标移液管吸取 5 mL 过滤后的样品溶液放入一试管,及各吸取 5 mL 标准甲醛溶液分别放入试管中,分别加 5 mL 乙酰丙酮溶液,摇动。

② 首先把试管放在(40±2)℃水浴中显色(30±5)min,然后取出,常温下避光冷却(30±5)min,用 5 mL 蒸馏水加等体积的乙酰丙酮作空白对照,用 10 mm 的吸收池在分光光度计 412 nm 波长处测定吸光度。

③ 若预期从织物上萃取的甲醛含量超过 500 mg/kg,或试验采用 5：5 比例,计算结果超过 500 mg/kg 时,稀释萃取液使之吸光度在工作曲线的范围内(在计算结果时,要考虑稀释因素)。

④ 如果样品的溶液颜色偏深,则取 5 mL 样品溶液放入另一试管,加 5 mL 水,按上述操作。用水作空白对照。

⑤ 做两个平行试验。

注：将已显现出的黄色暴露于阳光下一定的时间会造成褪色,因此在测定过程中应避免在强烈阳光下操作。

⑥ 如果怀疑吸光值不是来自甲醛而是由样品溶液的颜色产生的,用双甲酮进行一次确认试验。

注：双甲酮与甲醛产生反应,使因甲醛反应产生的颜色消失。

⑦ 双甲酮确认试验：取 5 mL 样品溶液放入一试管(必要时稀释),加入 1 mL 双甲酮乙醇溶液,并摇动,把溶液放入(40±2)℃水浴中显色(10±1)min,加入 5 mL 乙酰丙酮试剂摇动,继续按② 操作。对照溶液用水而不是样品萃取液。来自样品中的甲醛在 412 nm 的吸光度将消失。

4. 结果计算和表示

用式(1)来校正样品吸光度:

$$A = A_s - A_b - (A_d) \tag{1}$$

式中:

A——校正吸光度;

A_s——试验样品中测得的吸光度;

A_b——空白试剂中测得的吸光度;

A_d——空白样品中测得的吸光度(仅用于变色或沾污的情况下)。

用校正后的吸光度数值,通过工作曲线查出甲醛含量,用 $\mu g/mL$ 表示。

用式(2)计算从每一样品中萃取的甲醛量:

$$F = \frac{c \times 100}{m} \tag{2}$$

式中:

F——从织物样品中萃取的甲醛含量(mg/kg);

c——读自工作曲线上的萃取液中的甲醛浓度($\mu g/mL$);

m——试样的质量(g)。

取两次检测结果的平均值作为试验结果,计算结果修约至整数位。

如果结果小于 20 mg/kg,试验结果报告"未检出"。

(四) 蒸汽吸收法

1. 设备和器具

(1) 玻璃(或聚乙烯)广口瓶:1 L,有密封盖,蒸汽吸收法如图 13 - 5(b);或瓶盖顶部带有小钩的密封盖,如图 13 - 5(c)。

(2) 小型金属丝网篮:如图 13 - 5(a);或用双股缝线将织物的两端分别系起来,挂于水面上,线头系于瓶盖顶部钩子上。

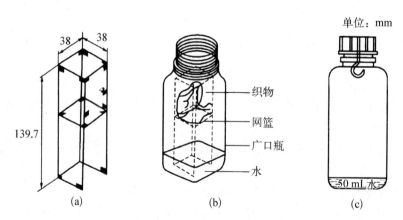

图 13 - 5　甲醛蒸汽吸收装置

(3) 烘箱:温度控制在(49±2)℃。

(4) 容量瓶:50 mL,250 mL,500 mL 和 1 000 mL 容量瓶。

（5）三角烧瓶：1 mL,5 mL,10 mL,15 mL,20 mL,25 mL,30 mL 和 150 mL 单标移液管及 5 mL 刻度移液管。

注：可以使用与手动移液管具有相同精确的自动移液管。

（6）量筒：10 mL,50 mL 量筒。

（7）分光光度计：波长 412 nm。

（8）试管、比色管、测色管。

（9）恒温水浴锅：(40±2)℃。

（10）天平：精度为 0.1 mg。

2. 甲醛标准溶液的配制和标定

（1）约 1 500 μg/mL 甲醛原液的制备：用水稀释 3.8 mL 甲醛溶液至 1 L,用标准方法测定甲醛原液浓度。记录该标准原液的精确浓度。该原液用以制各标准稀释液,有效期为 4 周。

（2）稀释：相当于 1 g 样品中加入 50 mL 水,样品中甲醛的含量等于标准曲线上对应的甲醛浓度的 50 倍。

① 标准溶液(S2)的制备：吸取 10 mL 甲醛标准原液(约含甲醛 1.5 mg/mL)放入容量瓶中,用水稀释至 200 mL,此溶液含甲醛 75 mg/L。

② 校正溶液的制备：

吸取不同体积的标准溶液(S2)用水稀释定容至 500 mL 容量瓶中,用以制备校准溶液。配制下列所示溶液中至少 5 种浓度：

1 mL S2 稀释至 500 mL,包含 0.15 μg 甲醛/mL 等于 15 mg 甲醛/kg 织物。

2 mL S2 稀释至 500 mL,包含 0.30 μg 甲醛/mL 等于 30 mg 甲醛/kg 织物。

5 mL S2 稀释至 500 mL,包含 0.75 μg 甲醛/mL 等于 75 mg 甲醛/kg 织物。

10 mL S2 稀释至 500 mL,包含 1.50 μg 甲醛/mL 等于 150 mg 甲醛/kg 织物。

15 mL S2 稀释至 500 mL,包含 2.25 μg 甲醛/mL 等于 225 mg 甲醛/kg 织物。

20 mL S2 稀释至 500 mL,包含 3.00 μg 甲醛/mL 等于 300 mg 甲醛/kg 织物。

30 mL S2 稀释至 500 mL,包含 4.50 μg 甲醛/mL 等于 450 mg 甲醛/kg 织物。

40 mL S2 稀释至 500 mL,包含 6.00 μg 甲醛/mL 等于 600 mg 甲醛/kg 织物。

计算工作曲线 $y = a + bx$,此曲线用于所有测量数值。如果试样中甲醛含量高于 500 mg/kg,稀释样品溶液。

注：若要使校正溶液中的甲醛浓度和织物试验溶液中的浓度相同,必须进行双重稀释。如果每千克织物中含有 20 mg 甲醛,用 50 mL 水萃取 1.00 g 样品溶液中含有 20 μg 甲醛,以此类推,则 1 mL 试验溶液中的甲醛含量为 0.4 μg。

3. 试样的制备

样品不进行调湿,样品的预调湿可能影响样品中的甲醛含量。测试前样品密封保存。

从样品上取至少两块试样剪成小块,称取 1 g,精确至 10 mg。

注：可以把样品放入一聚乙烯包袋里储藏,外包铝,其理由是这样储藏可预防甲醛通过包袋的气孔散发。此外,如果直接接触,催化剂及其他留在整理过的未清洗织物上的化合物和铝会发生反应。

4. 操作步骤

（1）每只试验瓶中加入 50 mL 水，试样放在金属丝网篮上或用双股缝线将试样系起来，线头挂在瓶盖顶部钩子上（避免试样与水接触），盖紧瓶盖，小心置于（49±2）℃烘箱中 20 h±15 min后，取出试验瓶，冷却（30±5）min，然后从瓶中取出试样和网篮，再盖紧瓶盖，摇匀。

（2）用单标移液管吸取 5 mL 乙酰丙酮溶液放入试管中，加 5 mL 试验瓶中的试样溶液混匀，再吸取 5 mL 乙酰丙酮溶液放入另一试管中，加 5 mL 蒸馏水作空白试剂。

（3）把试管放在（40±2）℃水浴中显色（30±5）min，然后取出，常温下避光冷却（30±5）min，用 10 mm 的吸收池在分光光度计 412 nm 波长处测定吸光度。通过甲醛标准工作曲线计算样品中的甲醛含量（μg/mL）。

（4）若预期从织物上释放的甲醛含量超过 500 mg/kg，或试验采用 5：5 比例，计算结果超过 500 mg/kg 时，稀释吸收液使之吸光度在工作曲线的范围内（在计算结果时，要考虑稀释因素）。

注：将已显现出的黄色暴露于阳光下一定的时间会造成褪色。若显色后预计需过一段时间后测试（如：1 h），且阳光强烈的情况下，需采取措施保护试管，如用不含甲醛的遮盖物遮盖试管。否则，颜色需要很长时间（至少过夜）才能稳定，这样则会影响读数。

5. 结果的计算和表示方式

用下式计算织物样品中的甲醛含量。

$$F = \frac{c \times 50}{m}$$

式中：

F——织物样品中的甲醛含量（mg/kg）；

c——读自工作曲线上的样品溶液中的甲醛含量（μg/mL）；

m——试样的质量（g）。

取两次平行试验的平均值作为检测结果，计算结果修约至整数位。

如果结果小于 20 mg/kg，试验结果报告"未检出"。

二、国外检测标准

（一）游离和水解甲醛测试

1. 试验标准

ISO14184—1：2011《纺织品甲醛的测定第 1 部分：游离和水解态甲醛（水萃取法）》。

JIS L 1041：2000《树脂整理纺织品试验方法（液相萃取法）》。

PREN34184—1：1994《纺织品甲醛含量的测定第 1 部分：游离甲醛》。

2. 适用范围

标准规定了通过水解作用萃取游离甲醛总量的测定方法，适用于游离甲醛含量为 20～3 500 mg/kg任何状态的各种纺织品的试验。

3. 检测原理

样品在 40℃的水浴中萃取一定时间,用分光光度计法测定甲醛的含量。

本方法主要是测试甲醛中的游离和水解甲醛,用液相萃取法测得样品中游离的和经水解后产生的游离甲醛的总量,用以考察纺织品在穿着和使用过程中因出汗或淋湿等因素可能造成的游离甲醛逸出对人体造成的损害。

目前,国际贸易中普遍采用 JIS L1041 中的乙酰丙酮法(液相萃取法)中的 B 法来测定游离甲醛含量。其他各国标准中,包括 ISO 标准基本上都采用了 JIS L1041 中有关游离甲醛测定方法的基本内容,并逐渐趋于统一。

4. 测试程序与操作

GB/T2912.1—2009《纺织品甲醛的测定第 1 部分:游离和水解的甲醛(水萃取法)》修改采用 ISO14184—1:1998《纺织品甲醛的测定第 1 部分:游离和水解的甲醛(水萃取法)》(英文版)。

所以 ISO14184—1:2011《纺织品甲醛的测定第 1 部分:游离和水解的甲醛(水萃取法)》请参照前部分 GB/T2912.1—2009《纺织品甲醛的测定第 1 部分:游离和水解的甲醛(水萃取法)》的测试方法。

(二)释放甲醛测试

1. 试验标准

AATCC 112—2008《织物中释放的甲醛:密封广口瓶法》。

ISO14184—1:2011《纺织品甲醛的测定第 2 部分:释放的甲醛(蒸气吸收法)》。

JIS L 1041:2000《树脂整理纺织品试验方法(气相萃取法)》。

PREN34184—2:1994《纺织品甲醛含量的测定第 2 部分:释放甲醛》。

气相萃取法测得的是样品在一定得温湿度条件下释放出的游离甲醛含量,用以考察纺织品在储存、运输、陈列和压烫过程中可能释放的甲醛,评估其对环境和人体可能造成的危害。

目前,国际贸易中普遍认可采用 AATCC 112 标准的气相萃取法来测定释放甲醛含量。

JIS L 1041 与 ISO14184 在检测程序上有区别,其他基本一致;AATCC 112 与 PREN 34184 标准基本一致。

2. 适用范围

标准规定了任何状态的纺织品在提供了加速储存的条件和分析手段条件下,用蒸汽吸收法测定释放甲醛含量的方法,适用于释放甲醛含量为 20～3 500 mg/kg 之间的纺织品。

AATCC 112 标准特别适用于释放甲醛的织物,尤其是用含有甲醛的化学试剂整理过的织物。

3. 检测原理

一定质量的织物试样,悬挂于密封瓶中的水面上,置于恒定温度的烘箱内一定时间,释放的甲醛用水吸收,经乙酰丙酮显色后,用分光光度计比色法测定显色液中的吸光度。对照标准甲醛工作曲线,计算出样品中释放甲醛的含量。

4. 检测仪器与材料

检测仪器及设备与 GB/T2912.2—2009《纺织品甲醛的测定第 2 部分:释放的甲醛(蒸汽

吸收法)》所用的设备相同。

所有试剂均为分析纯。

(1) 蒸馏水成三级水满足 ISO3696 标准对三级水的规定。

(2) 乙酰丙酮试剂(纳氏试剂)在 1 000 mL 容量瓶中加入 150 g 乙酸铵用 800 mL 水溶解,然后加 3 mL 冰乙酸和 2 mL 乙酰丙酮,用水稀释至刻度,用棕色瓶储存;也可用铬变酸替代乙酰丙酮试剂。

(3) 甲醛溶液:浓度约 37%(质量浓度)ISO 甲醛标准溶液的配制和标定见 ISO14184—1: 2011 标准。

AATCC 112 甲醛标准溶液的配制和标定的程序如下:

① 约 1 500 μg/mL 甲醛标准储备液的制备:用水稀释 3.8 mL 甲醛溶液至 1 L,用标准方法测定甲醛储备液浓度。记录该标准储备液的精确浓度。该储备液用以制备标准稀释液,有效期为四周。如果储备液在滴定后不足 1 500 μg/mL,可以用以下 3 种方法制备工作曲线:

方法 1:精确计算并配制各溶液,使甲醛含量分别为 1.5 μg/mL、3.0 μg/mL、4.5 μg/mL、6.0 μg/mL 和 9.0 μg/mL。例如,如果甲醛原浓度标定为 1 470 μg/mL,而不是 1 500 μg/mL,则从 1 470 μg/mL 甲醛原液(即 S2 溶液)中用移液管分别吸取 5.1 mL、10.2 mL、15.3 mL、20.4 mL、30.6 mL 至 500 mL 容量瓶,并用蒸馏水稀释至 500 mL。

方法 2:在 500 mL 容量瓶中用蒸馏水分别稀释 5 mL、10 mL、15 mL、20 mL 和 30 mL S2 溶液至 500 mL(例如,如果甲醛原液经标定为 1 470 μg/mL,则溶液中分别包含甲醛 1.47 μg/mL、2.94 μg/mL、4.41 μg/mL、5.88 μg/mL 和 8.82 μg/mL)。该方法比较适用于带有微处理器的光度计或计算机使用,但难以用于绘图。

方法 3:通过修正系数 CF 来修正浓度值。

CF=甲醛原液浓度标定值/甲醛原液浓度名义值

例如:如果甲醛原液经标定为 1 470 μg/mL,则修正系数 CF=1 470/1 500=0.980。

② 移取 5 mL、10 mL、15 mL 和 20 mL 于 500 mL 容量瓶中,用蒸馏水稀释至刻度,此溶液浓度为 15 μg/mL、30 μg/mL、45 μg/mL 和 60 μg/mL,准确记录溶液的浓度。基于 1 g 试样和 50 mL 蒸馏水的测试样品中的甲醛浓度将是标准溶液实际浓度的 50 倍。

③ 使用 5 mL 各种浓度的标准溶液,制备工作曲线。在工作曲线中,以甲醛浓度(μg/mL)对吸光度读数进行绘制曲线。

5. 测试程序与操作

要求样品不进行调湿,预调湿可能影响样品中的甲醛含量。测试前样品密封保存。

ISO14184 标准要求从样品上取至少两块试样剪成小块,称取 1 g,精确至 10 mg。

AATCC112 标准只要求将样品剪成小块,称取 1 g,精确至 10 mg。做平行测试或三个样品测试。

(1) ISO14184 标准测试程序:同 GB/T2912.2—2009《纺织品甲醛的测定第 2 部分:释放的甲醛(蒸汽吸收法)》。

(2) AATCC112 标准测试程序:

① 每只试验瓶中加入 50 mL 水,试样放在金属丝网篮上或用其他工具将试样系起

来,线头挂在瓶盖顶部钩子上,盖紧瓶盖,小心置于(49±2)℃烘箱中,20 h后取出试验瓶,冷却30 min,然后从瓶中取出试样和网篮,再盖紧瓶盖摇晃,以使混合瓶壁上形成凝聚物。

② 移取 5 mL 或 10 mL 乙酰丙酮溶液到适当大小的试管中,或者小的锥形瓶(50 mL)中,或其他合适的烧瓶中,再吸取 5 mL 或 10 mL 乙酰丙酮溶液到另外一个试管中作为空白试剂,从每只试验瓶吸取 1 mL 到试管中,试剂空白中加入 1 mL 水。摇匀,放入(58±2)℃水浴中(6±0.5)min。冷却,使用蓝色滤光镜或在波长 412～415 nm 处,以空白试剂为参比,用分光光度计测出试样萃取液的吸光度。使用绘制好的工作曲线测定甲醛萃取液中的甲醛浓度。

(3) JIS L 1041 标准测试程序:

① 用移液管吸取 100 mL 蒸馏水,置于磨口广口瓶内,在电热鼓风烘箱内于(65±1)℃条件下预热 20～30 min。精确称取试样,将试样悬挂于广口瓶内(用金属网支架或其他方式使试样悬挂于瓶内而不与水面或瓶壁接触),盖上瓶盖放入电热鼓风箱内,在(65±1)℃保温 4 h,然后将瓶移出,待冷却后,从瓶中取出试样,再盖上瓶盖,摇动瓶子以便使瓶壁各处冷凝物充分混合。

② 用移液管吸取 5 mL 萃取液及 5 mL 乙酰丙酮试剂于试管中,加盖摇匀,在(58±2)℃水浴中加热 6 min 进行显色,然后取出冷却至室温,用分光光度计在最大吸收峰 415 nm 波长处测定吸光度 A,并以 5 mL 乙酰丙酮试剂作为空白对照液。如果测得的吸光度太大,可将萃取液稀释数倍后再测。用吸光度 A 在甲醛标形溶液工作曲线上查得对应值。

6. 结果表述

用下式计算织物样品中的甲醛含量:

$$F = \frac{c \times 50}{m}$$

式中:F——织物样品中甲醛含量(mg/kg);

　　　c——读自工作曲线上的样品溶液中的甲醛含量(μg/mL);

　　　m——试样的质量(g)。

取两次平行试验的平均值作为检测结果,计算结果修约至整数位。如果结果小于 20 mg/kg,试验结果报告"未检出"。

子任务二　纺织面料 pH 值检测

纺织品在染色和整理过程中,必然要使用各种染料和化学助剂。经酸、碱、盐之类的化学物质加工处理后,纺织品上不可避免地带有一定的酸、碱性物质,其酸、碱度通常用 pH 来表示。pH 的偏高或偏低,不仅对纺织品本身的使用性能有影响,而且在纺织品服用过程中可能对人体健康带来一定的危害。过强酸性残留会使纺织品的强力和弹力降低而影响服用寿命,而人体皮肤带有一层弱酸性物质,以保证常驻菌的平衡,有利于防止一些致病菌侵入。如果纺织品的pH过高，纺织品含过强的碱性物质，导致皮肤表层的天然屏障遭到破坏，一些细菌易在碱性条件下生长繁殖，会对皮肤产生刺激，并使皮肤易于受到病菌的侵害，甚至引起疾病。尤其对婴幼儿，皮肤较细嫩抵抗力较弱，服用的纺织品酸碱性不当更容易造成伤害。因此，纺织品的水萃取液pH在中性至弱酸性，即pH略低于7，对人体皮肤最为有益。

目前，世界上使用的测试方法可分为指示剂显色测定法和电化学测定法。指示剂显色测定法易受指示剂配制、使用等因素的影响，测试精度相对较低，通常在生产现场快速试验时使用。电化学测定法是在室温下用带玻璃电极的pH计对纺织品水萃取液进行电测量，然后转换成pH值。国际标准、美国标准、欧盟标准均采用电化学测定法。

我国的强制性标准GB18401—2010《国家纺织产品基本安全技术规范》，以及其他各国的法规或标准均将纺织品的pH纳入控制范围，规定对婴幼儿及直接接触皮肤纺织品的pH应在4.0～7.5之间，不直接接触皮肤纺织品和装饰材料的pH应在4.0～9.0之间。

一、中国的检测标准

（一）试验标准
GB/T7573—2009《纺织品水萃取液pH的测定》，适用于各种纺织品。

（二）试验原理
在室温下，用带有玻璃电极的pH计测定纺织品水萃取液的pH值。

（三）试验设备及试验材料

1. 试验设备与器具

（1）pH计：配备玻璃电极，测量精度至少0.1。

（2）机械振荡器：往复式速率至少为60次/min，旋转式速率至少为30周/min。

（3）天平：精度0.01 g。

（4）具塞玻璃烧瓶：250 mL，用于制备水萃取液。

（5）烧杯：150 mL；量筒：100 mL；容量瓶：1 L，A级；玻璃棒。

图13-6　pH计

2. 试剂

（1）蒸馏水或去离子水：pH在5～7.5的范围。如果蒸馏水不是三级水，可在烧杯中以适当的速率将100 mL蒸馏水煮沸(10±1)min，盖上盖子冷却至室温。

（2）氯化钾溶液：0.1 mol/L，用蒸馏水或去离子水配制。

（3）缓冲溶液：测定前用于校准pH计。缓冲溶液pH与待测溶液的pH相近，推荐使用pH在4.01、6.86、9.18左右的缓冲溶液，见表13-5。用三级水配置，每月至少更换1次。

表 13-5 标准缓冲溶液

标准缓冲溶液	制 备		pH	
			20℃	25℃
邻苯二甲酸氢钾缓冲溶液 0.05 mol/L(pH4.0)	称取 10.12 g 邻苯二甲酸氢钾 (KHC$_8$H$_4$O$_4$)	放入 1 L 容量瓶中,用去离子水或蒸馏水溶解后定容至刻度	4.00	4.01
磷酸二氢钾和磷酸氢二钠缓冲溶液 0.08 mol/L(pH6.9)	称取 3.9 g 磷酸二氢钾(KH$_2$PO$_4$) 和 3.54 g 磷酸氢二钠(Na$_2$HPO$_4$)		6.87	6.86
四硼酸钠缓冲溶液 0.01 mol/L (pH9.2)	称取 3.8 g 四硼酸钠十水合物 (Na$_2$B$_4$O$_7$·10H$_2$O)		9.23	9.18

(四)试样准备

(1) 从批量大样中选取有代表性的实验室样品,其数量应满足全部测试样品。

(2) 将试样剪成尺寸为 5 mm×5 mm 的碎片,避免污染和用手直接接触样品。每份试样需准备 3 份平行样,且每份称取(2.00±0.05 g)。

(五)试验步骤

1. 水萃取液的制备

在室温下制备三个平行样的水萃取液:在具塞烧瓶中加入一份试样和 100 mL 水或氯化钾溶液,盖紧瓶塞。充分摇动片刻,使样品完全湿润。将烧瓶置于机械振荡器上振荡 2 h± 5 min。记录萃取液的温度。

注① 室温一般控制在 10℃~30℃范围内。

② 如果实验室能够确认振荡 2 h 与振荡 1 h 的试验结果无明显差异,可采用振荡 1 h 进行测定。

2. 水萃取液 pH 值的测量

在萃取液温度下用两种或三种缓冲溶液校准 pH 计。

把玻璃电极浸没到同一萃取液(水或氯化钾溶液)中数次,直到 pH 示值稳定。

将第一份萃取液倒入烧杯,迅速把电极浸没到液面下至少 10 mm 的深度,用玻璃棒轻轻地搅拌溶液直到 pH 示值稳定(本次测定值不记录)。

将第二份萃取液倒入另一个烧杯,迅速把电极(不清洗)浸没到液面下至少 10 mm 的深度,静置直到 pH 示值稳定并记录。

取第三份萃取液,迅速把电极(不清洗)浸没到液面下至少 10 mm 的深度,静置直到 pH 示值稳定并记录。

记录的第二份萃取液和第三份萃取液的 pH 值作为测量值。

(六)计算

如果两个 pH 测量值之间差异(精确到 0.1)大于 0.2,则另取其他试样重新测试,直到得到两个有效的测量值,计算其平均值,结果保留一位小数。

(七)精密度

九个实验室联合对 7 个试样进行试验,经统计分析后得到下列结果:

使用水作为萃取介质:再现性限 $R=1.7$ pH 单位。

使用氯化钾溶液作为萃取介质:再现性限 $R=1.1$ pH 单位。

注1：数据统计分析参照 GB/T6379.2—2004《测量方法与结果的准确度(正确度与精密度)第2部分：确定标准测量方法重复性与再现性的基本方法》。

注2：当某种样品使用水和氯化钾溶液的测定结果发生争议时,推荐采用氯化钾溶液作为萃取介质的测定结果。

二、外国检测标准

(一)试验标准

AATCC 81—2006《经湿态加工处理的纺织品水萃取物的 pH 值》。

ISO3071—2005《纺织品水萃取液 pH 值的测定》。

EN ISO3071—2006《纺织品水萃取液 pH 值的测定(ISO3071：2005)》。

(二)适用范围

(1) ISO3071 标准适用于各种纺织品。

(2) AATCC 81 标准用于测试精炼或漂白的湿处理的纺织品的 pH 值。

(三)试验原理

1. ISO3071 标准：在室温下,用带有玻璃电极的 pH 计测定纺织品水萃取液的 pH 值。

2. AATCC 81 标准：样品在蒸馏水或去离子水中煮沸,在室温下测定水萃取液的 pH 值。

(四)试验设备及试验材料

1. 试验设备与器具

(1) ISO3071 标准：

① pH 计：配备玻璃电极,测量精度至少精确到 0.1。

② 天平：精度 0.01 g。

③ 具塞玻璃或聚丙烯烧瓶：250 mL,化学性质稳定,用于制备水萃取液。

④ 机械振器：能进行旋转或往复运动以保证样品内部与萃取液之间进行充分的液体交换,往复式速率至少为 60 次/min,旋转式速率至少为 30 r/min。

⑤ 烧杯：150 mL,化学性质稳定。

⑥ 玻璃棒：化学性质稳定。

⑦ 量筒：100 mL,化学性质稳定。

(2) AATCC 81 标准：

① pH 计：测量精度至少精确到 0.1。

② 烧杯：400 mL。

2. 试剂

所有试剂均为分析纯。

(1) 蒸馏水或去离子水：至少满足 ISO3696 标准三级水的要求,pH 值在 5.0～7.5 之间。第一次使用前应检验水的 pH 值。如果 pH 值不在规定的范围内,可用化学性质稳定的玻璃仪器重新蒸馏或采用其他方法使水的 pH 值达标。酸或有机物质可以通过蒸馏 1 g/L 的高锰酸钾和 4 g/L 的氢氧化钠溶液的方式去除。碱（如氨存在时）可以通过蒸馏稀硫酸去除。如果蒸馏水不是三级水，可在烧杯中以适当的升温速率将 100 mL 蒸馏水煮沸（10±1）min，盖上盖子冷却至室温。

（2）氯化钾溶液：0.1 mol/L，用蒸馏水或去离子水配制。

（3）缓冲溶液：用于测定前校准 pH 计。推荐使用的缓冲溶液 pH 值在 4、7 和 9 左右。

（五）试样准备

1. ISO3071 标准

要求从批量大样中选取有代表性的实验室样品，其数量应满足全部测试样品，将样品剪成约为 5 mm×5 mm 的碎片。每个测试样品制备 3 个平行样，每个称取（2.00±0.05）g。

2. AATCC81 标准

要求称取 1 个（10±0.1）g 样品，如果单位面积的重量太低，把样品剪成小块。

（六）试验步骤

1. ISO3071 标准

要求在室温下制备 3 个平行样的水萃取液：在具塞烧瓶中加入一份试样和 100 mL 水或氯化钾溶液，盖紧瓶塞，置于机械振荡器上振荡 2 h±5 min，记录萃取液的温度。

将第一份萃取液倒入烧杯，迅速把电极浸没到液面下至少 10 mm 的深度，用玻璃棒轻轻地搅拌溶液直到 pH 值稳定（本次测定值不记录）。

将第二份萃取液倒入另一个烧杯，迅速把电极（不清洗）浸没到液向下至少 10 mm 的深度，静置直到 pH 值稳定并记录。

取第三份萃取液，迅速把电极（不清洗）浸没到液面下至少 10 mm 的深度，静置直到 pH 值稳定并记录。

2. AATCC 81 标准

要求以适中的速度将 250 mL 蒸馏水煮沸 10 min，浸入样品，用表面皿盖上烧杯，再煮沸 10 min。

让被盖着的烧杯和里面的东西冷却至室温，用镊子取出样本，让水滴回萃取液中。

用 pH 计测试萃取液。

（七）结果表述

（1）ISO3071 标准要求把记录的第二份萃取液和第三份萃取液的 pH 值作为测量值，如果两个测量值之间差异（精确到 0.1）大于 0.2，则另取其他试样重新测试，直到得到两个有效的测量值计算其平均值，结果保留一位小数。

（2）AATCC 81 标准没有具体要求。

子任务三　纺织面料中禁用偶氮染料检测

可分解芳香胺染料，也称禁用偶氮染料，是一种对人体有毒有害的染料，在与人体的长期接触中，染料如果被皮肤吸收，会在人体内扩散。这些染料在人体的正常代谢所发生的生化反应条件下，可能发生还原反应而分解出致癌芳香胺，并经过人体的活化作用改变 DNA 的结构,引起人体病变和诱发癌症,潜伏期可以长达 20 年。

但是并非所有偶氮染料都有问题,受禁用的只是经还原出指定的芳香胺类的偶氮染料。这些受禁偶氮染料染色的服装或其他纺织品与人体皮肤长期接触后,会与代谢过程中释放的成分混合并产生还原反应,形成致癌的芳香胺化合物,这种化合物会被人体吸收,经过一系列活化作用使人体细胞的 DNA 发生结构与功能的变化,成为人体病变的诱因。禁用偶氮染料与甲醛等易消除的物质不同,它们不但不溶于水,而且无色无味,从纺织品外观上无法分辨,只有通过技术检验才能发现,而且无法消除。

各国的法规或标准均对纺织品的禁用偶氮染料提出明确要求:纺织品中禁止使用能够分解出芳香胺的禁用偶氮染料。由于纺织品生产标准严格禁止使用此类染料,因此,要检测出纺织品上是否含有违禁物质,只要进行定性检测即可。目前,禁用偶氮染料的监控已成为国际纺织品贸易中最重要的品质控制项目之一,也是生态纺织品最基本的质量指标之一。

一、试验标准

GB/T17592—2011《纺织品禁用偶氮染料的测定》,规定了纺织产品中可分解出致癌芳香胺的禁用偶氮染料的检测方法。适用于经印染加工的纺织产品。

二、试验原理

纺织样品在柠檬酸盐缓冲溶液介质中用连二亚硫酸钠还原分解以产生可能存在的致癌芳香胺,用适当的液-液分配柱提取溶液中的芳香胺,浓缩后,用合适的有机溶剂定容,用配有质量选择检测器的气相色谱仪(GC/MSD)进行测定。必要时,选用另外一种或多种方法对异构体进行确认。用配有二极管阵列检测器的高效液相色谱仪(HPLC/DAD)或气相色谱/质谱仪进行定量。

三、试剂和材料

1. 通则

除非另有说明,在分析中所用试剂均为分析纯和 GB/T6682 规定的三级水。

2. 乙醚

如需要,使用前取 500 mL 乙醚,用 100 mL 硫酸亚铁溶液(5%水溶液)剧烈振摇,弃去水层,置于全玻璃装置中蒸馏,收集 33.5℃～34.5℃馏分。

3. 甲醇

4. 柠檬酸盐缓冲液(0.06 mol/L,pH=6.0)

取 12.526 g 柠檬酸和 6.320 g 氢氧化钠,溶于水中,定容至 1 000 mL。

5. 连二亚硫酸钠水溶液

200 mg/mL 水溶液。临用时取干粉状连二亚硫酸钠($Na_2S_2O_4$ 含量≥85%),新鲜制备。

6. 标准溶液

(1) 芳香胺标准储备溶液(1 000 mg/L)：

用甲醇或其他合适的溶剂将附录 A 所列的芳香胺标准物质分别配制成浓度约为 1 000 mg/L 的储备溶液。

注：标准储备溶液保存在棕色瓶中，并可放入少量的无水亚硫酸钠，于冰箱冷冻室中保存，有效期一个月。

(2) 芳香胺标准工作溶液(20 mg/L)：

从标准储备溶液中取 0.20 mL 置于容量瓶中，用甲醇或其他合适溶剂定容至 10 mL。

注：标准工作溶液现配现用，根据需要可配制成其他合适的浓度。

(3) 混合内标溶液(10 μg/mL)：

用合适溶剂将下列内标化合物配制成浓度约为 10 μg/mL 的混合溶液。

萘- d8　　　　　　　CAS 编号：1146 - 65 - 2；

2,4,5 -三氯苯胺　　　CAS 编号：636 - 30 - 6；

蒽- d10　　　　　　　CAS 编号：1719 - 06 - 8。

(4) 混合标准工作溶液(10 μg/mL)

用混合内标溶液将附录 A 所列的芳香胺标准物质分别配制成浓度约为 10 μg/mL 的混合标准工作溶液。

注：标准工作溶液现配现用，根据需要可配制成其他合适的浓度。

7. 硅藻土

多孔颗粒状硅藻土，于 600℃灼烧 4 h，冷却后贮于干燥器内备用。

四、设备和仪器

(1) 反应器：具密闭塞，约 60 mL，由硬质玻璃制成管状。

(2) 恒温水浴锅：能控制温度(70±2)℃。

(3) 提取柱：20 cm×2.5 cm(内径)玻璃柱或聚丙烯柱，能控制流速，填装时，先在底部垫少许玻璃棉，然后加入 20 g 硅藻土，轻击提取柱，使填装结实；或其他经验证明符合要求的提取柱。

(4) 真空旋转蒸发器。

(5) 高效液相色谱仪，配有二极管阵列检测器(DAD)。

(6) 气相色谱仪配有质量选择检测器(MSD)。

图 13 - 7　高效液相色谱仪

五、分析步骤

1. 试样的制备和处理

取有代表性的试样，剪成约 5 mm×5 mm 的小片，混合。从混合样中称取 1.0 g，精确至

0.01 g,置于反应器中,加入 17 mL 预热到(70±2)℃的柠檬酸盐缓冲溶液,将反应器密闭,用力振摇,使所有试样浸于液体中,置于已恒温至(70±2)℃的水浴中保温 30 min,使所有的试样充分润湿。然后,打开反应器,加入 3.0 mL 连二亚硫酸钠溶液,并立即密闭振摇,将反应器再于(70±2)℃水浴中保温 30 min,取出后 2 min 内冷却到室温。

注:不同的试样前处理方法其试验结果没有可比性。GB/T17592—2011《纺织品禁用偶氮染料的测定》附录 B 先经萃取,然后再还原处理的方法供选择。如果选择 GB/T17592—2011《纺织品禁用偶氮染料的测定》附录 B 的方法,在试验报告中说明。

2. 萃取和浓缩

(1) 萃取:

用玻璃棒挤压反应器中的试样,将反应液全部倒入提取柱内,任其吸附 15 min,用 4×20 mL 乙醚分四次洗提反应器中的试样,每次需混合乙醚和试样,然后将乙醚洗液滗入提取柱中,控制流速,收集乙醚提取液于圆底烧瓶中。

(2) 浓缩:

将上述收集的盛有乙醚提取液的圆底烧瓶置于真空旋转蒸发器上,于 35℃左右的温度低真空下浓缩至近 1 mL,再用缓氮气流驱除乙醚溶液,使其浓缩至近干。

3. 气相色谱/质谱定性分析

(1) 分析条件:

由于测试结果取决于所使用的仪器,因此不可能给出色谱分析的普遍参数。采用下列操作条件已被证明对测试是合适的:

a. 毛细管色谱柱:DB-5MS 30 m×0.25 mm×0.25 μm,或相当者;

b. 进样口温度:250℃;

c. 柱温:60℃(1 min) $\xrightarrow{12℃/min}$ 210℃ $\xrightarrow{15℃/min}$ 230℃ $\xrightarrow{3℃/min}$ 250℃ $\xrightarrow{25℃/min}$ 280℃;

d. 质谱接口温度:270℃;

e. 质量扫描范围:35~350 amu;

f. 进样方式:不分流进样;

g. 载气:氦气(≥99.999%),流量为 1.0 mL/mim;

h. 进样量:1 μL;

i. 离化方式:EI;

j. 离化电压:70 eV;

k. 溶剂延迟:3.0 min。

(2) 定性分析:

准确移取 1.0 mL 甲醇或其他合适的溶剂加入浓缩至近干的圆底烧瓶中,混匀,静置。然后分别取 1 μL 标准工作溶液与试样溶液注入色谱仪,按规定条件操作。通过比较试样与标样的保留时间及特征离子进行定性。必要时,选用另外一种或多种方法对异构体进行确认。

注:采用上述分析条件时,致癌芳香胺标准物 GC/MS 总离子流图参见 GB/T17592—2011《纺织品禁用偶氮染料的测定》附录 C 的图 C.1。

4. 定量分析方法

（1）HPLC/DAD 分析方法：

由于测试结果取决于所使用的仪器，因此不可能给出色谱分析的普遍参数。采用下列操作条件已被证明对测试是合适的：

  a. 色谱柱：ODS C_{18}（250 mm×4.6 mm×5 μm），或相当者；

  b. 流量：0.8～1.0 mL/min；

  c. 柱温：40℃；

  d. 进样量：10 μL；

  e. 检测器：二极管阵列检测器（DAD）；

  f. 检测波长：240 nm，280 nm，305 nm；

  g. 流动相 A：甲醇；

  h. 流动相 B：0.575 g 磷酸二氢铵＋0.7 g 磷酸氢二钠，溶于 1 000 mL 二级水中，pH＝6.9；

  i. 梯度：起始时用 15％流动相 A 和 85％流动相 B，然后在 45 min 内成线性地转变为 80％流动相 A 和 20％流动相 B，保持 5 min。

准确移取 1.0 mL 甲醇或其他合适的溶剂加入浓缩至近干的圆底烧瓶中，混匀，静置。然后分别取 10 μL 标准工作溶液与试样溶液注入色谱仪，按上述条件操作，外标法定量。

  注：采用上述分析条件时，致癌芳香胺标准物 HPLC 色谱图参见 GB/T17592—2011《纺织品禁用偶氮染料的测定》附录 C 的图 C.2。

（2）GC/MSD 分析方法

准确移取 1.0 mL 内标溶液加入浓缩至近干的圆底烧瓶中，混匀，静置。然后分别取 1 μL 混合标准工作溶液与试样溶液注入色谱仪，按规定条件操作，可选用选择离子方式进行定量。内标定量分组参见 GB/T17592—2011《纺织品禁用偶氮染料的测定》附录 D。

5. 结果计算和表示

（1）外标法

试样中分解出芳香胺 i 的含量按下式计算：

$$X_i = \frac{A_i \times c_i \times V}{A_{is} \times m}$$

式中：

  X_i——试样中分解出芳香胺 i 的含量，单位为毫克每千克（mg/kg）；

  A_i——样液中芳香胺 i 的峰面积（或峰高）；

  c_i——标准工作溶液中芳香胺 i 的浓度，单位为毫克每升（mg/L）；

  V——样液最终体积，单位为毫升（mL）；

  A_{is}——标准工作溶液中芳香胺 i 的峰面积（或峰高）；

  m——试样量，单位为克（g）。

（2）内标法：

试样中分解出芳香胺 i 的含量按下式计算：

$$X_i = \frac{A_i \times c_i \times V \times A_{\mathrm{isc}}}{A_{\mathrm{is}} \times m \times A_{\mathrm{iss}}}$$

式中：

X_i——试样中分解出芳香胺i的含量,单位为毫克每千克(mg/kg)；

A_i——样液中芳香胺i的峰面积(或峰高)；

c_i——标准工作溶液中芳香胺i的浓度,单位为毫克每升(mg/L)；

V——样液最终体积,单位为毫升(mL)；

A_{isc}——标准工作溶液中内标的峰面积；

A_{is}——标准工作溶液中芳香胺i的峰面积(或峰高)；

m——试样量,单位为克(g)；

A_{iss}——样液中内标的峰面积。

（3）结果表示：

试验结果以各种芳香胺的检测结果分别表示,计算结果精确到个位数。低于测定低限时,试验结果为未检出。

6. 测定低限

本方法的测定低限为 5 mg/kg。

参考文献

1. 王明葵,杨瑜榕.纺织品检验实用教程[M].厦门:厦门大学出版社,2011.

2. 刘中勇.国外纺织检测标准解读[M].北京:中国纺织出版社,2011.

3. 陈丽华.服装面辅料测试与评价[M].北京:中国纺织出版社,2015.

4. 李南.纺织品检测实训[M].北京:中国纺织出版社,2010.

5. 季莉,贺良震.纺织面料识别与检测[M].上海:东华大学出版社,2014.

6. 翁毅.纺织品检测实务[M].北京:中国纺织出版社,2012.

7. GB18401—2010《国家纺织产品基本安全技术规范》

8. GB/T6529《纺织品 调湿和试验用标准大气》

9. GB/T3923《纺织品 织物拉伸性能的测定》

10. GB/T3917《纺织品 织物撕破性能的测定》

11. GB/T250《纺织品 色牢度试验评定变色用灰色样》
    GB/T251《纺织品 色牢度试验 评定沾色用灰色样卡》

12. GB/T8427《纺级品 色牢度试验耐人造光色牢度:氙弧》

13. GB/T3921《纺织品 色牢度试验耐皂洗色牢度》

14. GB/T3922《纺织品 色牢度试验 耐汗渍色牢度》

15. GB/T3920《纺织品 色牢度试验 耐摩擦色牢度》

16. GB/T29865《纺织品 色牢度试验 耐摩擦色牢度 小面积法》

17. GB/T29255《纺织品 色牢度试验 使用含有低温漂白活性剂无磷标准洗涤剂的耐家庭和商业洗涤色牢度》

18. GB/T18886《纺织品 色牢度试验 耐唾液色牢度》

19. GB/T14576《纺织品 色牢度试验 耐光、汗复合色牢度》

20. GB/T7568《纺织品 色牢度试验 标准贴衬织物》

21. GB/T2912《纺织品 甲醛的测定》

22. GB/T7573《纺织品 水萃取液 pH 值的测定》

23. GB/T22846《针织布(四分制)外观检验》

24. GB/T4802《纺织品 织物起毛起球性能的测定》

25. GB/T21196《纺织品 马丁代尔法织物耐磨性的测定》

26. GB/T11047《纺织品 织物勾丝性能评定钉锤法》

27. GB/T8628《纺织品 测定尺寸变化的试验中织物试样的准备、标记及测量》

28. GB/T8629《纺织品 试验用家庭洗涤和干燥程序》

29. GB/T8630《纺织品 洗涤和干燥后尺寸变化的测定》

30. GB/T4745《纺织品 防水性能的检测和评价 沾水法》

31. GB/T4744《纺织品 防水性能的检测和评价 静水压法》

32. GB/T12704.1《纺织品织物透湿性试验方法吸湿法》

33. GB/T12704－2《纺织品织物透湿性试验方法蒸发法》

34. GB/T048《纺织品 生理舒适性稳态条件下热阻和湿阻的测定》

35. GB/T12703《纺织品 静电性能的评定》

36. GB/T5454《纺织品 燃烧性能试验》

37. GB/T3819《纺织品 织物折痕回复性的测定 回复角法》

38. GB/T4666《纺织品 织物长度和幅宽的测定》